图 3-27　不同光源下光生化制氢装置

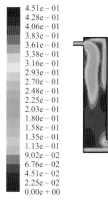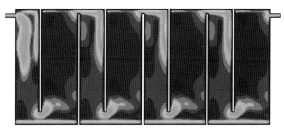

图 5-28　2s 时刻混合物速度分布图

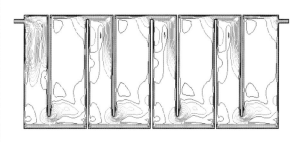

图 5-29　2s 时刻混合物速度等值曲线图

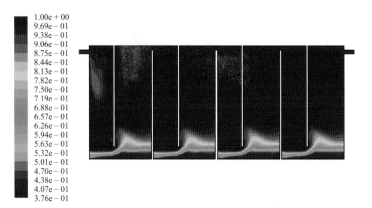

图 5-36　2s 时刻液相体积分布图

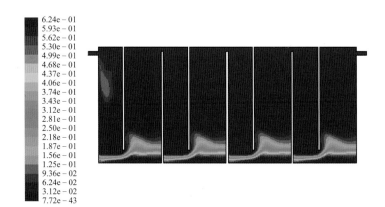

图 5-40　2s 时刻固相体积分布图

30.146                                    30.153

图 5-63    典型截面在 $t=1\mathrm{h}$ 的温度云图

30.565  30.574    30.582    30.59    30.598
     30.569    30.578    30.586    30.594    30.603

图 5-64    典型截面在 $t=4\mathrm{h}$ 的温度云图

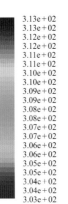

3.13e+02
3.13e+02
3.12e+02
3.12e+02
3.11e+02
3.11e+02
3.10e+02
3.10e+02
3.09e+02
3.09e+02
3.08e+02
3.08e+02
3.07e+02
3.07e+02
3.06e+02
3.06e+02
3.05e+02
3.05e+02
3.04e+02
3.04e+02
3.03e+02

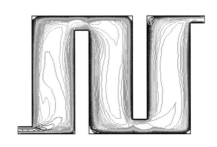

图 6-32　折流板式反应器内部的温度场等温线

图 6-38　太阳能光生化连续制氢系统实物图

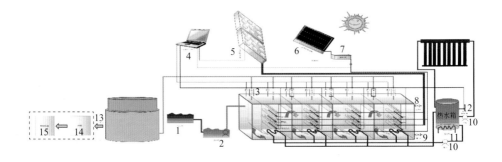

图 6-44　太阳能光生化制氢系统构成示意图

1—培养箱；2—进料箱；3—流量计；4—自动控制单元；5—光强传感器；6—太阳能电池板；

7—蓄电池；8—出料口；9—排污口；10—水泵；11—电加热系统；12—温度传感器；

13—氢气；14—净化装置；15—燃料电池

国家科学技术学术著作出版基金资助出版

# 农业废弃物
# 光生化制氢热效应
# 理论与应用

张全国　张志萍　荆艳艳　著

Theory and Application of Thermal Effect of
Photo-fermentative Hydrogen Production from Agricultural Wastes

化学工业出版社
·北京·

# 内 容 简 介

本书在总结农业废弃物资源特点及其光生化制氢过程研究进展的基础上,系统介绍了农业废弃物能源转化过程中的预处理技术及光生化制氢工艺过程,阐述了光生化制氢热效应理论的内涵,并对热效应在光生化制氢过程调控和光生化反应器研制等领域的应用进行了介绍。本书从理论上和技术上解答了农业废弃物光生化制氢过程中的热量累积和传递规律,提出了光生化制氢过程中的热效应理论,具有较强的原创性、引领性和学术性。

本书可供可再生能源领域相关研究人员和工程技术人员,以及高等院校有关专业的本科生、研究生参考。

**图书在版编目（CIP）数据**

农业废弃物光生化制氢热效应理论与应用/张全国，张志萍，荆艳艳著. —北京：化学工业出版社，2021.8
ISBN 978-7-122-39165-0

Ⅰ.①农… Ⅱ.①张…②张…③荆… Ⅲ.①农业废物-制氢-研究 Ⅳ.①X71②TE624.4

中国版本图书馆 CIP 数据核字（2021）第 094639 号

责任编辑：刘 军 孙高洁 装帧设计：王晓宇
责任校对：宋 玮

出版发行：化学工业出版社（北京市东城区青年湖南街 13 号 邮政编码 100011）
印 装：中煤（北京）印务有限公司
710mm×1000mm 1/16 印张 20½ 彩插 2 字数 354 千字
2021 年 9 月北京第 1 版第 1 次印刷

购书咨询：010-64518888 售后服务：010-64518899
网 址：http://www.cip.com.cn
凡购买本书，如有缺损质量问题，本社销售中心负责调换。

定 价：128.00 元 版权所有 违者必究

# 序

氢能是世界公认的最具发展潜力的清洁能源，在低碳和零碳能源经济时代脱颖而出，探索高效低成本制取氢气的科学的方法和途径已成为各国关注的热点与焦点。利用多种农业废弃物资源，通过高效光合产氢细菌进行光生化制氢，实现农业废弃物能源化清洁利用，具有显著的经济效益、社会效益和生态效益。农业废弃物光生化制氢过程是复杂的生化反应，不仅包含反应过程中持续的生化产热，同时还与外界光照、环境温度、反应器结构、反应器材料等因素密切相关。因此，通过工程热物理手段，对农业废弃物光生化制氢过程中的热效应理论与应用等问题进行研究，是光生化制氢研究领域的新探索，也是农业废弃物资源化利用的有益实践，这一具有原创性的理论与技术的取得对农业废弃物的生态安全利用具有重要的指导意义。

张全国教授及其团队一直致力于推动农业废弃物光生化制氢技术的深入研究和应用，在农业废弃物光生化制氢理论与调控技术研究领域的教学和科研实践中积累了丰富的经验，取得了多项令人瞩目的研究成果，对农业废弃物光生化制氢科学技术的发展做出了积极贡献。这本书集成了其科研团队多年来在光生化制氢理论所取得的研究成果，首次系统阐释了农业废弃物光生化转化制取氢气过程中的热效应理论与技术，并介绍了热效应理论与技术在光生化反应器及其装置设计过程中的应用，具有较高的学术和实际应用价值。

该书将弥补我国光生化制氢领域有关热效应等工程热物理学术专著的空白，尤其是其解决光生化制氢过程中的工程热物理问题的创新性思维，具有很强的原创性。我相信该书将成为我国可再生能源等领域相关研究人员不可多得的参考资料，会为他们拓展思路提供理论指导和技术支持。

中国科学院院士　　郭烈锦

2021 年 3 月 28 日

# 前言

氢能是世界公认的最具潜力的清洁能源。生物法制氢因其不消耗常规能源、产氢原料多样、无二次污染等优势，得到了诸多学者的广泛关注。我国农业废弃物量大、面广，用则利，弃则害。把农业废弃物资源的生态安全利用与生物制氢技术有机结合，将是实现高效清洁氢能制取的有利途径。

本书著者及其研究团队在国家"十五""十一五""十二五""十三五"规划期间连续主持承担了国家"863计划"、国家重点研发计划、国家自然科学基金、教育部博士点基金等多项有关农业废弃物光生化转化制氢技术的研究课题，对光生化制氢过程中的热质传递规律进行了深入分析，提出了较为系统的农业废弃物光生化制氢热效应理论。过去10余年间，著者及其研究生们在光生化制氢领域开展科学研究并获得了大量的原创性成果，在国内外发表了百余篇高质量学术论文，申请了20余项国家发明专利，建成了世界最大的农业废弃物光生化制氢试验装置。其研究内容涉及农业废弃物预处理技术、农业废弃物光生化制氢过程调控及光生化制氢体系热效应理论等多个方面。本书是对农业废弃物光生化制氢热效应理论与应用等成果的系统性总结和展示。与常见的只侧重理论知识或技术展示的书籍不同，本书从理论入手，开发相应技术，创制中试示范，体现了著者及其研究团队坚实的研究基础、显著的创新能力和较强的实际应用潜力。

全书共分6章，比较全面地从理论上和技术上阐述了农业废弃物光生化制氢研究过程中常见的科学与技术问题，对农业废弃物原料预处理、制氢工艺过程调控、热效应理论提出与应用等问题进行了阐述。第1章综述了开展农业废弃物光生化制氢研究工作的必要性，尤其强调了对制氢过程中存在的热效应等工程热物理问题解决的至关重要性；第2章阐述了农业废弃物能源转化过程中的预处理技术；第3章介绍了农业废弃物光生化制氢工艺；第4章提出了光生化制氢热效应理论；第5章揭示了光生化制氢过程中的热质传递规律与产氢强化机理；第6章列举了热效应理论在光生化反应器设计中的应用。由于研究过程中，各研究内容及研究方法不能截然分开，编写时存在部分内容互相交叉的情况。张全国教授、张志萍副教授和荆艳艳副教授等对全书进行了编写和统稿、定稿。中国科学院郭烈锦院士、中国工程院陈勇院士、中国工程院蒋剑春院士等多位科学家，以及农业农村部可再生能源新材料与装备重点实验室的焦有宙、胡建军、贺超、李刚、蒋丹萍、王毅、路朝阳、岳建芝等都为本书的编写与整理给予了支持与帮助，团队中博士研究生王素兰、师玉忠、周汝燕、李亚猛和硕士研究生曾凡、陈蕾、郭婕、张丙学、夏晨曦等也为本书付出了辛勤的劳动，在此一并表示感谢。

本书努力将农业废弃物光生化制氢研究过程中遇到的工程热物理等科学问题进行系统的阐释，以便为生物制氢科学领域的研究工作者或学生提供理论和技术上的帮助。对于书中难免存在的一些问题和疏漏，敬请有关同行专家和其他读者给予指正，我们愿与广大读者开展进一步的探讨和合作，以期共同为推动生物制氢科学技术发展贡献力量。

张全国

2021 年 2 月 27 日

# 目录

# 第1章

# 绪 论

## 1.1 光生化制氢的定义与发展历史

能源是人类赖以生存和发展的重要物质基础，化石能源的大规模开发利用带来了全球性的环境问题，能源短缺、资源枯竭、环境恶化，人类的发展甚至生存受到前所未有的威胁[1]。由 $CO_2$ 大量排放造成的温室效应，导致了极端天气增加、全球气候变暖，频频出现的雾霾天气也严重危害了人类健康，促使人类开始重视清洁型可再生能源的开发利用。从 1850 年到 2150 年全球能源供应趋势图（图 1-1）可以看到，全球能源供应是由固体向液体，再向气体形式的逐渐转化，氢气将会成为全球能源供应的主要来源。而以氢的规模制备和高效利用为标志的氢经济的出现为中国解决日趋严峻的能源短

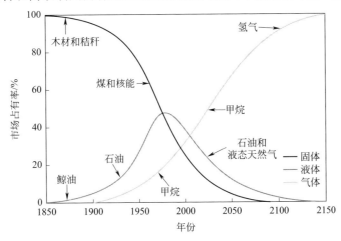

图 1-1　1850~2150 年全球能源供应趋势[2]

缺、环境污染等问题提供了一种全新的能源战略选择[3]，氢能开发利用已成为当代中国能源发展的一条有效途径[4]。

氢能清洁无污染、能量密度高、可再生且应用形式多样，是一种理想的能源载体，被能源界公认为最理想的化石燃料的替代能源。氢能的主要特点有：①氢是最洁净的燃料。氢作为燃料使用，最突出的优点是其与氧反应后生成的是水，不会像化石燃料那样产生诸如一氧化碳、二氧化碳、碳氢化合物、硫化物和粉尘颗粒等对环境有害的污染物质，因此它是最洁净的燃料。氢在空气中燃烧时可能会产生少量的氮化氢，但经过适当处理也不会污染环境，而其通过燃料电池转换为电能的过程中完全转化为洁净的水，而且生成的水还可反复循坏继续制氢，氢能的利用将有助于人类消除对温室气体排放造成全球变暖的担忧。②氢能的能量转化效率高。根据热力学第二定律，所有将燃料的化学能转化为机械能的热机都伴随着一定比例的能量损失，目前火力发电厂的能量转化效率最高也只不过40%左右，内燃机的效率一般不超过30%。一百多年以来，科学家们一直在寻找不受热力学第二定律限制的能量转换方式，燃料电池就是其中一种。理论上燃料电池可以使用多种气体燃料，但目前技术上真正取得突破的只有氢气，这使得氢能成为目前转换效率最高的能源。目前燃料电池的转换效率约为60%～70%，还有继续提高的潜力。③氢是可储存的二次能源。二次能源可以分成两类，一类是电力、热力等基本不可储存携带的能源，另一类是汽油、柴油等可以储存携带的能源，两类能源是不能互相替代的。电能可从任何一种一次能源中生产出来，例如煤炭、石油、天然气、太阳能、风能、水力、潮汐能、地热能、核燃料等均可直接生产电能。而汽油、柴油等则几乎完全依靠石油资源。随着经济的发展，选择远途旅行的人越来越多，物资需要越来越快的运输，快速便捷的交通工具是现代文明的象征，这些交通工具多数只能使用可储存携带的二次能源，目前使用的二次能源又多数依赖于非再生能源的转换，因而清洁可再生且能量密度高的氢能得到越来越多的重视[5-6]。

生物化学是一门交叉学科，是研究生命物质的化学组成、结构及生命活动过程中各种化学变化的基础生命科学[7]。生物化学最初是在19世纪末从生理化学中分离而来的，之后在医学、农业、某些工业和国防部门的生产实践的推动下逐渐发展起来，如今已成为生物科学、生物技术、食品科学与工程、生物工程、制药工程、化学工程、环境科学等众多专业的重要理论基础。氢能的生产方式多种多样，光生化制氢其实就是将生物化学的基础知识以及先进的生物化学技术应用到氢能的开发和利用过程中，以达到提高能源产量、改善产品质量和提高原料的转化利用率等目的的一种高效制氢方法。

光生化制氢即在一定光照条件下，光合微生物在常温常压环境下分解自然界中的有机物产生氢气，将太阳辐射能转化为氢能的过程。与需要提供高温或高压环境的化学法或电化学法等常规制氢方法相比，光生化制氢具有以下特点：①反应条件温和。光生化制氢是产氢微生物自身新陈代谢的结果，不需要高温高压环境，在接近中性的环境条件下便可进行，能耗低，且适合于在生物质或废弃物资源丰富的地区建立小规模制氢车间，输运环节的节省在一定程度上降低了制氢成本。②原料来源广。可利用多种可再生碳水化合物作为产氢底物，如各种工农业废弃物和有机废水，有效地将能源产出、废弃物再利用和污染治理等结合，在实现废弃物资源化利用的同时，削减了制氢成本。对农林废弃生物质资源和能源作物的开发利用，显著提高了生物能源的产量[8-12]。据美国太阳能研究中心估算，如果光生化制氢过程中的光能转化率能达到 10%，就可以同其他能源竞争。光生化制氢与其他生物制氢技术相比，具有只含有光合色素系统Ⅰ、不产生 $O_2$、工艺简单、可利用太阳能以及能量利用率高（光转化的理论效率可达 100%，光合微生物在光照条件下可利用多种小分子有机物作为产氢原料，且利用太阳光照的波谱范围较宽）等优点，使得产氢需要克服的自由能较小〔乙酸光生化产氢的自由能只有 8.5kJ/mol（$H_2$）〕，终产物氢气组成可达 60% 以上，且产氢过程中也不产生对产氢酶有抑制作用的氧气，是一种最具发展潜力的生物制氢方法，因而得到了众多研究者的关注[13-16]。

有关光生化制氢的最早报道，始于 1937 年 Nakamura 观察到的光合细菌（PSB）在黑暗中释放氢气的现象[17]。1939 年和 1942 年，Gafforn 等发现了栅藻既能在厌氧条件下吸氢固定 $CO_2$，也能通过光合作用产氢[18-19]。1949 年，Hillmer 等[20]则报道了深红螺菌（*Rhodospirilum*）在光照条件下的产氢现象，同时还发现了深红螺菌的光合固氮作用。但受光转化效率、生物制氢途径等因素的制约，光生化制氢一直没有得到深入的研究。1973 年美国的能源危机促使人们开始高度重视生物制氢。20 世纪 80 年代能源危机结束，石油价格回落以后，生物制氢技术被忽略。90 年代人们认识到化石燃料对环境的严重污染，生物制氢技术再次受到世界关注。

近年来，国内外专家学者高度重视光生化制氢并对其开展了诸多方面的研究，主要包括光合细菌的选育、产氢工艺技术、原料预处理技术以及光生化反应器等。

光合细菌种类繁多，生长和产氢特性各不相同，基于制氢目的，筛选和培育高效产氢菌株成为光生化制氢技术的重要研究内容。研究内容主要包括菌株筛选和改良方法，菌株的基本特性、最佳培养条件、产氢活性及底物适应性等。尤希凤[21]从养殖场、食品厂等废水中分离出多株能高效利用猪粪污水产氢的光合细菌，由多株光合细菌形成的混合菌群产氢能力最强。Singh 等[22]报道了 Rhodopseudomonas sp. 细菌在印度靠近赤道的高温天气下具有较好的产氢效果。Gest 等[23]发现 Rs. rubrum 菌株可利用果酸、草酰乙酸、丙酮酸、乙酸、延胡索酸、琥珀酸等产氢，而 Chromatium 可利用苹果酸、延胡索酸、琥珀酸、草酰乙酸、丙酮酸产氢，Rp. capsulate 则可利用 DL-磷酸乳酸、DL-苹果酸、葡萄糖、琥珀酸、丙酮酸、果糖、蔗糖、甘油产氢，且在以乙酸、丙酮酸、苹果酸、延胡索酸、琥珀酸、甘油产氢时产氢活性比以丙酮酸、乳酸产氢时高。Macler 等[24]分离到 R. sphaeroides 的一株变异株，可将葡萄糖转化为氢的量接近理论产氢量，并且产氢速率也接近以苹果酸盐或乳酸盐为底物产氢的速率。Kern 等[25]获得的 Rs. rubrum 吸氢酶缺失的变异株在以 50mmol/L 的乳酸盐和 7mmol/L 的谷氨酸钠为底物产氢时，其底物转化效率由原来的 52% 提高到了 82%。Ooshima 等[26]获得的 Rhodobacter capsulatus 吸氢酶缺失的变异株，在含 60mmol/L 苹果酸盐和 7mmol/L 谷氨酸钠的培养液中，变异株的底物转化效率为 68%，而野生菌株为 25%。Odom 等[27]利用 Rp. capsulata 野生型和吸氢酶缺失变异株分别与纤维素降解菌 Cellulomonas sp.（ATCC® 21399™）共同培养进行纤维素产氢研究，结果表明野生型产氢量只有 1.2~4.3mol(H₂)/mol(葡萄糖)，而变异株产氢量达 4.6~6.2mol(H₂)/mol(葡萄糖)。

基于光生化产氢机理，所有对光合细菌的光合作用、产氢酶生成和活性发挥构成影响的因素，例如光照、产氢基质、温度、pH 等，均会影响光合细菌的产氢能力。Miyake 等[28]比较了不同光照强度的太阳能模拟器和氙灯对 Rb. sphaeroides 8703 菌株光转化效率的影响，结果显示光照强度对光转化效率影响显著，而光源的影响较小。Koku 和 Uyar 等[29-30]对 Rb. sphaeroides O. U. 001 菌株产氢量与光照强度的研究表明，产氢量随着光照强度的增加而增大，在 4000lx 时达到最大值，光照强度继续增加时，产氢量不再增加。Wakayama 和 Hillmer 等[31-32]的研究发现，利用卤素灯光照射和黑暗交替处理 Rb. sphaeroides 菌株，交替时间为 30s 时，获得了 22L/(m²·d) 的高产氢量。张全国等[33]对几株光合细菌光吸收、利用特性进行的研究显示，不同菌株的吸收光谱不同，光源光谱组成的改变对同一菌株的生长和产氢均有显著影响。Hillmer 等[32]的研究发现，R. capsulata Z-1 菌株在丁酸和丙酸体系中的产氢速率为 20~40μL/(h·mg)（细胞干重），而在 DL-苹果酸、DL-乳酸、琥珀酸、丙酮酸体系中的产氢速率可达到 130μL/(h·mg)。Sasikalak 和 Koku 等[34-35]的研究表明乳酸是荚膜红假单胞菌 Rh. capsulata 放氢较好的底物，且乳酸盐同时还具有缓解氨盐抑制的作用。Singh 等[22]进行了以蔬菜淀粉、甘蔗汁和乳清为原料产氢的对比实验，还研究了果蔬市场废弃物产氢，结果表明果蔬废弃物产氢速率比合成培养基产氢速率提高了近3倍。Shi 等[36]对 *R. capsulata* 的研究表明，在以乙酸、丙酸、丁酸为基质时，pH 7.29~7.31 为最佳的光生化产氢条件。

光生化制氢原料的预处理，是生物能源生产环节耗能最多、花费较大的环节，且作为最关键、对后续反应影响最大的步骤，得到了越来越多的关注。Sidiras 等[37]通过研究认为球磨可以降低木质纤维素物质的结晶度，在温和条件下就有 50% 的麦秸秆酶解糖化，且只有很少量的葡萄糖降解。Jin 和 Chen[38]对稻秆蒸汽爆破后进行超细粉碎处理然后酶解，结果表明蒸汽爆破后超细粉碎再酶解得到了最大的酶解效率和非常高的还原糖浓度。Kumakura 等[39]对蔗渣辐射预处理后酶解，与未处理蔗渣直接酶解相比，辐射后酶解的葡萄糖产量是未处理的两倍，通过辐射可以使纤维素生物质中的纤维素成分降解为低分子的寡糖或者纤维二糖。熊犍等[40]利用超声波预处理木质纤维素后酶解糖化，通过 SEM、FTIR 研究了处理前后纤维素的形态结构和结晶性能，结果表明超声波作用能有效地破坏纤维素分子中的氢键，降低其结晶程度，而且能有效地提高木质素的脱除率和酶解糖化率。Yang 等[41]以 140 目麦秸秆为原料采用 γ 射线预处理，结果表明在辐射剂量 500kGy 的 γ 射线辐射条件下麦秸秆微观结构遭到破坏，并有残渣失重现象。Emmel 等[42]在 200~210℃ 条件下用质量分数为 0.087% 和 0.175% 的 $H_2SO_4$ 预处理 *Eucalyptus grandis* 2~5min，研究结果表明 210℃ 处理 2min 是回收半纤维素的最佳条件，而较低温度 200℃ 和较长时间 48h 却得到了 90% 的最大纤维素酶解转化率。Xu 等[43]以豆秆为原料在室温下用 10% 的氨水浸润 24h，结果表明处理后的残渣中半纤维素和木质素分别减少了 41.45% 和 30.61%。Teixeira 等[44]在室温下用过氧乙酸处理甘蔗渣和杂交杨树时发现过氧乙酸对木质素具有选择性，而碳水化合物几乎没有损失，当底物经浓度为 21% 的过氧乙酸预处理后，其纤维素的酶解率达到了 98%，而未经过预处理的酶解率仅有 6.8%。Garrote[45]利用高温液态水预处理玉米芯，结果表明高温液态水预处理可以溶解玉米芯中 90% 的半纤维素，去除 10%~50% 的木质素，同时纤维素损失很小，提高了生物质的酶接触性，显著提高了纤维素的酶水解性能。Kurakake 等[46]用两株菌种预处理办公废纸，在最优工艺条件下，糖回收率达到了 94%。潘亚杰等[47]利用白腐菌对玉米秸秆进行生物降解，玉米秸秆的降解率达到 55%~65%。

光生化反应器是光合细菌代谢产氢的关键设备，其各项性能，如反应器结构、操作模式、基质输送、光热传输特性和反应器的经济性等方面都应满足光合细菌产氢的代谢条件和产氢工艺过程的需要，为光合微生物提供适宜的生长代谢环境，以达到提高产氢效率的目的。光生化反应器形式多样，澳大利亚莫道克大学研制了螺旋管式光合细菌制氢反应器，反应器由柔性透明管沿螺旋方向旋转围绕而成，该反应器容积达到 $1m^3$[48]。日本 Takabatake 研制了具有单色光源和磁力搅拌的板式反应器，采用双侧单色光源照射，反应器容积为 1.5L[49]。日本 Jun Miyake 等设计了重合板式光合制氢反应器，该反应器由 4 个相同的薄板结构重叠而成，每个薄板厚度为 0.5cm，光线由一侧依次通过，提高了光能利用率[50]。为了提高光能利用率，张全国、Chen Chun-yen 等研制出多种内置光源的光生化制氢反应器，这类反应器一般直接采用人工光源供光或通过使用光导纤维导入自然光和设置石英发光体为反应器提供光源。内置光源形式使光源向四周的辐射光都能被利用，提高了反应器的光能利用率[51-52]。

# 1.2　农业废弃物资源特点及利用模式

## 1.2.1　农业废弃物资源特点

随着研究的深入，农业废弃物的范围不断延伸。《农业废弃物资源化与农村生物质资源战略研究报告》（以下简称《报告》）对农业废弃物进行了明确界定。农业废弃物（agricultural residue）是指在整个农业生产过程中被丢弃的有机类物质，主要包括农林生产过程中产生的植物类残余废弃物，牧、渔业生产过程中产生的动物类残余废弃物，农业加工过程中产生的加工残余废弃物和农村城镇生活垃圾等[53]。科学技术部中国农村技术开发中心对农业废弃物的定义与分类在很大程度上是《报告》的延续，即农业废弃物是指在农业生产过程中，除了目的产品外抛弃不用的东西，是农业生产中不可避免的一种非产品产出，按其来源不同可以划分为种植业产生的各种农作物秸秆类废弃物、养殖业产生的畜禽粪便及屠宰畜禽产生的粪便类废弃物、农副产品加工产生的农副产品加工废弃物、农业生产过程中残留在土壤中的农膜废弃物等。

我国是农业大国，随着现代农业的快速发展，农业技术装备水平不断提高，我国农业产量产能得到了巨大提升，随之大量农业废弃物不断产生。据统计，人类的食物主要依赖于近 100 种动植物，因此农业废弃物的种类繁多。农业废弃物按其来源可分为 4 种类型：第 1 类为种植业废弃物，主要是指农田和果园残留物，如作物的秸秆、蔬菜的残体或果树的枝条、落叶、果实外壳等；第 2 类为养殖业废弃物，主要是指畜禽粪便和栏圈垫物等；第 3 类为农业加工业废弃物，主要指农副产品加工后的剩余物；第 4 类为农村生活废弃物，主要指农村居民生活废弃物，包括人粪尿及生活垃圾等[54]。

由于农业产品的品种和来源不同，农业废弃物的理化性质存在很大差异，但有共同特点：①在元素组成上，除 C、O、H 三元素的含量高达 65%～90%外，还含有丰富的 N、P、K、Ca、Mg、S 等多种元素。②从化学组成上可分为天然高分子聚合物和天然小分子化合物。高分子聚合物如纤维素、半纤维素、淀粉、蛋白质和木质素等。小分子化合物如氨基酸、单糖、脂肪、脂肪酸、酮类和各种碳氢化合物。③在物理性质上，普遍具有表面密度小、韧性大、抗压等特点。植物类的废弃物在干燥以后可以对热、电的绝缘性和声音的吸收能力都很好，具有较好的可燃性[55-57]。另外，农业废弃物具有量大面广、种类繁杂、可再生、可利用、可作太阳能载体等特点，但是往往随意堆放、肆意焚烧，并且易腐败变质，给周边城乡生态环境造成了严重的危害。

## 1.2.2 农业废弃物资源利用模式

据估算，全国每年产生畜禽粪污 38 亿吨，综合利用率不到 60%；每年生猪病死淘汰量约 6000 万头，集中、专业的无害化处理比例不高；每年产生秸秆近 9 亿吨，未利用的约 2 亿吨；每年使用农膜 200 多万吨，当季回收比例不足 2/3。这些未实现资源化利用无害化处理的农业废弃物量大、面广，用则利，弃则害。为此国家出台了一系列农业废弃物资源化利用的政策和办法，促进农业废弃物的高效化、无害化和资源化利用。2016 年 8 月农业部发布《关于推进农业废弃物资源化利用试点的方案》（以下简称《方案》），《方案》指出农业废弃物资源化利用是农村环境治理的重要内容[58]。生态环境保护和产业发展双重驱动，与农业废弃物资源化产业进行联动，通过不同产业之间的相互协调作用，构建完善的资源化产业协作体系，优化产业结构，形成农业废弃物低值高效产业先行，高值产业稳步推进的发展态势，实现对农业废弃物的全量化、高值化、无害化的资源运作模式[57]。

《农业综合开发区域生态循环农业项目指引（2017—2020 年）》中对农业废弃物资源的应用模式给出指导方向，对畜禽养殖废弃物资源化利用提出"种养一体化模式"和"三改两分再利用"等模式。对农作物秸秆及农产品加工剩余物等农业废弃物资源进行饲料化、肥料化、基料化、燃料化、能源化等综合开发，促进农业废弃物资源化利用。

农业废弃物资源饲料化，因地制宜完善农业废弃物资源收集、储存和运输体系，针对不同的资源种类，采取脱水干燥、生物发酵、全株青贮等适宜的加工方式，生产养殖饲料、蛋白原料或全混合日粮。

农业废弃物资源肥料化，对农作物秸秆采取直接还田、腐熟还田、堆肥还田等技术，实现肥料化利用；对农产品加工剩余物等采取混合堆沤发酵技术生产有机肥。

农业废弃物资源基料化，以秸秆、农产品加工剩余物等农副资源为主要原料，合理搭配牛粪、麦麸、豆饼等氮源，生产为微生物生长提供一定营养的有机固体物料，用于生产食用菌等。

农业废弃物资源燃料化，以农业废弃物资源为原料，生产颗粒状、块状、棒状等成型燃料，或者转化为清洁可燃气体，为生产生活提供优质能源。

农业废弃物资源能源化，目前对农业废弃物的能源化利用不仅可以利用生物质燃烧发电技术直接获取能量，还可以将其转化为生物柴油、成型燃料、沼气、氢气等生物质储能燃料。

# 1.3　光生化制氢过程中的热量分布传输特性

能量是光合微生物正常生长、产氢的基本要素，也是光合微生物一切生化反应和代谢过程的产物，利用光合微生物产氢就是能量转化的一种方式。光合细菌属于光能异养微生物，光合细菌产氢代谢所需能量来源于光能和产氢基质原料，能量的供给和传输过程的合理控制是为光合细菌产氢提供最佳生长条件的有效方法之一。另外，合适温度和光照的保持也是光合细菌产氢代谢的必要条件，合适温度的保持也需要能量的供给和传输[59]。

光生化制氢过程必然会伴随着大量的工程热物理问题，如产氢过程中生物体的代谢产热，以及生化反应过程的光热质传递等，并需要从能量平衡等角度核算产氢系统的能量转化情况。

## 1.3.1　光生化制氢过程的传热特性

光合细菌的产氢反应属于放热反应，光合细菌产氢代谢产生的热量也比较大，是影响反应器热能变化不可忽视的因素。光合细菌产氢代谢会引起反应系统温度、细菌生长及产氢能力、酶活性等发生一定的变化。

微生物利用基质中的碳源进行生长代谢的过程中，会释放出大量能量，见图 1-2，其中部分用来合成高能物质，满足自身的生长繁殖和代谢活动的需要，部分用来合成产物，其余的能量则以热的形式散发出来，有氧气参与的氧化代谢比无氧气参与的代谢产生更多的热能。微生物的生长和产物的合成均须在适当的温度下进行，光合细菌的产氢代谢温度也要在特定的范围内，因此光合生物制氢反应器中反应液的温度是保证光合细菌活性和高效产氢的重要因素之一，而且在微生物发酵过程中系统温度的变化将会影响产氢。

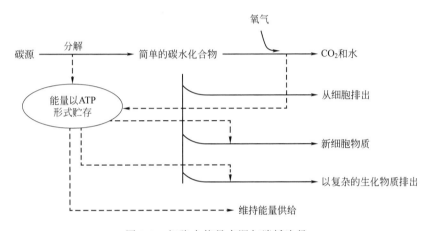

图 1-2　细胞中能量来源与消耗途径

光合细菌产氢的代谢过程虽然无氧气参与，应比有氧气参与的氧化代谢产生的热量少得多，但光合细菌的放氢过程涉及固氮作用、光合作用、氢代谢、碳代谢和氮代谢等多个功能和步骤。Gibbs 等[60]的研究发现，在光合过程中，特别是在强光下，由于光合作用的暗反应速率通常是色素捕获光子速率的 1/10 左右，光合器官所捕获光子的很大一部分不能用于光合作用，而是以热或荧光的形式散发到环境中，因此光合细菌产氢过程中细胞活动释放的热量不容忽视。由于目前研究只知道光合细菌的产氢过程中光合、固氮和有机物代谢各功能上的大体衔接，而对其每一步的反应步骤、结构和功能的关系还知之甚少，还没有见到关于光合细菌产氢过程中细胞活动热释放的研究报道。

## 1.3.2　光生化反应器的热量传输特性

微生物的代谢活动过程普遍具有放热特点，加之生化反应过程对温度的敏感性，为此有必要探索产氢过程中反应器内的温度分布规律和热效应。反应器中热量的输出，或对反应液加热保温时热量的补充输入是反应器必须提供的功能，于是热交换器设置和温度控制成为反应器设计中必要的环节。反应器热量传输性能的好坏直接关系到微生物细胞的生长代谢活动，传输性能可由反应器中反应液温度波动情况来体现，具有较好热量传输性能的反应器能对反应液温度的变化及时进行调整，保持反应在适宜温度范围内。

反应器在产氢过程中的热效应、流动特性等是光合产氢光谱耦合特性的重要内容。王素兰等[5,61]针对柱形反应器，进行了光生化制氢过程中温度变化的实验研究，得出反应器内节点温度分布不均匀的结论。周汝燕[59]分析了环流罐式光生化制氢反应器的热能传输途径和传递过程，结果表明当环境温度与反应液温度相差较大时，对反应液温度影响较大，但当环境温度与反应液温度有较合适的差值时，有助于反应液热量的传出，可以减少由换热器工作引起的能量消耗。由于光生化制氢反应器在传热方面普遍存在着温度分布不均等缺点[62]，且在发酵过程中细胞和酶对温度极为敏感，反应器温度场的均匀性对光生化制氢至关重要[63]。荆艳艳[1]针对板式反应器，对光合细菌制氢体系产热速率的变化规律、热效应及其对酶活性的影响进行了研究，得到了热效应对光合细菌产氢能力的影响。通过研究光生化制氢过程的光热传输特性，揭示了生物制氢体系的光热变化规律及其对光合细菌产氢的影响规律，从提高生物制氢体系的能量利用效率出发，构建了与高效光合产氢菌群光热特性相耦合的高效节能的光合制氢体系，为实现光生化制氢体系的工业化应用奠定了理论基础。

# 1.4 农业废弃物光生化制氢过程的工程热物理问题

## 1.4.1 工程热物理问题研究的必要性

农业废弃物光生化产氢具有无污染、能耗低、操作简单、可分解有机废弃物、可有效利用太阳能等优点，对环境保护、能源生产以及可持续发展具有重要意义。但其仍存在产氢速率较低、反应器产氢效率不高、离工业化生产和运用存在较大差距等问题，因此集中探索提高产氢效率的技术途径，寻找高效廉价的制氢原料和产氢工艺，研发高性能光生化反应器等对优化光生化制氢技术至关重要。

目前国内外在光合微生物产氢机理、产氢方法和途径、高活性产氢菌株的选育、产氢影响因素、产氢原料等方面的研究都有了一定进展。学者们针对光合微生物产氢机理，以及影响因素，提出了许多改善措施，但是研究进展并不显著，在投入大规模工业化生产前还有很多研究工作要做。利用农业废弃物进行光生化制氢过程中还存在着大量的工程热物理问题，如反应过程中的热量传输分布、光能转化利用、固液气多相反应流间的相间传递行为等，只有充分把握了光热质传输与转化规律，才能更好地提高能量利用效率和制氢能量，因此，对农业废弃物光生化制氢过程工程热物理问题的研究非常必要，且已成为光生化制氢领域的研究热点和难点。

## 1.4.2 光生化制氢过程热效应理论的提出

光生化制氢过程是一个复杂的温敏生化反应过程，温度和光照显著影响光生化制氢过程，因此，提出了热效应这一理论，并对光生化制氢过程中热量的生成和变化规律进行研究，分析其对制氢过程的反馈影响。

光生化制氢过程中热量的累积变化，不仅包括光能传输过程中的光热转化，光生化反应器与外界的热量传导，还存在着光合细菌生长和产物生成过程中的代谢热以及系统生化反应过程中的反应热等。同时，农业废弃物光生化制氢多相流的流动特性和传质行为等也直接影响制氢体系的热量分布传输，进而影响制氢过程。因此，完善农业废弃物产氢原料的预处理工艺，优化农业废弃物光生化制氢工艺过程，研发适用于光生化生物制氢过程的高效光生化反应器，对农业废弃物多相流内部光热质的分布传递规律进行研究，并建立相应的数学模型，明晰光生化制氢过程的热效应原理与特性，揭示农业废弃物多相流光合产氢能力和热量变化规律之间的关系，并提出行之有效的产氢体系调控方法，对实现农业废弃物光生化制氢的低成本、规模化生产具有非常重要的意义。

### 参 考 文 献

[1] 荆艳艳. 超微秸秆光合生物产氢体系多相流数值模拟与流变特性实验研究 [D]. 郑州：河南农业大学，2011.

[2] Hefner R A. The age of energy gases. The 10th Repsol-Harvard seminar on energy policy, in Madrid, Spain, 1999 [R]. The Industrial Physicist, 2000, 2：16-19.

[3] 路锦程, 黄峥. 中国能源发展面临的挑战及应对措施探讨 [J]. 建筑节能，2007，35（5）：1-4.

[4] 王继华, 赵爱萍. 生物制氢技术的研究进展与应用前景 [J]. 环境科学研究，2005，18（4）：170-177.

[5] 王素兰. 光合产氢菌群生长动力学与系统温度场特性研究 [D]. 郑州：河南农业大学，2007.

[6] Adams M W. Biological hydrogen production：not so elementary [J]. Science，1998，282（5395）：1842-1843.

[7] 郑国香，肖鹏飞. 能源生物化学 [M]. 北京：化学工业出版社，2014：1-3.

[8] Das D, Veziroğlu T N. Hydrogen production by biological processes: a survey of literature [J]. International Journal of Hydrogen Energy, 2001, 26 (1): 13-28.

[9] Hallenbeck P C, Benemann J R. Biological hydrogen production: fundamentals and limiting processes [J]. International Journal of Hydrogen Energy, 2002, 27 (11): 1185-1193.

[10] Levin D B, Pitt L, Love M. Biohydrogen production: prospects and limitations to practical application [J]. International Journal of Hydrogen Energy, 2004, 29 (2): 173-185.

[11] 任南琪，李永峰，郑国香，等. 生物制氢: I. 理论研究进展 [J]. 地球科学进展，2004，19 (Z): 537-541.

[12] Mohan S V, Babu V L, Sarma P N. Anaerobic biohydrogen production from dairy wastewater treatment in sequencing batch reactor (AnSBR): effect of organic loading rate [J]. Enzyme and Microbial Technology, 2007, 41 (4): 506-515.

[13] Bothe H, Distler E, Eisbremmer G. Hydrogen metabolism in blue-green algae [J]. Biochimie, 1978, 60 (2): 277-298.

[14] 张全国，王素兰，尤希凤. 光合菌群产氢量影响因素的研究 [J]. 农业工程学报，2006，22 (10): 182-185.

[15] 廖强，张川，朱恂，等. 光合细菌生物制氢反应器研究进展 [J]. 应用与环境生物学报，2008，14 (6): 871-876.

[16] Xie G J, Liu B F, Wang R Q, et al. Bioaggregate of photo-fermentative bacteria for enhancing continuous hydrogen production in a sequencing batch photobioreactor [J]. Scientific Reports, 2015, 5: 16174.

[17] Nakamura H. Über die photosynthese bei der schwefelfreien *Purpurbakerie*, *Rhodobacillus palustris*. Beiträg zur stoffwechselphysiologie der purpurbakterien [J]. Acta Phytochimica, 1937, 9: 189-229.

[18] Gaffron H. Reduction of $CO_2$ with $H_2$ in green plants [J]. Nature, 1939, 143: 204-205.

[19] Gaffron H, Jack Rubin. Fermentative and photochemical production of hydrogen in algae [J]. The Journal of General Physiology, 1942, 26: 219-240.

[20] Hillmer P, Gest H. $H_2$ metabolism in the photosynthetic bacterium *Rhodopseudomonas capsulate*: $H_2$ production by growing cultures [J]. Journal of Bacteriology, 1977, 129 (2): 724-731.

[21] 尤希凤. 光合产氢菌群的筛选及其利用猪粪污水产氢因素的研究 [D]. 郑州：河南农业大学，2005.

[22] Singh S P, Srivastava S C, Pandey K D. Hydrogen production by *Rhodopseudomonas* at the exspense of vegetable starch, sugar cane juice and whey [J]. International Journal of Hydrogen Energy, 1994, 19 (1): 437-440.

[23] Gest H, Ormerod J G, Ormerod K S. Photometabolism of *Rhodospirillum rubrum* light-dependent dissimilation of organic compounds to carbon dioxide and molecular hydrogen by an anaerobic citric acid cycle [J]. Archives of Biochemistry Biophysics, 1962, 97: 21-23.

[24] Macler B A, Pelroy R A, Bassbam J A. Hydrogen formation in nearly stoichiometric amounts by a *Rhodopseudomonas sphaeroides* mutant [J]. Journal of Bacteriology, 1978, 138 (2):

446-452.

[25] Kern M，Klipp W，Klemme J H. Increased nitrogenase dependent H$_2$ production by hup mutants of *Rhodospirillum rubrum* [J]. Applied Biochemistry and Biotechnology，1994，60 (6)：1768-1774.

[26] Ooshima H，Takakuwa S，Katsuda T，et al. Production of hydrogen by a hydrogenase-deficient mutant of *Rhodobacter capsulatus* [J]. Journal of Fermentation Bioengineering，1998，85 (5)：470-475.

[27] Odom J M，Wall J D. Photoproduction of H$_2$ from cellulose by an anaerobic bacterial co- culture [J]. Applied & Environmental Microbiology，1983，45：1300-1305.

[28] Miyake J，Kawamura S. Efficiency of light energy conversion to hydrogen by the photosynthetic bacterium *Rhodobacter sphaeroides* [J]. International Journal of Hydrogen Energy，1987，12：147-149.

[29] Koku H，Eroǧlu I，Gündüz U，et al. Kinetics of biological hydrogen production by the photosynthetic bacterium *Rhodobacter sphaeroides* O. U. 001 [J]. International Journal of Hydrogen Energy，2003，28：381-388.

[30] Uyar B，Eroǧlu I，Yücel M，et al. Effect of light intensity and illumination protocol on biological hydrogen production by *Rhodobacter sphaeroides* O. U. 001 [R]. Proceedings International Hydrogen Energy Congress and Exhibition IHEC 2005 Istanbul，Turkey，2005：13-15.

[31] Wakayama T，Nakada E，Asada Y，Miyake J. Effect of light/dark cycle on bacterial hydrogen production by *Rhodobacter sphaeroides* RV. From hour to second range [J]. Applied Biochemistry and Biotechnology，2000，84-86：431-440.

[32] Hillmer P，Gest H. H$_2$ metabolism in the photosynthetic bacterium *Rhodopseudomonas capsulata* H$_2$ production by growing cultures [J]. Journal of Bacteriology，1977，129：724-731.

[33] 张全国，师玉忠，张军合. 太阳光谱对光合细菌生长及产氢特性的影响研究 [J]. 太阳能学报，2007，28 (10)：1135-1139.

[34] Sasikala K，Ramana C V，Rao P R. Photoproduction of hydrogen from the waste water of a distillery by *Rhodbacter sphaeroides* O. U. 001 [J]. International Journal of Hydrogen Energy，1992，17：23-27.

[35] Koku H，Eroglu I，Gunduz U，et al. Aspects of the metabolism of hydrogen production by *Rhodobacter sphaeroides* [J]. International Journal of Hydrogen Energy，2002，27：1315-1329.

[36] Shi X Y，Yu H Q. Optimization of glutamate concentration and pH for H$_2$ production from volatile fatty acids by *Rhodopseudomonas capsulata* [J]. Letters in Applied Microbiology Volume，2010，40 (6)：401.

[37] Sidiras D K，Koukios E G. Acid saccharification of ball-milled straw [J]. Biomass，1989，19：289-306.

[38] Jin S，Chen H. Superfine grinding of steam-exploded rice straw and its enzymatic hydrolysis [J]. Biochemical Engineering Journal，2006，30 (3)：225-230.

[39] Kumakura M，Kaetsu I. Effect of radiation pretreatment of bagasse on enzymatic and acid hydrolysis [J]. Biomass，1983，3：199-208.

[40] 熊犍，叶君，梁文芷．超声方法对纤维素超分子结构的影响 [J]．声学学报，1991，1：66-70.

[41] Yang C，Shen Z. Effect and after effect of radiation pretreatment on enzymatic hydrolysis of wheat straw [J]. Bioresour，2008，99 (14)：6240-6245.

[42] Emmel A，Mathias A L，Wypych F，et al. Fractionation of *Eucalyptus grandis* chips by dilute acid- catalysed steam explosion [J]. Bioresource Technol，2003，86：105-115.

[43] Xu Z，Wang Q，Jiang Z，et al. Enzymatic hydrolysis of pretreated soybean straw [J]. Biomass Bioenerg，2007，31：162-167.

[44] Teixeira L C，Linden J C，Schroeder H A. Alkaline and peracetic acid pretreatments of biomass for ethanol production [J]. Applied Biochemistry and Biotechnology，1999，77 (1)：19-34.

[15] Garrote G. Autohydrolysis of corncobs：study of non-isothermal operation for xylo-oligaccharides production [J]. Journal for Food Engineering，2002，52：211-218.

[46] Kurakake M，Ide N，Komaki T. Biological pretreatment with two bacterial strains for enzymatic hydrolysis of office paper [J]. Current Microbiology，2007，54：424-428.

[47] 潘亚杰，张雷，郭军，等．农作物秸秆生物降解法的研究 [J]．可再生能源，2005，3：33-35.

[48] 杨素萍．光合细菌生物制氢研究 [D]．济南：山东大学，2002.

[49] Takabatake H，Suzuki K，Ko I B，et al. Characteristics of anaerobic ammonia removal by a mixed culture of hydrogen producing photosynthetic bacteria [J]. Bioresource Technology，2004，95 (2)：151-158.

[50] Jun Miyake，Masato Miyake，Yasuo Asada. Biotechnplogical hydrogen production：research for efficient light energy conversion [J]. Journal of Biotechnology，1999，70：89-101.

[51] Zhang Q，Zhang Z，Wang Y，et al. Sequential dark and photo fermentation hydrogen production from hydrolyzed corn stover：a pilot test using $11m^3$ reactor [J]. Bioresource Technology，2018，253：382-386.

[52] Chen C Y，Chang J S. Enhancing phototropic hydrogen production by solid-carrier assisted fermentation and internal optical-fiber illumination [J]. Process Biochemistry，2006，41 (9)：2041-2049.

[53] 孙振钧，袁振宏，张夫道，等．农业废弃物资源化与农村生物质资源战略研究报告 [R]．国家中长期科学与技术发展战略研究，2004.

[54] 葛磊．农业废弃物资源化利用现状及前景展望 [J]．农村经济与科技，2018，29 (21)：18-19.

[55] 嵇东，孙红．农业废弃物资源化利用的现实意义与对策建议 [J]．农业开发与装备，2018，11：70-77.

[56] 姜曼曼，周飞．农业废弃物资源化利用技术现状 [J]．低碳世界，2018，6：10-11.

[57] 杨丽，张永恩，高利伟．农业废弃物资源化利用探析 [J]．农业展望，2017，13 (11)：45-47.

[58] 刘强．瞄准五类废弃物 实现农业资源循环利用——《关于推进农业废弃物资源化利用试点的方案》解读 [J]．农业知识，2016，34：40-42.

[59] 周汝雁．环流罐式光合生物制氢反应器及其能量传输过程研究 [D]．郑州：河南农业大

学，2007.

[60] Gibbs M，Hollaender A，Kok B，et al. Proceedings of the workshop on bio-solar conversion [C]. 1973.

[61] 王素兰，张全国，周雪花. 光合生物制氢过程中系统温度变化实验研究 [J]. 太阳能学报，2007，28 (11)：1253-1255.

[62] 郭婕. 光合细菌连续产氢反应过程中热量变化规律的研究 [D]. 郑州：河南农业大学，2012.

[63] 赫倚风，郭婕，周雪花，等. 光合产氢过程中微生物代谢热实验研究 [C]∥高等学校工程热物理第十九届全国学术会议论文集. 中国高等教育学会工程热物理专业委员会，2013：11.

# 第2章

# 农业废弃物能源转化预处理

## 2.1 农业废弃物理化性质

农业废弃物也称农业垃圾，是农业生产和再生产链环中资源投入与产出物质和能量的差额，主要包括：①农田和果园残留物，如秸秆、残株、杂草、落叶、果实外壳、藤蔓、树枝和其他废物；②牲畜和家禽粪便以及栏圈铺垫物等；③农产品加工废弃物；④人粪尿以及生活废弃物等类别。

### 2.1.1 秸秆类农业废弃物物理特性

#### 2.1.1.1 不同地区同一农作物秸秆类农业废弃物物理特性

不同地区产生的农作物秸秆类农业废弃物具有不同的物理特性，表 2-1 列出了不同地区玉米切碎秸秆的主要物理特性。

（1）全水分 秸秆原料的水分变化较大，将会影响成型，如果秸秆原料全水分过高，需要进行干燥处理。试验结果表明，各地区收获自然风干后的玉米秸秆全水分差异不明显，基本在 10% 左右，无需干燥即可满足成型要求。

（2）外摩擦角 用于生物质压块燃料的玉米切碎秸秆的动态外摩擦角在 22.24°～25.66° 之间，总体来看，东北平原黑龙江双城市和内蒙古赤峰市玉米秸秆的动态外摩擦角无差异，但与其他地区（除河南省濮阳市）存在显著差异，明显低于其他地区；不同地区玉米秸秆的静态外摩擦角基本与动态外

表 2-1 不同地区玉米切碎秸秆物理特性测试结果

| 取样地区 | 5～30mm<br>粒度率/% | 全水分<br>/% | 动态外摩<br>擦角/(°) | 静态外摩<br>擦角/(°) | 静态堆<br>积角/(°) | 堆积密度<br>/(kg/m³) |
|---|---|---|---|---|---|---|
| 安徽省合肥市 | 68.09 | 10.09 | 25.66ᵃ | 25.75ᵃ | 45.81ᵃ | 52.82ᵃ |
| 河南省濮阳市 | 74.28 | 9.53 | 22.24ᵇ | 22.51ᵇ | 47.54ᵃ | 50.09ᵃ |
| 山东省青岛市 | 71.01 | 12.70 | 25.26ᵃ | 26.07ᵃ | 46.17ᵃ | 53.70ᵃ |
| 北京市大兴区 | 65.08 | 10.62 | 24.21ᵃ | 25.82ᵃ | 46.81ᵃ | 52.95ᵃ |
| 黑龙江省双城市 | 62.83 | 11.51 | 22.85ᵇ | 23.20ᵇ | 50.79ᵇ | 44.54ᵇ |
| 内蒙古自治区赤峰市 | 65.30 | 11.15 | 22.60ᵇ | 23.61ᵇ | 49.62ᵇ | 42.17ᵇ |

注：同一列内相同字母表示差异不显著（LSD $P<0.05$）；粒度率指粒度在 5～30mm 的切碎物料占物料总量的百分比。

摩擦角存在相同的规律。摩擦角与原料表面的光滑程度有关，东北平原（双城市和赤峰市）玉米秸秆的摩擦角显著小于其他地区，这是由东北地区气候寒冷、地理位置的差异造成的。另外，为了使秸秆能顺利流动，料仓实际料壁与水平面的夹角应比外摩擦角大 5°～10°[1]，因此在设计料仓时，要考虑到玉米秸秆的区域性。

（3）静态堆积角　静态堆积角是原料流动特性的一个重要指标，静态堆积角越大，其流动性就越差；相反，静态堆积角越小，流动性就越好。从表 2-1 可以看出，东北平原玉米秸秆的静态堆积角（数值在 50°左右）无显著差异，黄淮海平原（合肥市、濮阳市、青岛市、大兴区）各地区间也无明显差异，在 45.81°～47.54°之间，但均低于东北平原，且与东北平原存在显著差异。此外，各地区玉米秸秆的静态堆积角均大于 45°，属于流动性差的物料。

（4）堆积密度　不同地区玉米秸秆堆积密度均小于 60kg/m³，属于轻物料。黄淮海平原各地区玉米秸秆的堆积密度在 50.09～53.70kg/m³ 之间，无显著差异，但均高于东北平原，且与东北平原存在显著差异。东北平原各地区玉米秸秆堆积密度为 42.17～44.54kg/m³。

#### 2.1.1.2　同一地区不同农作物秸秆类农业废弃物物理特性

同一地区不同农作物产生的秸秆类农业废弃物具有不同的物理特性，表 2-2 列出了北京地区 7 种主要农作物秸秆的主要物理特性。其中，除花生壳切碎粒度率较大外，其他农作物秸秆 5～30mm 粒度率在 60.01%～77.31% 之间，全水分在 10.05%～12.29% 之间，无显著差异。

（1）外摩擦角　玉米秸秆和棉秆的动态外摩擦角分别为 24.21°、23.70°，无显著差异，但均大于豆秸、花生壳等其他作物秸秆 21° 左右的动态外摩擦角。因此设计料仓时，用于玉米秸秆和棉秆料仓的实际料壁与水平

表 2-2　同一地区不同作物切碎秸秆的物理特性测试结果

| 秸秆 | 5～30mm粒度率/% | 全水分/% | 动态外摩擦角/(°) | 静态外摩擦角/(°) | 静态堆积角/(°) | 堆积密度/(kg/m³) |
|---|---|---|---|---|---|---|
| 玉米秸秆 | 65.08 | 10.62 | 24.21[a] | 25.82[a] | 46.81[a] | 52.95[a] |
| 豆秸 | 70.75 | 10.16 | 21.41[b] | 22.82[b] | 47.55[a] | 108.96[b] |
| 棉秆 | 60.01 | 12.29 | 23.70[a] | 24.14[a] | 49.24[a] | 109.37[b] |
| 花生壳 | 88.65 | 11.62 | 20.26[b] | 22.13[b] | 35.48[b] | 98.20[b] |
| 小麦秸秆 | 77.31 | 10.05 | 21.05[b] | 21.82[b] | 48.74[a] | 29.97[c] |
| 芝麻秆 | 74.87 | 10.86 | 21.09[b] | 22.78[b] | 47.59[a] | 66.67[b] |
| 葵花秆 | 74.99 | 11.05 | 21.25[b] | 22.16[b] | 38.29[b] | 84.05[b] |

注：同一列内相同字母表示差异不显著（LSD $P < 0.05$）。

面的夹角应比其他农作物秸秆大 4°左右。对于静态外摩擦角而言，其变化规律与动态外摩擦角相同，但数值均大于动态外摩擦角。

（2）静态堆积角　花生壳和葵花秆的静态堆积角无显著差异，分别为35.48°、38.29°，属于正常流动物料。玉米秸秆、豆秸等其他秸秆的静态堆积角在 46.81°～49.24°之间，与花生壳和葵花秆相比，有显著差异，均属于流动性差的物料。

（3）堆积密度　不同作物秸秆的堆积密度差异较大，小麦秸秆的堆积密度最小，为 29.97kg/m³，这是因为小麦秸秆属于空心茎类秸秆，密度比豆秸、棉秆等实心茎类秸秆要低。堆积密度最大的为棉秆，为 109.37kg/m³。根据试验结果，按照堆积密度的大小，可将作物秸秆分为 3 种类型，即㈠低堆积密度：小麦秸秆；㈡中堆积密度：玉米秸秆、芝麻秆；㈢高堆积密度：豆秸、棉秆、花生壳、葵花秆。堆积密度对原料输送、存贮等影响较大，因此针对不同的农作物秸秆，要制定不同的原料收集、存贮、运输、粉碎、混合、输送等预处理工艺路线，尤其是原料输送设备、混合贮藏设备及输送速度等，高堆积密度作物（豆秸、棉秆、花生壳）和低堆积密度的作物（玉米秸秆、小麦秸秆）要采用不同容积的设备。

## 2.1.2　秸秆类农业废弃物化学特性

不同地区的农作物秸秆类农业废弃物具有不同的化学特性，农作物秸秆类农业废弃物的化学特性主要包括低位发热量和工业分析。

### 2.1.2.1　不同地区同一农作物秸秆类农业废弃物化学特性

（1）低位发热量　安徽、河南、山东、黑龙江、内蒙古、北京等取样地区的玉米秸秆恒压收到基低位发热量差异不大，依次为 14.91MJ/kg、14.58MJ/kg、14.26MJ/kg、15.04MJ/kg、14.51MJ/kg、14.80MJ/kg。

（2）工业分析 安徽、河南、山东、黑龙江、内蒙古、北京等取样地区的玉米秸秆工业分析测试结果如图 2-1 所示。

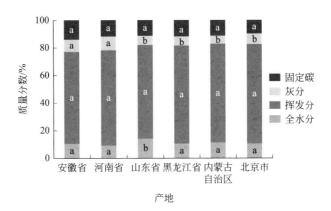

图 2-1 不同地区玉米秸秆工业分析测试结果

从图 2-1 可以看出，不同地区玉米秸秆的挥发分质量分数差别不大，除安徽省玉米秸秆挥发分为 67.86%，内蒙古自治区为 74.41% 外，其他地区的挥发分基本上都在 70% 左右，无显著差异。而不同地区玉米秸秆的灰分差异较大。安徽省、河南省的玉米秸秆灰分超过了 8%，显著高于其他地区，其中内蒙古地区玉米秸秆的灰分最小，仅为 3.67%，这可能是由东北地区的地理位置、气候与其他地区差异较大造成的。热值、挥发分、灰分对于燃烧有显著的影响[2,3]，灰分较高，会出现不易点火、燃烧不彻底及易结渣等现象，因此针对不同地区的玉米秸秆，在选择燃烧设备（如锅炉、燃烧器）时，要充分考虑这种特性，研究设计适宜的点火系统、燃烧后的清渣装置等。

### 2.1.2.2 同一地区不同农作物秸秆类农业废弃物化学特性

同一地区不同农作物产生的秸秆类农业废弃物具有不同的化学特性。北京地区 7 种主要农作物秸秆的低位发热量差异较大，最高的为花生壳、芝麻秆、棉秆和玉米秸秆，分别为 15.95MJ/kg、15.30MJ/kg、15.25MJ/kg、15.04MJ/kg，显著高于热值分别为 14.73MJ/kg、14.53MJ/kg、14.76MJ/kg 的豆秸、小麦秸秆、葵花秆。北京地区 7 种主要农作物秸秆的工业分析结果如图 2-2 所示。

从图 2-2 可以看出，同一地区不同农作物的秸秆挥发分质量分数，基本都在 70% 左右，差异不大。不同农作物秸秆的灰分质量分数差异较大。其中小麦秸秆的灰分最高，达到 7.26%，棉秆和花生壳的灰分最低，分别为 3.44%、3.25%，这说明不同种类农作物秸秆的灰分存在差异，这是由作物

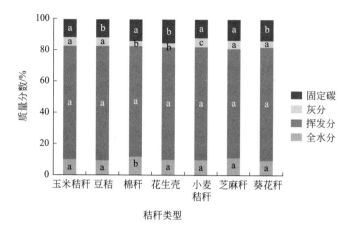

图 2-2 同一地区不同农作物秸秆工业分析测试结果

品种造成的。

# 2.2 农业废弃物微观结构与生化转化途径

农业废弃物微观结构包括粒径、比表面积、松装密度变化、SEM 微观形貌、官能团、结晶度、聚合度、抽提物等方面。

## 2.2.1 粒径

高粱秸秆经植物粉碎机粉碎，采用筛分法，筛子标签上有筛子目对应的粒径。分别取过 20 目不过 40 目的作为样品 1，过 100 目不过 120 目的作为样品 2，过 160 目不过 180 目的作为样品 3，用多维摆动式纳米高能球磨机球磨 0.5h 后采用 X 射线衍射法测定作为样品 4，样品对应的粒径范围如表 2-3 所示。

表 2-3 样品对应的粒径范围

| 样品 | 样品 1 | 样品 2 | 样品 3 | 样品 4 |
|---|---|---|---|---|
| 粒径范围 | $300 \sim 450 \mu m$ | $125 \sim 150 \mu m$ | $97 \sim 105 \mu m$ | $330 \sim 420 nm$ |

## 2.2.2 比表面积

粉体的比表面积与其在吸附、溶解和催化等场合的应用性能有着密切的关系。木质纤维素类生物质材料不溶于水，决定了在水中的反应是异相反应，因此酶解时的第一步是首先将酶吸附至木质纤维素表面，而吸附性质和粉体比表面积有着直接关系。采用美国康塔 NOVA2000e 比表面积及孔径分析仪测定的结果如表 2-4 所示。

表 2-4 样品对应的比表面积

| 样品 | 样品 1 | 样品 2 | 样品 3 | 样品 4 |
|---|---|---|---|---|
| 比表面积/(cm²/g) | 1695 | 1945 | 2910 | 3802 |

由表 2-4 结合表 2-3 可以看出，随着高粱秸秆粒径的减小，比表面积增大，但是比表面积和粒径并不是线性关系，这可能和粉碎过程中颗粒存在裂缝、裂纹以及团聚有关。

### 2.2.3 松装密度变化

产氢反应器在进行体积设计时必须考虑反应基质所需占有的体积大小，因此，松装密度的测定必将为未来光合产氢反应器体积设计提供一些基础参数。4 种不同粒径范围的高粱秸秆松装密度变化见图 2-3。从图中可以看出，粒径范围 $300 \sim 450 \mu m$ 的松装密度与 $125 \sim 150 \mu m$ 相比变化不大，仅仅从 $0.144 g/cm^3$ 增加到了 $0.163 g/cm^3$，增幅为 $0.019 g/cm^3$；当粒径范围从 $125 \sim 150 \mu m$ 减小到 $97 \sim 105 \mu m$ 以后，可以看出松装密度有很大幅度的增大，从 $0.163 g/cm^3$ 增大到 $0.326 g/cm^3$，增幅达到 $0.163 g/cm^3$，即增大了一倍，但当粒径继续减小至 $330 \sim 420 nm$ 时，松装密度仅仅增大至 $0.334 g/cm^3$，也就是说随着粉碎粒径的减小，松装密度呈递增趋势，即单位体积秸秆的质量是增大的，但是粒径减小到一定范围后松装密度增大程度减小。通过扫描

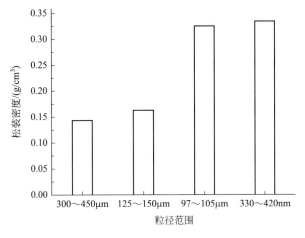

图 2-3 不同粒径范围高粱秸秆的松装密度

电镜（SEM）观察后认为当高粱秸秆粉碎度较小时，颗粒形状不规则的比例较大，随着粉碎程度增大，颗粒呈球状或者类球状的比例越来越大，这种变化导致松装密度增大。因此，经超微粉碎的木质纤维素粉体酶解光合产氢时，由于其松装密度增大很多，那么单位体积对应的基质质量必将较大，在保持相同基质浓度的条件下，松装密度的增大将有效减小反应器大小，从而降低设备造价。

### 2.2.4 SEM 微观形貌

禾本科植物的纤维细胞主要生长在维管束和纤维组织带中，维管束组织主要由纤维、导管和筛管等组成[4]。对比图 2-4 中（a）、（b）、（c）和（d）可以发现，粒径范围 $300\sim450\mu m$ 的高粱秸秆中还有较多的比较完整的维管束结构和导管结构；当粉碎至 $125\sim150\mu m$ 时，秸秆维管束结构基本被破坏，露出维管束以及薄壁细胞内壁结构；当粉碎至 $97\sim105\mu m$ 时已经完全打破原来的纤维细胞状态，显出不同种类的细胞壁残片；而当粒径达到$330\sim420nm$ 时，所有的细胞壁物质基本呈现出颗粒状，并伴随有团聚现象，这

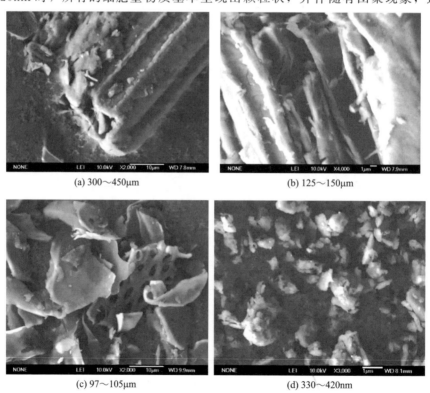

(a) $300\sim450\mu m$         (b) $125\sim150\mu m$

(c) $97\sim105\mu m$         (d) $330\sim420nm$

图 2-4 不同粒径范围高粱秸秆的 SEM 图

可能与其表面自由能增大有关，超微粉体为了减小比表面自由能而自发产生团聚，从而导致秸秆的酶解作用点增大但不随粒径减小呈现线性关系。

## 2.2.5　官能团

傅里叶转换红外光谱（FTIR）分析是在不破坏木质纤维素类物质结构的条件下研究其官能团变化的常用方法。纤维素、半纤维素和木质素属于有机化合物，其基频振动出现在中红外区，这个区域有大量的吸收谱带，运用吸收谱带与分析结构的对应关系以及影响吸收带的一般性规律和分子学知识能够通过解析红外光谱来推测超微粉碎对木质纤维素类生物质的分子结构是否有影响，从而推测在超微粉碎过程是否产生机械力化学作用而导致纤维类生物质变性。不同粒径范围高粱秸秆的 FTIR 谱图如图 2-5 所示。

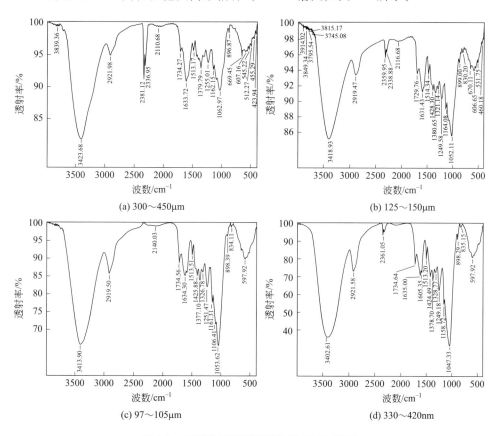

图 2-5　不同粒径范围高粱秸秆 FTIR 谱图

高粱秸秆是一种植物纤维原料，其化学成分非常复杂，主要化学成分只有三种，即半纤维素、纤维素和木质素，它们构成原料的支撑骨架，另外还有一些结构和组成非常复杂的抽提物,因此木质纤维类生物质的光谱解析比低分子有机化合物难得多。因此,在进行图谱解析的过程中,根据"先特征,后指纹;先最强峰,后次强峰;先粗查,后细找"的程序来进行,解析结果见表 2-5。

表 2-5 高粱秸秆红外光谱中吸收带的归属

| 波数/cm$^{-1}$ | 吸收带归属及说明 |
| --- | --- |
| 3420～3400 | O—H 伸缩振动 |
| 2922～2910 | C—H 伸缩振动(甲基、亚甲基与次甲基) |
| 1735～1729 | C=O 伸缩振动(木聚糖乙酰基 CH$_3$C=O) |
| 1635～1630 | C=O 伸缩振动(木质素中的共轭羰基) |
| 1514～1513 | 芳香族骨架振动 |
| 1429～1424 | CH$_2$ 的剪切振动(纤维素);CH$_2$ 的弯曲振动(木质素) |
| 1381～1377 | CH 弯曲振动(纤维素和半纤维素) |
| 1329～1321 | OH 平面内变形(纤维素) |
| 1256～1249 | C—C 骨架伸缩振动(C—CHR—C) |
| 1165～1158 | C—O—C 伸展运动(半纤维素和木质素) |
| 1107 | C—O 在仲醇、脂肪族醚中的变形 |
| 1054～1052 | C—O 伸缩振动(纤维素和半纤维素) |
| 899～898 | β-糖苷键振动(碳水化合物,纤维素 β-链特征峰) |
| 835～830 | 芳香核 CH 振动 |
| 637～615 | C—O—H 弯曲振动 |

对于纤维素类生物质的红外光谱分析,普遍认为在 1600cm$^{-1}$、1510cm$^{-1}$ 处出现的特征吸收带是木质素的特征吸收峰;在 2900cm$^{-1}$、1425cm$^{-1}$、1370cm$^{-1}$ 和 895cm$^{-1}$ 处出现的特征吸收谱带是纤维素的特征吸收峰;半纤维素是天然多糖,其单糖残基和其他侧基不同时对应的红外光谱也不同,但 1730cm$^{-1}$ 附近的乙酰基和羰基上的 C=O 伸缩振动峰是半纤维素区别于其他组分的特征;相比纤维素和半纤维素的红外光谱来说,木质素的红外光谱要复杂得多,由于木质素含有多种红外敏感基团[包括羟基(—OH)、羰基(C=O)、甲氧基(—CH$_3$O)、双键(C=C)和苯环],波数 1600cm$^{-1}$ 以上的 O—H、C—H 和 C=O 伸缩振动吸收带几乎是"纯"吸收带,而 1600cm$^{-1}$ 处的芳香族振动吸收带是被 C=O 伸缩振动加宽了的多重吸收带[5]。

由图 2-5 中(a)、(b)、(c)、(d)四幅谱图结合图谱解析表 2-5 可以看出，在 3400cm⁻¹ 附近的 O—H 吸收峰吸收强度有很大幅度的减小，说明纤维素羟基缔合程度减小，纤维素大分子间的氢键受到破坏；四种粒径范围高粱秸秆在 2900cm⁻¹、1425cm⁻¹ 和 1370cm⁻¹ 处纤维素的特征吸收峰处变化不大，但在 895cm⁻¹ 处吸收峰随着粉碎程度的增大而减小，说明纤维素在球磨过程中有小部分降解。随着高粱秸秆粒径的减小，红外图谱中 1634cm⁻¹ 附近的 1605cm⁻¹ 处有一个小吸收峰随着粒径的减小凸显出来，说明木质素侧链上的羰基发生变化，1598cm⁻¹ 处苯环骨架结构伸缩振动的吸收峰由不明显的双峰变成了明显的双峰，说明苯环结构也受到了一定影响，说明超微粉碎不仅影响了木质素的侧链结构而且对苯环结构有一定影响。尤其值得注意的是，粒径最小的高粱秸秆位于 1158cm⁻¹ 和 1047cm⁻¹ 之间的一个吸收峰消失，对比粒径范围 97~105µm 高粱秸秆的红外图谱可知此范围内有一个波数是 1106cm⁻¹ 的吸收峰，这是半纤维素和纤维素 O—H 缔合吸收带，说明超微粉碎对高粱秸秆的纤维素和半纤维素结构也有一定的影响。此外，由图 2-5 还可以看到在 1000~500cm⁻¹ 指纹区部分吸收带发生明显变化，指纹区的变化并非是由某个基团的振动，而是由整个分子或者分子的一部分振动引起的。指纹区的频率对分子结构的微小变化具有较大的灵敏度，可以用于整个分子的表征，指纹区吸收峰的改变说明秸秆在超微粉碎过程中分子结构发生了变化。

## 2.2.6 结晶度

X 射线衍射分析的结果由衍射图谱反映，衍射图谱的横坐标为衍射角（2θ），纵坐标为射线衍射强度。用射线衍射法测定木质纤维素材料的结晶度时，相干干涉只有在结晶区才能产生波峰，而非结晶区即无定形区只会发生漫反射，不会产生波峰。因此可以根据峰的面积和总面积之比来确定木质纤维素的相对结晶度。四种不同粒径范围高粱秸秆的衍射图谱见图 2-6。

由图 2-6 可以看到，射线衍射在 2θ=22° 附近出现一极大的衍射峰，这是（002）晶面的衍射强度峰；在 18° 附近出现波谷，这是无定形区的衍射强度；在 16° 附近出现的衍射峰是（101）晶面衍射；在 35° 附近的一个小衍射峰是（040）晶面的衍射峰。晶面中的数字是晶面指数，（002）晶面的晶面指数为（0,0,2），此晶面与 X 轴、Y 轴平行，在 Z 轴上的截距为 1/2；（040）晶面的晶面指数为（0,4,0），此晶面与 X 轴、Z 轴平行，在 Y 轴上的截距为 1/4；（101）晶面的晶面指数为（1,0,1），此晶面与 Y 轴平行，在 X 轴和 Z 轴上的截距为 1。其中，X 射线衍射图谱中 2θ=15° 处的（101）晶面衍射峰、2θ=16.5° 处（101）晶面衍射峰以及 2θ=22.8° 处（002）晶面衍

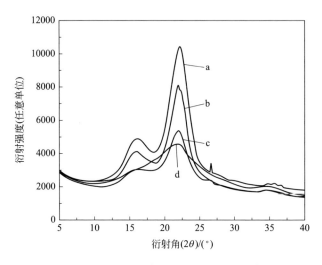

图 2-6　不同粒径范围高粱秸秆的 X 射线衍射图谱

a—300～450μm；b—125～150μm；c—97～105μm；d—330～420nm

射峰，这三处的衍射峰决定结晶度的计算[5]。由图 2-6 还可以看出，不同粒径高粱秸秆的衍射强度在 $2\theta=22°$ 附近出现的极大峰值，其衍射强度随着粉碎度的增大下降非常明显，粒径范围 330～420nm 的高粱秸秆在 $2\theta=16.5°$ 处的（101）晶面衍射峰消失，在 18°附近的波谷也消失，在 35°附近的（040）晶面的衍射峰也消失，这说明超微粉碎对纤维素的结晶结构有较大的影响。采用 Segal 经验法计算结晶度，见公式(2-1)，计算结果见表 2-6。

$$CrI(\%)=\frac{I_{002}-I_{am}}{I_{002}}\times100\%\qquad(2-1)$$

式中，$I_{002}$ 为晶格衍射角的极大强度（任意单位）；$I_{am}$ 代表 $2\theta$ 角近于 18°时非结晶背景衍射的散射强度。

表 2-6　不同粒径范围高粱秸秆结晶度

| 样品 | 300～450μm | 125～150μm | 97～105μm | 330～420nm |
|---|---|---|---|---|
| 结晶度 $CrI$/% | 61.05 | 55.98 | 49.23 | 23.97 |

X 射线衍射图以及结晶度计算结果清晰地显示出，高粱秸秆随着粉碎度的增大，结晶度大幅降低。由表 2-6 可见，当粒径范围从 300～450μm 下降到 125～150μm，结晶度由 61.05%下降到 55.98%，下降 5.07 个百分点；当粒径范围从 125～150μm 减小到 97～105μm 时，结晶度由 55.98%下降到 49.23%，下降幅度为 6.75 个百分点；而当经过多维摆动式纳米球磨机磨至 330～420nm 时，结晶度降低为 23.97%，降幅达到了 25.26 个百分点。并

且从图 2-6 中可以看到（101）晶面衍射峰在 $2\theta=16.5°$ 处消失，（002）晶面衍射峰在 $2\theta=22.8°$ 处也宽化弥散，说明经过超微粉碎后高粱秸秆粉体的晶体结构已经被改变，分析原因可能是高粱秸秆经超微粉碎时，其结晶区的晶体结构发生不规则化、非结晶化，并形成熔增大的不稳定中间结晶相，随着球磨时间的延长，在不断由磨介施加的压缩、剪切、弯曲和延伸等作用力下，当能量超过不稳定相转移和结晶的活化能时，发生晶型转变，衍射峰宽度增大可能和新结晶结构晶格的缺陷有关。另一个明显的变化是随着粒径的减小，（002）晶面衍射峰半宽值增大，说明结晶区宽度增大；（040）晶面衍射峰随着粒径减小，衍射强度减小，说明结晶区长度减小[6]。

## 2.2.7 聚合度

聚合度（$DP$）变化对酶水解的影响也一直是木质纤维素预处理效果研究的一个方面。研究预处理对聚合度的影响是研究纤维素在预处理过程中降解老化以及各种化学反应动力学的重要内容。为了反映大分子链断裂和纤维素降解情况，同时引入了平均链断裂数和降解度[7]的计算，其计算公式如下。

平均链断裂数（$S$）=（粒径最大的样品 $DP$/不同粒径的样品 $DP$）$-1$

$$(2\text{-}2)$$

式中，$DP$ 为聚合度。

降解度（$\alpha$）=（1/不同粒径的样品 $DP$）$-$（1/粒径最大的样品 $DP$）  $(2\text{-}3)$

四种不同粒径范围高粱秸秆对应的聚合度见表 2-7。

表 2-7　不同粒径范围高粱秸秆聚合度

| 样品 | $DP$ | $S$ | $\alpha(\times10^{-5})$ |
| --- | --- | --- | --- |
| $300\sim450\mu m$ | 407.1 | — | — |
| $125\sim150\mu m$ | 393.4 | 0.034 | 8.55 |
| $97\sim105\mu m$ | 382.6 | 0.064 | 15.73 |
| $330\sim420nm$ | 371.8 | 0.095 | 23.32 |

从表 2-7 中可以看出，高粱秸秆随着粉碎粒径的减小，其聚合度也减小，但是减小幅度随着粒径减小也开始减小，当秸秆粒径从 $300\sim450\mu m$ 减小到 $125\sim150\mu m$ 时，其 $DP$ 减小幅度为 13.7；当粒径继续减小至 $97\sim105\mu m$ 时，其 $DP$ 减小幅度变为 10.8；当经过超微粉碎至 $330\sim420nm$ 时，其 $DP$ 减小幅度也为 10.8。从表中的平均链断裂数 $S$ 和降解度 $\alpha$ 的数值变化也能直观看出随着机械粉碎程度的增大，被打断的秸秆纤维素长链越来越

多，降解度越来越大。分析原因可能是在机械粉碎过程中，机械能主要通过吸收和扩散两个途径传递到秸秆物料，当机械能被秸秆物料吸收时，秸秆中纤维素的分子间和分子内的氢键和共价键将有效被裂解，导致纤维束分散、聚合度下降；当机械能仅仅被扩散时，就不会引起纤维素聚合度下降。由上面的数据可以推测秸秆从较大粒径逐渐机械粉碎至较小粒径时，开始阶段秸秆原料对机械能的吸收要大于扩散，所以聚合度下降较快；随着粉碎的进行，扩散作用开始增大，聚合度下降幅度减小。因此推测应存在一个粉碎极限状态，即扩散作用和吸收作用持平时聚合度不再变化。

### 2.2.8 抽提物

图 2-7 是不同粒径范围高粱秸秆 45℃ 水抽提物的含量变化。由图 2-7 可以看出，45℃水抽提物并没有随着粒径的减小而一直增大，而是先逐渐增大后减小。其中粒径范围为 $300\sim450\mu m$ 的高粱秸秆的 45℃ 水抽提物含量为 15.85%，粒径范围为 $125\sim150\mu m$ 的高粱秸秆的 45℃ 水抽提物含量为 16.72%，粒径范围为 $97\sim105\mu m$ 的高粱秸秆的 45℃ 水抽提物含量为 22.39%，而粒径范围为 $330\sim420nm$ 的高粱秸秆的 45℃ 水抽提物含量为 19.74%。进一步对抽提物中还原糖浓度对应的光密度值（$OD_{540}$）和抽提物的 pH 进行了测定，测定结果见图 2-8。

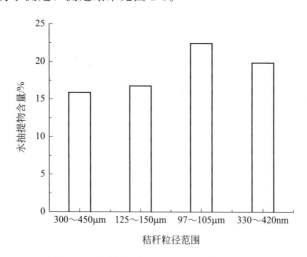

图 2-7　不同粒径高粱秸秆的水抽提物含量

从图 2-8 可以看出，抽提物的 pH 随着粒径的减小而减小，而抽提物中还原糖浓度对应的 $OD_{540}$ 值变化也出现了先递增后减小的趋势。pH 的变化可能是因为抽提脱除的有机酸随着粒径的减小而增加，而还原糖浓度的变化

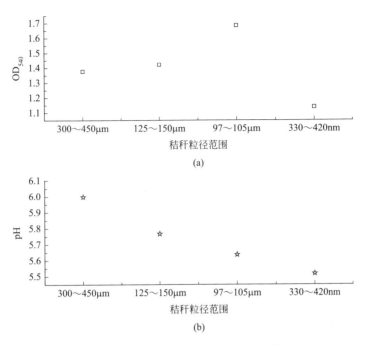

图 2-8　不同粒径高粱秸秆水抽提液的 OD 值和 pH

可能是由于在一定的 pH 酸性范围内，原料发生了酸水解，所以还原糖浓度增大，但是随着有机酸浓度的增大，部分还原糖进一步分解。但是这依然无法解释抽提物含量先增大后减小的变化规律，因此推测这和四种粒径范围高粱秸秆采用的粉碎方式有关，因为粒径范围 $300\sim450\mu m$、$125\sim150\mu m$ 和 $97\sim105\mu m$ 的秸秆采用的是植物粉碎机，粉碎方式主要是剪切，而粒径范围为 $330\sim420nm$ 的高粱秸秆采用的是球磨，粉碎过程伴随研磨、压缩、冲击、摩擦、剪切、延伸作用。为此以高粱秸秆为原料分别粉碎 0.5h、1h、2h 和 4h 后进行了 45℃水抽提实验，结果表明，以球磨方式减小秸秆粒径获得的样品的抽提物含量随着粒径的减小而增大，对应的抽提物含量分别为 19.69%、19.74%、21.76% 和 25.18%，证实了同种粒径减小方式下抽提物随着粒径的减小而增大，说明了粒径减小过程所受到的机械力种类对水溶出物有着重要影响。

# 2.3　农业废弃物超微化粉碎预处理技术

光合细菌的生长特性及产氢特性均与其吸收光谱及光照强度之间存在良

好的相关性[8-10]，培养液自身的遮蔽作用也使得入射光在穿透培养液的过程中出现了不同程度的衰减现象，因此利用秸秆类生物质进行光合生物制氢时，颗粒粒径越小越利于提高光能利用率。近年来，关于微纳米材料的研究成为国际生物质科学界关注的一个热点问题。国内外一些研究人员对球磨处理后的生物质原料进行了相应表征研究，研究结果表明，经微米或纳米粉碎后纤维素的结晶度和晶体结构都出现了显著变化，生物质微纳颗粒的物理化学性质也发生了相应的变化，即出现弹性应力弛豫、晶格畸变、无定形化、表面自由能增大等，使生物质具有很多优良特性，例如很好的溶解性、强吸附性、强流动性、高化学反应速率等。因此对秸秆类生物质进行超微粉碎不仅能显著改变其纤维素结构，提高酶解产糖率，而且产氢后原料仍能进行燃烧或实现其他生物质高值化利用。高能球磨机对秸秆类生物质进行微米、超微粉碎过程中机械能转化为表面能，并伴随着热物性等性质的变化。河南农业大学张志萍研究不同类型秸秆类生物质球磨粉碎后酶解得糖率、光合产氢效果的差异及超微粉碎对原料物质微观结构的影响，寻找最佳产氢原料类型，改变球磨工艺条件寻找最佳球磨工艺，为进一步研究微纳米纤维素的性能和应用提供基础数据与理论依据，推动光合细菌生物制氢技术向高效率低成本工艺的转化。

根据待粉碎物料性质，及高能球磨机易使物料生成裂缝，且能够产生很高的应力集中，从而有效地进行超细磨，因此选择用球磨机进行超微预处理。物料在超微粉碎过程中，随着粉碎时间的延长，颗粒粒径减小，比表面积增大，颗粒的表面能增大，颗粒间的相互作用增强，团聚现象增加。继续粉碎一定时间后，颗粒的粉碎与团聚现象达到平衡，也就是达到了机械粉碎的极限，被粉碎物料的结晶均匀性增加，粒子强度增大，断裂能提高，但是当达到一定程度后，超微颗粒的粒径不再继续减小或减小速率相当缓慢，之后继续球磨会造成耗能增加。因此有必要对粉碎过程中的原料初始粒径、球料比、球磨时间和球磨介质等工艺条件进行研究，以球磨后物料酶解后还原糖得率为参照，选择最佳单因素条件水平，并进行优化。

还原糖得率的计算公式如式(2-4)所示。

$$还原糖得率(\%) = \frac{还原糖浓度 \times 稀释倍数 \times 液体体积}{秸秆类生物质质量} \times 100\% \quad (2-4)$$

### 2.3.1 农业废弃物超微预处理工艺单因素评价

#### 2.3.1.1 球磨时间对还原糖产量的影响

球磨时间能有效提高超微粉碎的预处理效果，显著影响超微颗粒酶解产物的产量。综合考虑经济性等因素，首先要评价球磨时间对酶解还原糖产量的影响。结果如图 2-9 所示。

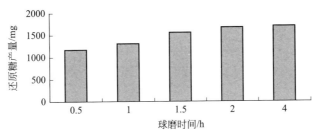

图 2-9　球磨时间对玉米芯酶解产糖量的影响

随着球磨时间的增加，玉米芯的酶解还原糖产量逐渐增大，还原糖得率由 0.5h 的 46.78% 增大到 4h 的 68.47%，这可能是因为随着球磨时间的延长，玉米芯的粉碎程度增加，粒径减小，比表面积增加，秸秆类纤维素结晶度降低，无定形区增大。进一步的微观结构论证将在之后的研究中进行。随着球磨时间的延长，还原糖产量依次为：1169.41mg、1314.27mg、1563.36mg、1688.19mg、1711.86mg。结果表明，酶解效果随球磨时间延长而增强，球磨1.5h 后，还原糖产量增加幅度逐渐减缓，2h 后基本达到最大，4h 球磨时间虽然更长，但还原糖产量并未有太大提高。因此从能耗角度考虑，在后续的正交实验中选择 0.5h、1h、2h 三个值作为球磨时间因素的 3 个水平，综合考虑球磨时间对酶解效率的影响。

### 2.3.1.2　原料初始粒径对还原糖产量的影响

球磨时间能显著改善酶解反应的效果，不同原料初始粒径同样会影响球磨的效果。过大的颗粒会加大球磨时间，增加能耗，过小的颗粒又会减弱球磨效果，因此选择对原料初始粒径进行研究。取球磨后 0.45mm、0.2mm、0.15mm、0.125mm、0.1mm 初始粒径不同的玉米芯，进行高能球磨，球磨工艺为球料比 8∶1、球磨时间 1h、球磨介质为氧化锆球，计算该粉碎工艺玉米芯粉的还原糖产量，如图 2-10 所示。

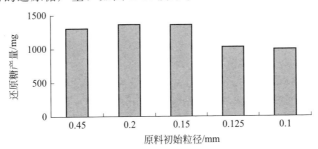

图 2-10　原料初始粒径对玉米芯酶解产糖量的影响

随着原料初始粒径的不断减小，玉米芯原料球磨 1h 后的酶解还原糖产量并没有一直增大，其实验结果依次为 1301.91mg、1362.34mg、1354.36mg、1027.27mg、992.14mg，呈现出先增大后减小的趋势。这可能是因为球磨主要是依靠研磨球对介质的相互摩擦、剪切等形式进行物料的粉碎，所以合适的物料初始粒径对粉碎效率有一定的影响。大颗粒较容易获得能量而被粉碎为细颗粒，而细颗粒的变小相对比较困难。通过实验可以明显看出，原料初始粒径为 0.2mm 时酶解后还原糖得率最大；初始粒径 0.15mm 玉米芯的还原糖得率开始减小；当原料初始粒径减小至 0.125mm 时，酶解后还原糖产量大幅减小；原料初始粒径为 0.1mm 时，还原糖产量继续降低，且球磨过程中明显有焦糖味道逸出，球磨后物料颜色较深，可能是因为球磨高温过程使微细玉米芯性质发生改变、发生团聚等，使酶解效率降低。因此将原料初始粒径这一因素定为 0.45mm、0.2mm 和 0.15mm 三个水平。

### 2.3.1.3 球料比对还原糖产量的影响

球料比是指磨球和待磨物质的质量比，一般来说越大越好，但是球磨机的球料比太大，会增加研磨体之间以及研磨体和衬板之间冲击摩擦的无用功损失，使电耗增加，球耗增加，产量降低；若球料比太小，说明磨内存料过多，就会产生缓冲作用，冲击磨碎效果就会减弱，也会降低粉磨效率。因此选择对不同球料比进行研究，有助于选择合适的球料比，提高球磨效率。取初始粒径 0.2mm 的秸秆，用氧化锆球球磨 1h，球料比分别为 3:1、8:1、15:1、20:1、30:1。对球磨后玉米芯进行酶解反应，反应后进行 DNS 显色反应，用分光光度计测定 $OD_{540}$，计算还原糖产量（图 2-11）。

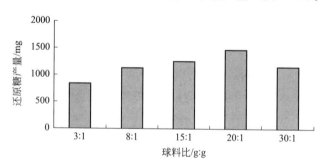

图 2-11 球料比对玉米芯酶解产糖量的影响

球磨过程中，大量的碰撞现象发生在球-粉末-球之间，使粉末受到两个碰撞球的"微型"锻造作用，粉末在碰撞作用下发生严重的塑性变形。随着球料比增大，球磨后还原糖产量依次为：843.23mg、1126.14mg、1251.31mg、1476.47mg、1139.91mg。实验结果表明，随着球料比的增大，酶解后还原糖产量逐渐增大，但当球料比为 30：1 时，产糖量反而变小，仅与球料比 8：1 水平下的还原糖产量接近。分析原因，可能是因为随着球料比的大幅增加，研磨球与粉碎介质之间的接触反而变少，球与球之间碰撞增多。对于多维摆动式球磨机，研磨仓内研磨球质量过大会对球磨机多维摆动运行造成严重影响，球磨过程中球磨机多次警报，球磨过程中断。

#### 2.3.1.4 研磨球种类对还原糖产量的影响

一般来说，球磨时要尽量选用材质硬度比较大的磨球，如氧化锆球或者玛瑙球，但是待磨物料是秸秆，硬度较小，所以有必要对不同种类研磨球进行选择。取初始粒径 0.2mm 的玉米芯，球料比为 20：1，分别用石英球、氧化锆球和氧化铝球球磨 1h。对球磨后的玉米芯进行酶解反应，反应后进行 DNS 显色反应，用分光光度计测定其 $OD_{540}$，结果见图 2-12。

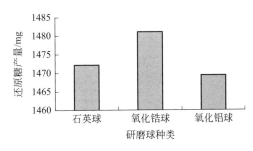

图 2-12　研磨球种类对玉米芯酶解产糖量的影响

球磨过程中，研磨球种类对研磨容器内壁的撞击和摩擦作用会使研磨容器内壁的部分材料脱落而进入研磨物料中造成污染，因此，选择几种不同种类的研磨球按照相同工艺条件分别对玉米芯进行球磨。结果表明，不同种类研磨球对玉米芯超微粉碎预处理后的酶解还原糖产量影响不大，依次为 1472.28mg、1481.14mg、1469.32mg。研磨球种类对秸秆类生物质超微球磨过程几乎没有影响，可能是因为玉米芯的硬度较小，性质稳定，对研磨球种类的要求并不严格。

### 2.3.2 农业废弃物超微预处理工艺过程优化

以球磨时间、原料初始粒径、球料比为变量，对超微预处理工艺进行正交优化，得出影响秸秆类生物质球磨后酶解糖化率因素由主到次的顺序为：球料比、原料初始粒径、球磨时间。球料比因素对酶解糖化率的影响显著，原料初始粒径和球磨时间两个因素的影响均不显著。通过正交法对超微预处理工艺进行优化，在最大限度地提高糖化率和节约成本的条件下，使秸秆球磨预处理酶解糖化率最大的较佳组合为 A1B1C1，即原料初始粒径为

0.45mm，球料比 20∶1，球磨时间为 2h。玉米芯初始粒径 0.45mm 经过简单机械粉碎便可达到；球料比作为显著影响因素，易于控制，且成本不高；球磨时间的长短直接影响到能量消耗，经过分析，球磨时间的影响最小。

# 2.4 农业废弃物同步及异步酶解预处理技术

酶是由氨基酸组成的具有特殊催化功能的蛋白质，能使纤维素水解的酶称为纤维素酶。纤维素酶是一种多组分的酶，主要包括三种酶组分：内切-$\beta$-葡聚糖酶（endo-$\beta$-glucanase）、外切-$\beta$-葡聚糖酶（exo-$\beta$-glucanase）和 $\beta$-葡萄糖苷酶（$\beta$-glucosidas，亦称纤维二糖酶）。纤维素酶解主要是使纤维素大分子上的 $\beta$-1,4-苷键断裂，从而使纤维素水解成单糖——葡萄糖。纤维素的酶解机制有几种推测，比较流行的理论有三种：碎片（fragmentation）理论、原初反应（initial degrading）假说和协同（synergism）理论，其中协同理论是普遍接受的酶解机制理论，其降解模型如图 2-13 所示。

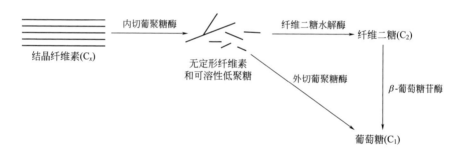

图 2-13　纤维素水解模式

与其他水解纤维素相比，酶水解的反应条件很温和（反应温度通常在 15～50℃），同时纤维素酶具有很高的选择性，生成的产物单一，糖产率很高（＞95％），对反应设备基本没有腐蚀，没有有害副产物形成。河南农业大学岳建芝等人将球磨预处理工艺与纤维素酶水解技术耦合，进行了秸秆类生物质预处理工艺的优化研究。

## 2.4.1 不同球磨时间高粱秸秆的酶解反应速率变化

由红外光谱检测获知，球磨超微粉碎高粱秸秆时，球磨时间的延长对木质纤维素分子结构有一定的影响，结构变化势必对木质纤维素酶解反应动力学有影响。选用球磨 0.5h、1h、1.5h、2h、4h 的高粱秸秆 A、B、C、D 和 E 为原料进行酶解反应，由图 2-14 可以看出，不同球磨时间的秸秆样品随时间的酶解过程可以分为两个阶段，即 α 阶段（前 36h）和 β 阶段（36h 后）。在 α 阶段，不同粉碎度的高粱秸秆反应速率都非常快，进入 β 阶段后球磨不同时间的高粱秸秆反应速率都开始减小。原因可能是在反应初期，即图中的 α 阶段，主要是秸秆的无定形区和酶接触发生酶解，因为酶和无定形区的活性位点接触比较容易，所以酶解速率比较快，在 β 阶段酶可能和结晶区的纤维素接触发生酶解，所以酶解速率减慢。也可能是在反应初期，反应基质可以提供给酶较多的活性位点，随着反应的进行，基质上能与酶结合的活性位点越来越少，从而导致酶解速率降低。

同时，从图 2-14 可以看到，球磨时间长的高粱秸秆不管是在 α 阶段还是在 β 阶段，酶解速率都要高于球磨时间短的秸秆。以球磨 0.5h 和球磨 4h 的高粱秸秆原料为例，酶解 152h 后，球磨 0.5h 的高粱秸秆原料酶解得到的还原糖浓度为 5.4mg/mL，而球磨 4h 的高粱秸秆原料酶解得到的还原糖浓度为 19.46mg/mL，还原糖浓度增幅达到了 14.06mg/mL，这说明球磨 4h 高粱秸秆原料的酶解速率远远大于球磨 0.5h 高粱秸秆。分析原因可能有两种，一种是球磨粉碎导致结晶度降低，无定形区增大；另一种可能是对于同样质量的反应基质，基质球磨时间越长的，粉体粒度越小，比表面积越大，导致裸露出的纤维素能与酶结合的活性位点越多。如果以活性位点的浓度为有效基质浓度，球磨时间长的秸秆的初始反应基质浓度是要大于球磨时间短的秸秆的，因此球磨时间长的初始活性位点浓度大于球磨时间短的，从而导致粉碎度大的秸秆的反应速率在 α 阶段和 β 阶段都比粉碎度小的秸秆大。

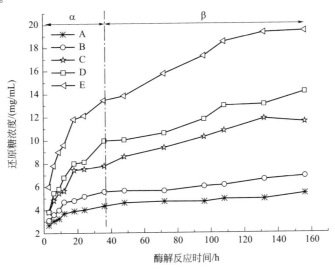

图 2-14　球磨不同时间高粱秸秆酶解的还原糖浓度随时间的变化

为了分析不同粉碎度的高粱秸秆酶解的反应规律，以酶解时间为 $x$ 轴，以不同粉碎度高粱秸秆在不同反应时间得到的还原糖浓度为 $y$ 轴作散点图，并利用 Origin8.0 软件中的 Logavithm 函数中的 log 3P1 选项进行拟合，拟合公式为 $y=a-b\ln(x+c)$，拟合后曲线见图 2-15，拟合得到的曲线参数见表 2-8。

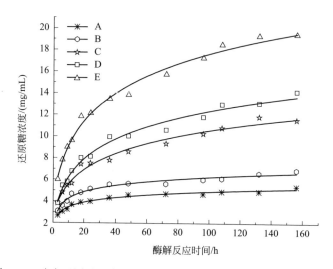

图 2-15　球磨不同时间高粱秸秆的酶解时间与还原糖浓度的拟合曲线

表 2-8　拟合曲线参数表

| 样品代码 | 拟合公式参数 | | | 加权卡方检验系数 | 校正决定系数 |
| --- | --- | --- | --- | --- | --- |
| | $a$ | $b$ | $c$ | | |
| A | 2.06484 | $-0.61742$ | $-0.45381$ | 0.01807 | 0.97305 |
| B | 2.39111 | $-0.83779$ | $-0.81219$ | 0.04633 | 0.96468 |
| C | $-1.09738$ | $-2.51062$ | 4.35144 | 0.14849 | 0.9786 |
| D | $-1.46246$ | $-2.98156$ | 3.24315 | 0.19367 | 0.98175 |
| E | $-2.2185$ | $-4.27963$ | 4.20775 | 0.23895 | 0.98818 |

在实际曲线拟合中，拟合的好坏可以从拟合曲线与实际曲线是否接近加以判断，但这都不是定量判断。通常不论是线性拟合还是非线性拟合，对于拟合效果的优劣是根据拟合的决定系数 $R^2$（coefficient of determination）、加权卡方检验系数（coefficient of weighted chi-square）及对拟合结果的残差分析判断的。决定系数 $R^2$ 阐明了自变量所能描述的变化（模型平方和）在全部变差平方和中的比例，它的值总在 0~1 之间，值越大，说明自变量的信息对说明因变量的贡献越大，即对因变量的影响越显著。但是从数学角

度来看，决定系数 $R^2$ 受拟合点数据量的影响，增加样本量可以提高 $R^2$，为了消除这种影响，采用了校正决定系数 $R^2_{\text{adj}}$（adjusted $R^2$）。从图 2-15 可以看出，5 条曲线的校正决定系数都比较接近于 1，说明拟合公式中自变量 $x$ 可以很好地解释因变量 $y$，即还原糖浓度随着时间变化是呈对数分布规律的。那么酶解速率就可以通过对浓度求导得到，即

$$r = \frac{dy}{dx} = \frac{d}{dx}[a - b\ln(x+c)] \tag{2-5}$$

$$r = -\frac{b}{x+c} + 常数$$

由上式可以看出，酶解速率 $r$ 是随着酶解时间 $x$ 的增大而递减的，当 $x$ 足够大（即反应时间足够长）时，反应速率将无限趋近于 0。将不同粉碎度的参数 $b$ 和 $c$ 分别代入上式，得

$$r_{\text{A}} = \frac{0.61742}{x - 0.45381} + 常数 \qquad r_{\text{B}} = \frac{0.83779}{x - 0.81219} + 常数$$

$$r_{\text{C}} = \frac{2.51062}{x + 4.35144} + 常数 \qquad r_{\text{D}} = \frac{2.98156}{x + 3.24315} + 常数$$

$$r_{\text{E}} = \frac{4.27963}{x + 4.20775} + 常数$$

## 2.4.2 不同球磨时间高粱秸秆粉体的酶解动力学参数

纤维素酶解动力学是研究酶催化速率以及影响该速率的各种因素的科学，在酶解反应中有非常重要的作用。为了寻求最有利的条件，最大限度地发挥酶反应的高效率，了解酶和基质作用的机理，都需要掌握酶促反应速率变化的规律。纤维素的酶解过程非常复杂，对于单底物的酶促反应，通常将其简化为如下形式：

$$E + S \Longleftrightarrow ES \Longleftrightarrow E + P$$

式中，E 表示纤维素酶；S 表示反应底物-木质纤维素；ES 为中间复合物纤维二糖；P 为酶解产物还原糖。酶促动力学中应用最广泛的是 Michaelis-Menten 方程，即所谓的米氏方程（式 2-6）。

$$v = \frac{v_{\text{max}}[S]}{K_{\text{m}} + [S]} \tag{2-6}$$

式中，$v_{\text{max}}$ 为酶解反应的最大速率；[S] 是反应底物的初始浓度；$K_{\text{m}}$ 为米氏常数（米氏常数是酶的特征常数之一，指的是最大反应速率一半时所对应的底物浓度，也代表活性部位被饱和一半的底物浓度）。当 $K_{\text{m}}$ 已知时，可以求得任一底物浓度下活性部位被底物饱和的分数 $F$，即反应达到最大速

率的百分数。

$$F = \frac{v}{v_{\max}} = \frac{[S]}{K_m + [S]} \tag{2-7}$$

由式(2-7)可以看出，如果分母上的底物浓度 $[S]$ 远远大于 $K_m$，米氏方程可以写为 $v = v_{\max}$。说明底物浓度很大时，酶促反应初始速率达到最大值，并与底物浓度无关，酶活性部位全部被底物占据，表现为零级反应。由米氏方程 $v$-$[S]$ 曲线可以求出最大反应速率，但是实际上即使底物浓度很大，也只能趋近于 $v_{\max}$ 的反应速率，而永远达不到真正的 $v_{\max}$。通常将该方程转化成线性形式，并作出相应的图形来测定 $K_m$ 和 $v_{\max}$，这里采用最常用的双倒数作图法（Lineweaver-Burk 作图法），将米氏方程转化为倒数方程：

$$\frac{1}{v} = \frac{K_m}{v_{\max}} \times \frac{1}{[S]} + \frac{1}{v_{\max}} \tag{2-8}$$

选用不同的 $[S]$ 测定对应的速率，求出两者的倒数，以 $\frac{1}{v}$ 和 $\frac{1}{[S]}$ 作图即可得到一条直线，纵坐标截距为 $\frac{1}{v_{\max}}$，斜率为 $\frac{K_m}{v_{\max}}$，横轴截距为 $-\frac{1}{K_m}$，即可得到 $K_m$ 和 $v_{\max}$。以球磨 0.5h、1h、1.5h、2h、4h 的高粱秸秆 A、B、C、D 和 E 在初始浓度 2.5g/L、4g/L、5g/L、6.7g/L、10g/L、15g/L 时测定的初始速率绘制双倒数图，见图 2-16。双倒数图对应的直线拟合公式见表 2-9。

表 2-9　球磨不同时间的高粱秸秆的酶解动力学特征

| 样品 | 双倒数米氏方程 | $v_{\max}/[g/(L \cdot min)]$ | $K_m/(g/L)$ | $R^2$ |
|------|----------------|------------------------------|-------------|-------|
| A | $y = 292.44x + 40.46$ | 0.0247 | 7.2233 | 0.98778 |
| B | $y = 326.92x + 24.78$ | 0.0404 | 25.3276 | 0.99418 |
| C | $y = 294.34x + 15.29$ | 0.0654 | 19.2498 | 0.99572 |
| D | $y = 255.98x + 13.18$ | 0.0759 | 19.4288 | 0.99519 |
| E | $y = 193.33x + 12.48$ | 0.0801 | 15.4857 | 0.99291 |

由表 2-9 可以看出，5 种样品的双倒数米氏方程的决定系数都比较接近 1，说明拟合效果较好。此外还可以看出随着高粱秸秆球磨超微粉碎时间的延长，最大反应速率和米氏常数的变化规律并不相同。随着秸秆球磨时间的增加，最大反应速率 $v_{\max}$ 增大，而米氏常数 $K_m$ 的变化并没有明显规律，由于实验中相同底物浓度下球磨时间为 4h 的高粱秸秆酶解后还原糖浓度最大，

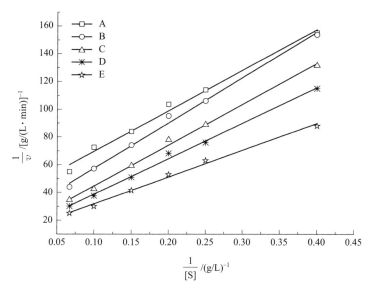

图 2-16　球磨不同时间高粱秸秆的双倒数图

说明米氏常数对整体反应的影响要小于最大反应速率的影响。米氏常数是酶促反应达到其最大速率一半时的底物浓度，因此可以反映酶和底物的亲和力，$K_m$值越大，亲和力越小。可以看出随着球磨时间的增加，底物和酶的亲和力上下波动没有明显规律，亲和力减小可能和超微粉碎对木质纤维素中木质素结构变化有关，亲和力增加可能和比表面积增大有关。底物与酶的亲和力增加可以使反应比较容易达到最大反应速率，但是也使酶与纤维素的无效接触增多；酶与底物的亲和力减小虽然使反应比较不容易达到最大反应速率，但可以有效阻止酶与底物的无效吸附，使酶表现为相对过剩，从而相当于提高了反应的酶负荷，达到提高酶解率的目的。由于$K_m$值是酶的特征性常数，只与酶的性质、酶所催化的底物和酶促反应条件有关，和酶浓度无关，因此可以说明高粱秸秆随着球磨时间的变化，物性的变化引起了酶促反应的变化。

## 2.4.3　酶解糖化过程中的单因素分析

### 2.4.3.1　球磨时间对酶解糖化的影响

秸秆的颗粒程度对酶解有一定的影响，由图 2-17 可以看出，高粱秸秆随着球磨时间的增大，在相同的反应条件下得到的还原糖浓度增大，也就是说酶解糖化转化率升高。球磨 0.5h 的原料 A 酶解 48h 后，还原糖浓度只有 2.78mg/mL，球磨 4h 的原料 E 酶解 48h 的还原糖浓度达到了 10.54mg/

mL，几乎接近原料 A 酶解还原糖的 4 倍。分析原因可能是机械力引起木质纤维素分子结构改变，例如还原性端基增加，聚合度、结晶度下降，从而提高化学反应的可及度和反应性；也可能和比表面积增大有关。此外，球磨过程会产生压缩和剪切相结合的应力，集中于某些分子链片中可超过共价键的强度，引起分子链的断裂，使高分子物质转化为分子量较小的物质，从而使反应更迅速。从图 2-17 中还可以看出，球磨 2h 后，原料继续球磨，其酶解转化率虽然一直在增大，但是增幅没有球磨 1.5h 原料 C 到 2h 原料 D 的增幅大，从能耗角度考虑，球磨 2h 的原料较为适宜。

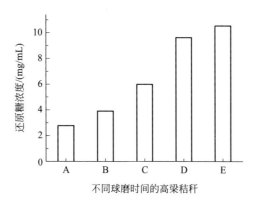

图 2-17  球磨时间对高粱秸秆酶解的影响

### 2.4.3.2  酶负荷对酶解糖化的影响

在酶负荷（每克秸秆的酶用量）分别为 50mg/g、100mg/g、150mg/g、200mg/g、250mg/g 和 300mg/g 的条件下进行酶解糖化，不同纤维素酶负荷对超微粉碎 2h 高粱秸秆的酶解影响如图 2-18 所示。

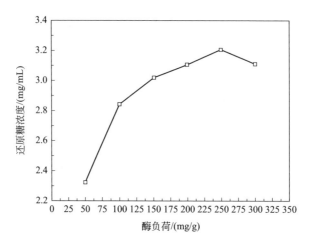

图 2-18  酶负荷对高粱秸秆酶解的影响

当酶负荷从 50mg/g 增加到 100mg/g 时，还原糖浓度增大最多，酶负荷超过 100mg/g 时，还原糖浓度递增幅度下降，超过 250mg/g 时，得到的还原糖浓度反而有所下降。当酶负荷为 50mg/g 时，酶解 48h 的高粱秸秆样品的还原糖浓度为 2.32mg/mL，当酶负荷增大至 100mg/g 时，酶解 48h 的高粱秸秆样品的还原糖浓度为 2.84mg/mL，还原糖增加量达到了 0.52mg/mL；而酶负荷继续增大至 150mg/g 时，还原糖浓度达到 3.02mg/mL，增幅为 0.18mg/mL；酶负荷增大到 200mg/g 时，还原糖浓度为 3.1mg/mL，增幅为 0.08mg/mL；酶负荷增大到 250mg/g 时，还原糖浓度为 3.2mg/mL，增幅为 0.1mg/mL；酶负荷继续增大时还原糖浓度反而有所减小。从以上分析可以发现，当纤维素酶用量比较小时，即酶负荷小于 100mg/g 时，纤维素酶用量的提高可以使酶和较多的纤维素酶活性位点接触，从而表现为酶解还原糖浓度增大；但是当反应体系中纤维素酶用量超过 100mg/g 时，再继续增加纤维素酶的用量，似乎秸秆纤维素上未和酶接触的酶活性位点已经不多，此时再继续增大纤维素酶用量，尽管还原糖浓度在继续增大，但是增大幅度已经明显减小，增大到一定临界点后，还原糖浓度反而开始降低。分析认为这可能和酶解是可逆反应有关，当反应向正方向进行过多，还原糖浓度逐渐增大，导致反应向逆方向进行，因此，每克秸秆的纤维素酶量在 250mg 时已经接近饱和。另外从 100mg/g 开始每克秸秆增加 50mg 的酶用量所引起的还原糖增加量很小，因此从经济角度考虑，可以认为纤维素酶负荷为 100mg/g 时比较适宜。

### 2.4.3.3 反应时间对酶解糖化的影响

观察不同时间点 3h、6h、9h、12h、18h、24h、36h、48h、72h、96h、108h、132h 和 156h 时的还原糖浓度，分析不同反应时间对酶解糖化过程的影响，结果如图 2-19 所示。

随着反应时间的增加，还原糖浓度在不断增大。其中在反应到 3h 时，还原糖浓度为 3.82mg/mL，进行到 36h 时已经达到了 9.97mg/mL，反应进行到 156h 时，还原糖浓度达到了 14.19mg/mL，也就是说反应进行到 36h 时酶解转化的还原糖已经占反应进行 156h 的 70%，说明后面酶解 120h 酶解得到的还原糖才占总还原糖的 30%。这种现象可能是由于酶水解反应是可逆反应，在反应开始时，反应体系中的产物还原糖较少，所以正向反应进行得较快，此时的逆反应很慢以至于表现不明显；随着反应的进行，反应体系中的还原糖越来越多，逆反应加速，使得正反应相对减慢，整体反应开始向平衡状态接近。因此认为在进行实际连续生产时，考虑到缩短反应时间有助于减小反应容器和操作成本，选择反应时间为 36h 比较合适。

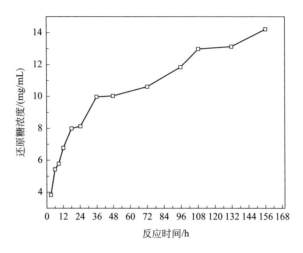

图 2-19　反应时间对高粱秸秆酶解的影响

#### 2.4.3.4　底物浓度对酶解糖化的影响

在生物转化木质纤维素生物质生产乙醇的过程中，水解过程是非常关键的一步。酶解由于条件温和，对反应设备要求低，葡萄糖产量高，并且在酶解过程中不像酸解会有糖的降解，因此对后续的生物利用没有不良影响。但是酶解过程费用较高，考虑到整个生产的经济效益，在酶解这一步通过增大基质浓度得到高浓度的还原糖料液就显得尤为必要。为了确定适宜的底物浓度，选取底物浓度为 5mg/mL、10mg/mL、15mg/mL、20mg/mL、25mg/mL 和 30mg/mL 进行酶水解反应，结果如图 2-20 所示。

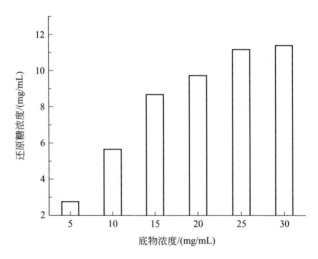

图 2-20　底物浓度对高粱秸秆酶解的影响

从图 2-20 可以看到，随着底物浓度的增大，酶解还原糖浓度也逐渐增大，但是当浓度超过 25mg/mL 时，酶解得到的还原糖浓度变化幅度开始减小。在底物浓度从 5mg/mL 增大到 10mg/mL 时，36h 酶水解得到的还原糖浓度从 2.75mg/mL 增大到 5.65mg/mL，还原糖浓度增幅 2.9mg/mL；底物浓度达到 15mg/mL 时，还原糖浓度达到 8.86mg/mL，比底物浓度为 10mg/mL 时得到的还原糖浓度高了 3.21mg/mL；底物浓度增大到 20mg/mL，还原糖浓度达到 9.73mg/mL，增幅减小，仅为 0.87mg/mL；而从底物浓度 20mg/mL 增大到 25mg/mL 时，酶解 36h 得到的还原糖浓度从 9.73mg/mL 增大到 11.17mg/mL，还原糖浓度增幅又稍微增大至 1.44mg/mL；底物浓度从 25mg/mL 增大到 30mg/mL 时，还原糖浓度仅从 11.17mg/mL 增大到了 11.39mg/mL，增幅明显减小，仅为 0.22mg/mL。这说明反应底物达到 25mg/mL 后，继续增加底物浓度对还原糖浓度的增大贡献很小，因此选 25mg/mL 为较适宜的底物浓度。

### 2.4.4 酶解糖化过程的响应面工艺优化

酶负荷（$X_1$）、底物浓度（$X_2$）和反应时间（$X_3$）对酶解得到的还原糖浓度影响较大，因此对这三种因素进行三因素三水平的响应面分析。采用 SAS 软件中的 RSREG 过程进行数据分析，建立响应面回归模型。

各因素经回归拟合后，得到的回归模型如下：

$$Y = 10.43347 + 0.454893 X_1 + 1.504245 X_2 + 0.270852 X_3 -$$
$$0.42744 X_1^2 + 0.545859 X_1 X_2 + 0.1468105 X_1 X_3 -$$
$$0.285348 X_2^2 + 0.516791 X_2 X_3 - 0.106052 X_3^2 \tag{2-9}$$

对该模型进行方差分析可知，回归方程的 $R^2$ 为 0.9833，数值比较接近 1，说明在实验范围内预测值与实测值拟合得很好；模型中的 $P$ 值为 0.000641，表明该回归模型高度显著（$P < 0.01$）；校正决定系数为 0.9533，说明此模型可以解释 95.33% 响应值的变化，换句话说就是此回归方程在多数情况下是可用的。变异系数 $CV$ 是表明不同水平处理组之间的变异程度，本模型 $CV$ 为 2.7688%，说明实验的重复性较好。回归方程显著并不意味着每个自变量对响应值的影响都显著，可能其中的某些自变量对 $Y$ 的影响并不显著。为了从回归方程中剔除掉那些对 $Y$ 影响不显著的自变量，建立一个较为简单有效的回归方程，需要对每个回归系数是否为 0 进行检验。每个系数的显著性均由相应的 $t$ 值和 $P$ 值决定。$P$ 值越小，$t$ 值越大，则相应系数的影响越显著（表 2-10）。

表 2-10 响应面实验方差分析表

| 来源 | 自由度 $DF$ | 平方和 $SS$ | 标准方差 $MS$ | $F$ 值 | 大于 $F$ 值的概率 |
|---|---|---|---|---|---|
| $X_1$ | 1 | 1.655422 | 1.655422 | 20.67135 | 0.006132 |
| $X_2$ | 1 | 18.10203 | 18.10203 | 226.041 | 0.0001 |
| $X_3$ | 1 | 0.586885 | 0.586885 | 7.328463 | 0.042422 |
| $X_1^2$ | 1 | 0.674603 | 0.674603 | 8.423906 | 0.033697 |
| $X_1 X_2$ | 1 | 1.191849 | 1.191849 | 14.88269 | 0.011906 |
| $X_1 X_3$ | 1 | 0.086213 | 0.086213 | 1.07655 | 0.34702* |
| $X_2^2$ | 1 | 0.300641 | 0.300641 | 3.754124 | 0.110416* |
| $X_2 X_3$ | 1 | 1.068293 | 1.068293 | 13.33983 | 0.014712 |
| $X_3^3$ | 1 | 0.041528 | 0.041528 | 0.518557 | 0.503705* |
| 模型 | 9 | 23.6134 | 2.623711 | 32.76242 | 0.000641 |
| 一次项 | 3 | 20.3443 | 6.7814 | 84.6796 | |
| 二次项 | 3 | 1.01677 | 0.33892 | 4.2321 | |
| 交互项 | 3 | 2.3464 | 0.7821 | 9.7663 | |
| 误差 | 5 | 0.400415 | 0.080083 | | |
| 总和 | 14 | 24.01381 | | | |
| 决定系数 $R^2$ | 0.9833 | | | | |
| 校正 $R^2$ | 0.9533 | | | | |
| 变异系数 $CV$ | 2.7688 | | | | |

注：* 表示该项不显著。

由表 2-11 可以看出一次项中底物浓度对还原糖产量影响极显著，其次是酶负荷，最后是反应时间的影响。二次项中仅有酶负荷的 $P$ 值为 0.033697（<0.05），说明其对还原糖浓度有较大影响，其他两个因素底物浓度和反应时间的 $P$ 值分别为 0.110416 和 0.503705 均较大，说明影响不显著，其中反应时间对模型影响最小。酶负荷和底物浓度的交互性最为显著，其 $P$ 值为 0.011906（<0.05），底物浓度和反应时间的交互性也比较显著，其 $P$ 值为 0.014712，而酶负荷和反应时间没有明显的交互作用。

表 2-11 回归模型系数及其显著性检验表

| 模型项 | 系数分析 | 标准误差 | $t$ 值 | $P$ 值 |
|---|---|---|---|---|
| $X_1$ | 0.4548931 | 0.100052 | 4.546575 | 0.006132 |
| $X_2$ | 1.5042453 | 0.100052 | 15.03466 | 0.0001 |
| $X_3$ | 0.2708516 | 0.100052 | 2.707113 | 0.042422 |
| $X_1^2$ | −0.42744 | 0.147272 | −2.90238 | 0.033697 |

| 模型项 | 系数分析 | 标准误差 | $t$ 值 | $P$ 值 |
|---|---|---|---|---|
| $X_1X_2$ | 0.5458593 | 0.141495 | 3.857809 | 0.011906 |
| $X_1X_3$ | 0.1468105 | 0.141495 | 1.037569 | 0.34702 |
| $X_2^2$ | −0.285348 | 0.147272 | −1.93756 | 0.110416 |
| $X_2X_3$ | 0.5167912 | 0.141495 | 3.652373 | 0.014712 |
| $X_3^2$ | −0.106052 | 0.147272 | −0.72011 | 0.503705 |

因此可以剔除掉二次项中的 $X_2^2$ 项和 $X_3^2$ 项、交互项中的 $X_1X_3$ 项，从而得到简化后的回归方程如下：

$$Y = 10.43347 + 0.454893X_1 + 1.504245X_2 + 0.270852X_3 -$$
$$0.42744X_1^2 + 0.545859X_1X_2 + 0.516791X_2X_3 \qquad (2\text{-}10)$$

回归方程的显著性检验：$P$ 值为 0.0001（<0.05），所以该模型回归显著，该模型的决定系数 $R^2 = 0.9661$，表明模型与实际情况拟合得较好，因此可以用回归方程模拟真实实验对超微粉碎的高粱秸秆酶解条件进行分析和预测。

响应面法的图形是特定的响应面对应的因素 $X_1$、$X_2$ 和 $X_3$ 构成的三维关系图和对应在二维平面上的等高图。通过该组图可以比较直观地评价实验因素对还原糖浓度的两两交互作用，以及确定各实验因素对应的最佳水平范围，响应曲面顶点附近的区域即为最佳的反应水平范围。如果一个响应曲面坡度比较平缓，表明在实验设计的范围内，秸秆酶水解条件的变化对还原糖产量影响不大；反之，如果一个响应曲面的坡度比较陡峭，则表明条件改变对响应值影响非常大，或者说响应值对这个反应条件比较敏感。从等高线图来看，等高线图的形状可以比较直观地反映出反应条件交互效应的强弱，一般情况下椭圆形表示两因素交互效果显著，圆形刚好相反[11]。

图 2-21 显示了当反应时间为 36h 时，酶负荷和底物浓度对酶解还原糖浓度的影响。从等高线图（a）可以看出等高线图并非圆形，这说明底物浓度和酶负荷两因素有交互作用，这一点从 $X_1X_2$ 项的 $P$ 值为 0.011906（$P$<0.05）也可以看出；从图（b）响应面图可以看出，固定 $X_1$（固定酶负荷），酶解得到的还原糖浓度随着 $X_2$（原料初始浓度）的增大而增大，但是在酶负荷比较高时，较低的底物浓度就可以获得较高的还原糖浓度，或者说较高的底物浓度在较低的酶负荷下就可以获得较高的还原糖浓度，这可能和高的底物浓度增大了酶与纤维素有效触点的接触概率有关。根据曲面的坡度变化可以认为，高粱秸秆的反应因素里还原糖浓度对底物浓度的变化比酶

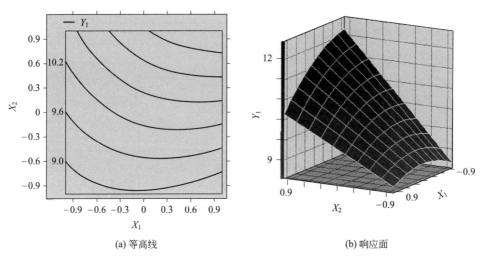

(a) 等高线　　　　　　　　　　　　　(b) 响应面

图 2-21　纤维素酶负荷和底物浓度对高粱秸秆酶解还原糖浓度影响

负荷变化更敏感，而高粱秸秆酶解还原糖浓度最大值将在等高线图的圆心处出现。由上述可知，考虑到纤维素酶的价格，可以在较低的酶负荷下通过提高底物浓度来获得较高的还原糖产量。

图 2-22 显示了当酶负荷为 100mg/g 时，原料的初始底物浓度和反应时间对酶解还原糖浓度的影响。由图 2-22 中的等高线图（a）可以看出等高线图并非圆形，并且曲线的曲率较小，这说明原料初始浓度和反应时间两因素的交互作用显著，这两个因素有很好的相关性。在实验设计的范围内，还原糖浓度随着底物初始浓度的增大而增大，而反应时间对还原糖的影响只有在

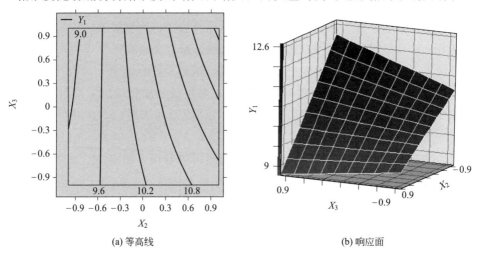

(a) 等高线　　　　　　　　　　　　　(b) 响应面

图 2-22　原料初始浓度和反应时间对酶解糖化的影响

底物初始浓度较大时才有体现，在底物浓度较小时对还原糖几乎没有影响，这可能和底物浓度太小，酶有效触到超微粉碎秸秆表面有效点的概率很小，延长反应时间对还原糖产量没有太大影响。从响应面图（b）可以看出，在酶负荷一定的条件下，当酶解反应的初始底物浓度较低时，酶解还原糖浓度随着反应时间的进行而减小，初始底物浓度超过一定值后酶解还原糖浓度随着反应时间的进行呈现递增规律，这可能由于在底物浓度特别小的情况下，初始45℃水抽提出的还原糖已经存在，由于秸秆酶解是可逆反应 E+S ⟺ ES ⟺ E+P，在 S 特别小并且反应初始已经有热水抽提出的还原糖存在的情况下，这些因素无疑会使反应朝着逆反应进行而导致还原糖浓度减小，同时也说明在固定的酶负荷条件下，反应的初始底物浓度应有个最低限定值。

图 2-23 显示了当底物浓度为 25mg/mL 时，酶负荷和反应时间对酶解还原糖浓度的影响。由图中的等高线图（a）可以看出等高线图也不是圆形，这说明酶负荷和反应时间两因素也有交互作用。同时从图（b）响应面图可以看出，在反应时间较短时和较长时，还原糖浓度都随着酶负荷的增大而递增，到一个峰值后开始有所减小，这和在单因素实验中所得的结论一致；而在实验设计的范围内，酶水解还原糖浓度随着反应时间的延长呈现增大趋势。

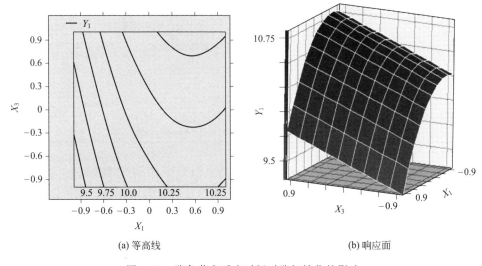

(a) 等高线　　　　　　　　　　(b) 响应面

图 2-23　酶负荷和反应时间对酶解糖化的影响

为获得最大的还原糖浓度，为后面的光合细菌光合产氢实验提供足够的反应基质，根据 SAS8.0 软件的优化功能得到了在实验范围内的最优反应条件，对应三个反应因素，酶负荷为每克秸秆 105mg 纤维素酶，底物浓度为

30mg/mL，反应时间为 42h，在此条件下得到的还原糖浓度响应值为 13.43mg/mL。为了验证所得模型的合适性和有效性，采用上述的反应条件进行了验证实验，结果得到的还原糖浓度为 13.26mg/mL，与模型预测值相比，相对误差仅为 1.2%，说明预测值与实验值接近，此模型是比较合适有效的，具有一定的参考价值。

### 2.4.5 纤维素酶回收利用技术研究

酶解过程中，纤维素酶呈现出较稳定的性能且能被重新利用，因此纤维素酶的回收利用技术得到了越来越多的关注。重吸附法是纤维素酶回收利用技术中最简单的方法，依靠纤维素对纤维素酶的强吸附性，向悬浮液中加入新鲜底物，使游离酶吸附在新鲜基质的纤维素上。优化秸秆类生物质酶解产氢实验过程中的酶解工艺是降低成本的一个有效手段，同时，实现纤维素酶的有效回收利用，则能更进一步地减少纤维素酶的用量，降低成本。对新鲜底物重吸附法及纤维素酶固定化法这两种纤维素酶的回收利用技术进行研究，考察其在超微化玉米芯粉酶解产氢实验中的技术可行性。

通过这两种纤维素酶回收利用方法，其纤维素酶回收利用效率结果如表 2-12 所示。

表 2-12　纤维素酶回收利用技术实验结果

| 次数 | 还原糖浓度/(mg/mL) | | 回收利用效率/% | |
|---|---|---|---|---|
| | 新鲜底物重吸附法 | 纤维素酶固定化法 | 新鲜底物重吸附法 | 纤维素酶固定化法 |
| 1 | 12.43 | 12.26 | 85.2 | 91.4 |
| 2 | 10.56 | 11.37 | 84.9 | 92.7 |
| 3 | 8.77 | 10.14 | 83.1 | 89.2 |
| 4 | 7.01 | 8.91 | 80.0 | 87.9 |

由表 2-12 中结果可知，利用新鲜底物重吸附方法和纤维素酶的固定化方法均可实现对纤维素酶的有效回收再利用，且回收效果显著。通过四个周期的循环，纤维素酶固定化法的回收利用效率为 87.9%，高于新鲜底物重吸附法 80.0%的回收利用效率。然而在第一次酶解糖化实验中，新鲜底物重吸附法的还原糖浓度为 12.43mg/mL，略高于纤维素酶固定化方法所得的 12.26mg/mL 的还原糖浓度。这可能是因为，在第一次的酶解糖化过程中纤维素酶的固定化，由于海藻酸钠的包裹，一定程度上抑制了纤维素酶酶活的表现，因此，酶解糖化效率略低于未固定化的纤维素酶。但是在后期的回收利用过程中，固定化纤维素酶表现出更强的稳定性，失活率降低。且由

于海藻酸钠的包裹，大大降低了纤维素酶的游离逸出，更减少了后期离心分离等过程中纤维素酶的流失。因此，为了实现还原糖产量的最大化，实现高效的酶解回收效率，纤维素酶回收利用过程中的失活及流失现象都应得到重视。纤维素酶的酶负荷、重吸附时间、重吸附温度、反应液 pH 等因素都对酶解及酶回收效率有影响，要予以优化。

纤维素酶的回收利用效率可由下式进行计算：

$$纤维素酶回收利用效率(\%) = (Q_n/Q_{n-1}) \times 100\% \qquad (2\text{-}11)$$

式中，$Q_n$ 和 $Q_{n-1}$ 代表不同酶解次数的还原糖产量；$n$ 代表酶水解进行的次数（$n = 1$，2，3，4）。

利用新鲜底物重吸附法对纤维素酶进行回收再利用，是多种酶回收利用工艺中最简单的一种，且由于超微化玉米芯具有优于一般粉碎秸秆类生物质的物理化学性质，如孔隙率增大、比表面积增加、有效打破了木质素和半纤维素对纤维素的包裹等，其重吸附能力必然得到了加强。

通过对不同重吸附条件下，纤维素酶一次循环利用后的还原糖浓度进行测量，考察了重吸附时间和重吸附温度对纤维素酶回收利用效率的影响。不同重吸附温度和不同重吸附时间下，纤维素酶一次循环利用后的还原糖浓度如图 2-24 所示。由图可知，在每一个重吸附温度水平下，都存在一个重吸附时间拐点，自拐点后酶解产糖速率降低，甚至出现还原糖浓度的负增长。对这种现象进行分析，可能是由于随着重吸附时间的延长，用于重吸附的玉米芯粉在重吸附过程中发生了酶解糖化反应，且该酶解反应随着吸附时间的延长而持续进行。在后期将玉米芯粉用于酶解产糖的过程中，已有部分纤维素被利用，因此出现了还原糖浓度的增速缓慢甚至是负增长。从图中可以明显看出，当重吸附温度为 15℃，新鲜底物经过 90min 的重吸附，此时纤维素酶的吸附效果最好，该因素条件下，一次循环利用后，酶解液中的还原糖浓度为 12.10mg/mL，纤维素酶的回收利用效率达到 82.9%。从图中可以看出，不同吸附温度条件下，还原糖产量增速变慢或是减产的时间拐点也不同。在 5℃ 和 15℃ 的吸附温度下，随着吸附时间的延长，纤维素酶的一次循环利用的酶解还原糖浓度逐渐增加，吸附 90min 后，吸附温度为 15℃ 的酶解还原糖浓度开始下降，吸附温度为 5℃ 的酶解还原糖浓度仍呈上升趋势。当吸附温度为 25℃ 和 35℃ 时，由于纤维素酶被新鲜底物重吸附的过程中，一直伴随有少量的基质降解，因此，随着吸附时间的延长，纤维素酶一次循环还原糖浓度低于低温（5℃ 和 15℃）情况下。重吸附温度越高，越要降低重吸附时间，减少重吸附过程中的基质降解。从图中可以看出，5℃ 时的纤维素酶一次循环还原糖浓度均低于 15℃，说明低温可以抑制纤维素酶酶解反应的进行，但是也在一定程度上减缓了纤维素酶与纤维素的结合速率。综上可知，考虑到吸附效果及一次循环后纤维素酶酶解产糖效率，重吸附温度15℃，重吸附时间为90min时，重吸附法回收利用纤维素酶的效率最高。这一结果与其他已知的实验结果类似[12]。经过固定化处理的纤维素酶可以通过过滤或离心等简单的方式进行回收再利用，可以降低纤维素酶的用量，节约成本，易于在酶解反应工业化进程中选用。同时，纤维素酶经过固定化，酶活力的稳定性及对周围环境的耐受能力都有所增强，可以反复使用和连续操作，因此固定化纤维素酶是降低秸秆类生物质光合产氢过程成本的重要技术。

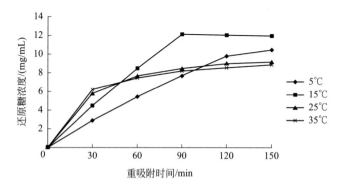

图 2-24 纤维素酶重吸附法回收利用后的还原糖浓度

固定化纤维素酶可以显著降低纤维素酶回收利用过程中的游离酶损失，但固定化过程工艺参数不同会造成固定化纤维素酶的机械强度过弱或过强，影响对纤维素酶的包裹及纤维素酶的酶活力表现，因此，对纤维素酶的固定化回收利用技术中的酶液 pH（3.6、4.2、4.8、5.4）和纤维素酶添加量（200mg、300mg、400mg、500mg）这两个因素对固定化纤维素酶的一次循环还原糖浓度和回收利用效率的影响进行了分析。结果如图 2-25 所示。

从图 2-25 中可以看出，固定化方法回收利用纤维素酶的过程中，当纤维素酶添加量一定时，改变酶解液的 pH 会显著影响还原糖浓度。pH 为 4.8 时纤维素酶一次循环利用后，酶解产糖浓度为 11.92mg/mL，纤维素酶的回收利用效率达到 88.9%。酶液的酸碱度低于或高于 4.8 抑制了纤维素酶的回收利用效率，均不利于后期酶解反应的进行。当 pH 等条件不变时，纤维素酶添加量会影响固定化纤维素酶颗粒内的纤维素酶浓度，增大表面纤维素酶与纤维素接触作用的机会，提高酶解产糖效率。因此本节对不同的纤维素酶添加量进行了研究，在保证酶解还原糖得率的基础上，确定了最适宜的纤维素酶添加量。随着纤维素酶添加量由 200mg 增加至 500mg，纤维素

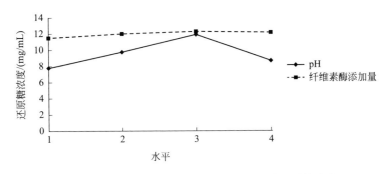

图 2-25　纤维素酶固定化方法回收利用后的还原糖浓度

酶一次循环利用后的酶解还原糖得率有小幅度的增加，还原糖浓度从11.47mg/mL 增加到 12.31mg/mL，增幅不明显。这可能是由于利用海藻酸钠进行纤维素酶的固定化过程中，纤维素被有效地包埋固定。由于海藻酸钠本身性质温和，对微生物不存在毒害作用，且有良好的通透性，同时，超微化玉米芯粉粒径非常小，易于在固定化纤维素酶颗粒间分散，因此，固定化纤维素酶颗粒能有效地与超微化玉米芯粉中的纤维素进行结合，发生酶促反应，玉米芯粉得到有效降解。纤维素酶添加量由 400mg 增加到 500mg 的过程中，一次循环后的还原糖浓度基本上没有变化，由 12.24mg/mL 增加到 12.31mg/mL。这可能是由于在纤维素的酶解糖化过程中，起决定作用的是纤维素酶活性位点与纤维素的有效结合，最终表现为纤维素酶的活性。纤维素酶添加量低时，纤维素能有效地与纤维素酶的活性位点结合，进行有效的酶解糖化过程，随着纤维素酶添加量的升高，因为可能伴随有不可降解物质对纤维素酶的吸附，纤维素酶的活性位点并没有充分表达，因此，酶解效率没有显著增加。另一个原因可能是纤维素酶的大量添加，使得酶解糖化反应快速进行，还原糖浓度在纤维素酶添加量 400mg 时达到了拐点，酶解液中大量存在的还原性糖类物质抑制了纤维素酶的活性。通过对纤维素酶固定化回收利用技术中酶液 pH 和纤维素酶添加量这两个单因素的分析得出，在固定化法回收利用纤维素酶的过程中，最适宜的酶液 pH 为 4.8，这与纤维素酶的最佳酶活 pH 一致，最佳的纤维素酶添加量为 400mg。

通过利用不同方式对丰富的秸秆类生物质资源进行预处理，得出了各工艺的最优预处理工艺，实现了还原糖产量的最大化，大大降低了光合生物制氢的成本。利用畜禽粪便与秸秆进行预混预处理的最优工艺参数为：预混时间 6.34d、pH 4.88、预混温度 48.35℃，考虑到实际操作的简便性，将参数修正为：时间 6.3d、pH4.9、温度 48℃，预测最高 OD 值为 2.6972。利用微生物进行光合产氢用秸秆类生物质的预处理，得出黄孢原毛平革菌、黑曲霉和绿色木霉两两之间都能很好地共生，且混合培养时微生物的生长速度、覆盖情况和扩展情况都会受到影响。利用单个微生物、两两共生微生物及三菌种联合等三种预处理方式进行生物质预处理，还原糖产量变化情况各不相同，但结果均表示所选微生物能有效用于秸秆类生物质的微生物预处理。利用乙酸进行秸秆类生物质的预处理得出最佳预处理条件为：原料粒度为超微、预处理温度为121℃、乙酸浓度为25％、固液比1∶20、预处理时间为30min、预处理后料液 pH 为 7.0。光合生物制氢原料预处理技术的优化，使高效低成本产氢成为可能，为光合生物制氢的产业化规模化应用提供了技术和力量支持。

## 参 考 文 献

[1] 田宜水，姚宗路，欧阳双平，等.切碎农作物秸秆理化特性试验 [J].农业机械学报，2011，42（9）：124-128.

[2] 罗娟，侯书林，赵立欣，等.典型生物质颗粒燃料燃烧特性试验 [J].农业工程学报，2010，26（5）：220-226.

[3] 姚宗路，赵立欣，Ronnback M，等.生物质颗粒燃料特性及其对燃烧的影响分析 [J].农业机械学报，2010，41（10）：97-102.

[4] 李继红，杨世关，郑正，等.互花米草中温厌氧发酵木质纤维结构的变化 [J].农业工程学报，2009，25（2）：199-203.

[5] 李坚.木材波谱学 [M].北京：科学出版社，2003.

[6] 杨蕊，周定国.杨木和稻草微米纤维素表面官能团研究 [J].林产工业，2008，35（4）：25-27.

[7] 唐爱民，超声波作用下纤维素纤维结构与性质的研究 [D].广州：华南理工大学，2000.

[8] 张全国，师玉忠，张军合，等.太阳光谱对光合细菌生长及产氢特性的影响研究 [J].太阳能学报，2007，28（10）：1135-1139.

[9] 张全国，安静，王毅，等.可见光谱对混合光合细菌产氢和生长特性的影响 [J].太阳能学报，2010，31（3）：391-395.

[10] 安静.光源和光谱对光合产氢菌群产氢工艺影响研究 [D].郑州：河南农业大学，2009.

[11] Duff S J B, Murray W D.Bioconversion of forest products industry waste cellulosics to fuel ethanol：a review [J].Bioresource Technol，1996，55（1）：1-33.

[12] Dasari R K, Berson R E.The effect of particle size on hydrolysis reaction rates and rheological properties in cellulosic slurries [J].Applied Biochemistry ＆ Biotechnology，2007，137-140（1/12）：289-299.

# 第**3**章

# 农业废弃物光生化制氢工艺过程

对光生化制氢的研究已从对现象认识的角度转向了规模化制氢研究，并且已在认识产氢过程的基础上，开始研究产氢过程各部反应的详细机理。光合细菌的光合产氢涉及细胞的光合作用、固氮作用、氢代谢、碳和氮代谢等，各种代谢过程相互协调相互影响。产氢易受外界环境的影响，如产氢基质、光源、光谱、金属离子、无机盐、反应器形态等都是影响光生化制氢的关键因素。

## 3.1 产氢基质对光生化制氢过程的影响

光合细菌可以利用不同的有机碳源产氢，对乙酸、丁酸、葡萄糖、果糖等挥发性小分子酸醇及简单糖类利用较好，对纤维素、淀粉等结构复杂的碳源利用效率较低。菌体的种类不同，可利用的碳源不同。即使在同一菌种下，不同浓度碳源的产氢效果往往也有很大差别。混合菌种由于多菌种之间的协调效应，其碳源利用率往往较纯菌株高。张立宏等[1]研究了活性污泥中分离得到的光合产氢混合菌群的产氢特性，发现混合菌群较单菌株有更高的产氢能力和更好的稳定性，混合菌群能够利用淀粉产氢，而单菌株则几乎不能利用淀粉产氢。

### 3.1.1 秸秆类农业废弃物光生化制氢过程的影响因素

#### 3.1.1.1 底物浓度对光生化制氢过程的影响

考察秸秆不同底物浓度（25g/L、67g/L 和 108g/L）对光生化制氢过程的影响，结果如图 3-1 所示。从图中可以看出，在光生化制氢进行的 264h 中，秸秆浓度为 25g/L 的累积产氢量达到了 492mL，秸秆浓度为 67g/L 的累积产氢量为 507mL，秸秆浓度为 108g/L 的累积产氢量为 538mL，即光生化制氢累积产氢量随着秸秆浓度的增大而增大。从图中还可以看出，秸秆浓度为 25g/L 时酶解料液的还原糖浓度在反应进行的 24h 和 48h 之间有小幅增加，秸秆浓度为 67g/L 时酶解料液的还原糖浓度在反应进行的 24h 和 96h 之间有小幅增加，当秸秆浓度增大到 108g/L 时，酶解料液的还原糖浓度在 48h 和 72h 之间也有小幅增加，因此基本可以断定，在光合产氢的初期，的确存在着酶水解糖化产还原糖和光合产氢消耗还原糖两种过程，测定得到料液的还原糖浓度是这两个过程的叠加体现。当秸秆浓度达到 108g/L 时，初期 72h 内的日产氢量是最小的，究其原因可能是较高的秸秆浓度下尽管酶解产生了较高浓度的还原糖，但是秸秆浓度的增大对光在料液中的传播也产生了阻碍，因此光合细菌在反应初期获取的光能减少，导致初期产气量较小。

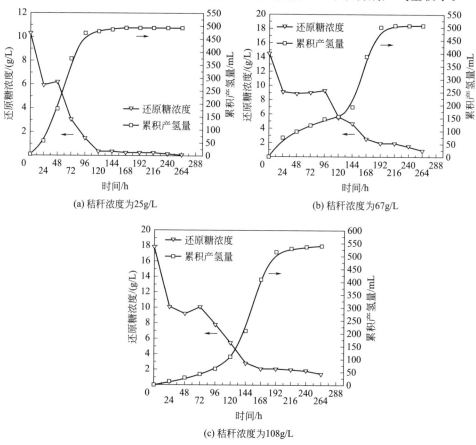

图 3-1　不同秸秆浓度光合产氢过程酶解料液的还原糖浓度及累积产氢量

秸秆浓度为 25g/L 时，酶水解料液的最大产氢速率为 44.67mL/(h·L)，出现在光生化制氢进行的第 72h；秸秆浓度为 67g/L 时，酶水解料液的最大产氢速率为 44.21mL/(h·L)，出现在光生化制氢进行的第 168h；秸秆浓度为 109g/L 时，酶水解料液的最大产氢速率为 46.76mL/(h·L)，出现在光生化制氢进行的第 168h，可以看出最大产氢速率相差不大，但是产氢峰值出现的时间随秸秆浓度增大而延后。产氢速率相差不大可能是由于尽管秸秆浓度不同造成了不同的还原糖浓度，但是光合细菌在这个试验中接种量都是 30%，不同的秸秆浓度所产的还原糖都达到了这个接种条件下光合细菌的最大产氢能力，所以提高还原糖浓度并不能大幅度提高最大产氢速率。产氢峰值延后可能是由于高浓度的秸秆酶水解提供了较高浓度的还原糖，实验所用光合产氢混合菌群作用前期主要是将糖代谢为酸，因此较大的还原糖浓度需要较长的时间进行代谢产酸，随后在产酸结束后迅速代谢有机酸释放氢气，达到产氢峰值。此外从图中还可以看出，高浓度秸秆的峰值要大于低浓度秸秆的峰值，由此可以认为以高浓度秸秆为底物的光合产氢光发酵过程可以保持较长时间的高效产氢期。

从图 3-2 可以看出，秸秆浓度 25g/L 的酶水解料液的 pH 酶解整个过程都比秸秆浓度为 67g/L 和 109g/L 的 pH 大，这种现象可以解释为底物浓度越小，光合细菌混合菌群在初期利用还原糖产酸时产酸量越小，所以 pH 较较高浓度秸秆的 pH 大。但有趣的是，当秸秆浓度达到 109g/L 时，酶水解料液的 pH 在酶解整个过程比秸秆浓度为 67g/L 的也要大，从试验现象来看，秸秆浓度为 109g/L 的光合反应器中反应料液的颜色比其他两种浓度秸秆的颜色都要红，而且光生化制氢初期的产氢量较小，由此推测当还原糖浓度较大时，光合反应器内光合细菌混合菌群在反应初期主要是利用底物进行

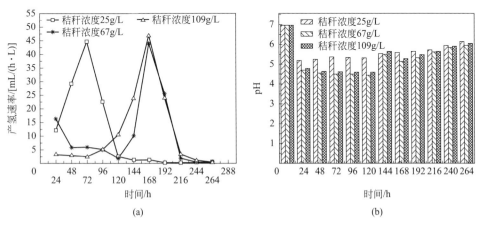

图 3-2　秸秆浓度对酶解料液光生化制氢速率及 pH 的影响

生长，减少了对光合产氢的底物供应，其生长代谢产生的代谢物 $NH_4^+$ 中和了所产生的有机酸，导致 pH 增大。

在产氢初期存在酸化现象，这可能是光合细菌混合菌群利用酶解还原糖在厌氧的环境下通过糖酵解途径（Embdem-Meyerhof-Parnas pathway，EMP）产生丙酮酸、ATP 和还原型辅酶 I（烟酰胺腺嘌呤二核苷酸，NADH）。由于是厌氧环境，所产生的丙酮酸在 NADH 作用下进一步转变为乳酸，最后光合细菌利用乳酸在光照条件下产氢。这种过程体现在试验现象就是光发酵料液的 pH 先大幅降低，然后随着氢气的逸出开始逐渐小幅增大。并且在产氢初期，同时存在着酶水解糖化和光合细菌利用还原糖光合产氢两个反应，光合细菌光合产氢消耗了还原糖，使秸秆酶水解反应向着正方向进行，由此会出现光发酵料液 pH 在初期出现小幅增大的现象。

### 3.1.1.2 接种量对光生化制氢过程的影响

考察 $OD_{660}$ 为 0.5～0.6 的光合细菌混合菌群种子液的不同接种量（10%、20%、30%、50%）对农业废弃物光生化制氢过程的影响，结果如图 3-3 所示。从图 3-3(a) 可以看出，当种子液接种量为 10% 时，发酵 24h 仅有 6mL 氢气产生，最大产氢量出现在反应进行的 72h，日产氢量达到了 107mL，发酵 96h 后产氢停止；当种子液接种量为 20% 时，发酵 24h 即有 61mL 氢气产生，最大产氢量出现在反应进行 72h，日产氢量达到了 201mL，产氢过程一直持续到 168h，只是日产氢量有较大下降；种子液接种量 30% 时，24h 产氢量达到了 78mL，初期产氢量大于 20% 接种量，但 72h 后累积产氢量低于 20%；当种子液接种量达到 50% 时，累积产氢规律与 30% 接种量的很相似，24h 初始产氢量达到 80mL，最大日产氢量出现在 96h，72～96h 之间产氢量为 115mL，此后日产氢量逐步减小。从图中可以

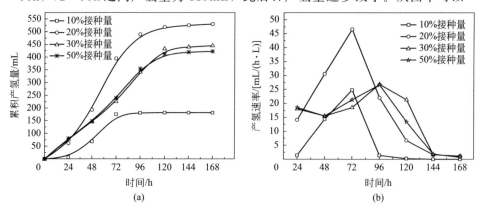

图 3-3　不同接种量对农业废弃物累积产氢量和产氢速率的影响

看出，接种量超过 30％的光发酵产氢代谢曲线和小于 30％的有很大不同，这可能是由于接种量超出一定范围时光合细菌混合菌群发生了一些生理变化。从总累积产氢量来看，20％的接种量较合适。分析初始日产氢量，接种量为 10％时，接种前后光合细菌混合菌群的环境变化较大，菌体需要更长的时间适应环境，所以初始 24h 产氢量较小；当接种量增大时，接种时带入了较多的种子液，种子液中含有较多的体外水解酶，能够在氮源缺乏的情况下利用还原糖代谢快速产氢，所以初始日产氢量随着接种浓度增大而增大。但随着光发酵的进行，接种量大的由于代谢过快，基质黏性增大，衰老细胞增多，光透过率降低，导致光发酵后劲不足，日产氢量减少。

从图 3-3（b）可以看出，在其他反应条件相同时，10％和 20％接种量的最大反应速率出现在 72h，30％和 50％接种量的最大反应速率都出现在 96h。其中 10％接种量的产氢周期比较短，96h 后就不再产氢，20％接种量的反应料液具有最大反应速率 46.53mL/(h·L) 和最大的累积产氢量，而接种量超过 20％的光生化制氢过程初始产氢速率都比较大，但是最大产氢速率要低于接种量为 20％的光发酵。由此可见，接种量过低或者过高对高粱秸秆酶解液光合产氢过程都会产生负影响。因此总体上来说，利用超微粉碎高粱秸秆酶水解料液光发酵产氢的接种量以 20％比较合适。

### 3.1.1.3 菌龄对光生化制氢过程的影响

不同菌龄的细菌具有的酶系统的特性有所不同，菌株菌龄的长短对菌株的生理状态和培养物的化学组分也有着直接影响[2,3]。Feiten 等[4]利用不同菌龄的 *R. rubrum* 并采用固定化技术，发现菌龄 70h 的细菌具有最高的产氢活性，因此认为菌龄是影响光合产氢的关键因子。采用 24h、48h、72h 和 96h 菌龄的光合混合菌按接种量 20％接种至酶解料液光合产氢 48h，酶解料液是以 5g 高粱秸秆为底物，加入酶试剂 187.5mg、柠檬酸-柠檬酸钠缓冲液 150mL 酶解 48h 得到的酶解糖化产物，并用 KOH 中和至 pH 为 7.0。菌龄对光生化制氢过程的影响见表 3-1。

表 3-1　菌龄对光生化制氢过程的影响

| 菌龄/h | 48h 累积产氢量/mL | 48h 平均产氢速率/[mL/(h·L)] |
| --- | --- | --- |
| 24 | 154 | 17.82 |
| 48 | 192 | 22.22 |
| 72 | 189 | 21.87 |
| 96 | 182 | 21.06 |

从表 3-1 可以看出，在利用酶解料液进行光生化制氢时，48h 菌龄的光

合混合菌的产氢速率最大，24h 菌龄的产氢速率最小，48h、72h 和 96h 菌龄的产氢速率差别不大，该结果和钱一帆[2]的研究基本一致，只是产氢速率比他的研究结果要大，这可能是由产氢利用的基质、光合细菌菌群和反应条件的差别而引起的。

### 3.1.1.4 光照度对光生化制氢过程的影响

光合细菌光发酵产氢是经固氮酶催化的不可逆过程，光合细菌利用光产氢的能力不仅和菌体本身的活性和菌体利用有机底物的能力有关，也取决于固氮酶的含量。合理调节合成固氮酶的外界条件使固氮酶含量有所增加，就可以提高产氢率。有研究资料表明，增加光照度能刺激固氮酶的合成，从而影响光合产氢过程。当光合细菌利用超微粉碎的高粱秸秆酶解料液光发酵产氢时，由于料液中的超微颗粒和酶试剂对光在料液中的传输产生影响，从而进一步影响光合细菌对光的捕捉，非常有必要对光合细菌利用超微秸秆酶解光发酵过程中光照度对产氢能力的影响进行研究，以在秸秆酶解料液作为发酵基质的条件下选择合适的光照强度。光照度对农业废弃物光生化制氢过程的影响如图 3-4 所示。

光照度对光合细菌混合菌群累积产氢量、最大产氢速率和平均产氢速率都有显著影响。当光照度从 500lx 增大到 1000lx 时，累积产氢量从 328mL 增大到 396mL，增幅为 68mL；当光照度从 1000lx 增大到 3000lx 时，累积产氢量从 396mL 增大到 530mL，增幅为 134mL；当光照度从 3000lx 增大到 5000lx 时，累积产氢量从 530mL 增大到 560mL，增幅为 30mL；当光照度从 5000lx 增大到 6000lx 时，累积产氢量反而从 560mL 减小到 538mL，减少量为 22mL。原因可能是当光照度为 500lx 时，光合细菌混合菌群捕获的光能不足，所以累积产氢量较小。从图中还可以看出，光照度为 500lx 时的最大日产氢量出现的时间要比光照度强的晚，这可能是由于种子液培养是在 2000lx 条件下，当进入光照度为 500lx 的光发酵反应器后需要有一个"适应期"，从而出现产氢高峰期滞后的现象；当光照度从 5000lx 增大到 6000lx 时，累积产氢量减小的现象说明过强的光照度对光合细菌产氢代谢产生了抑制作用，这和杨素萍[5]在以乙酸为碳源进行光合放氢的研究中发现的现象是一致的。这种现象和植物光合作用中出现光照度过大时的"光抑制"相类似，这说明生物都存在代谢调整机制，以适应外界环境条件的变化。但是光合细菌的光发酵不同于植物的光合作用，植物是利用闭合导气孔来减小光合作用，而光合细菌光发酵产氢的主要机构是光合系统Ⅰ，由固氮酶利用 ATP、质子和电子生产氢气。由此推测很可能是光照强度超过某个"限度"后，光合系统Ⅰ过量激发[6]，此时尽管产生的高能态电子增多，但

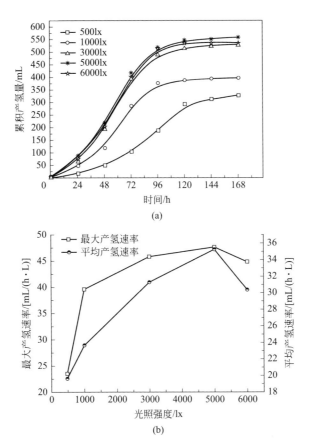

图 3-4 不同光照度下光合细菌混合菌群的产氢量和产氢速率的变化

EMP 途径产生的电子供体有限，因此没有充足的电子供体，导致产氢量减小，另外也可能和光照度过强时由光源产生的热量使光发酵反应器温度升高，固氮酶活性降低有关。当光照度从 500lx 增大到 5000lx，不管是最大产氢速率还是 168h 平均产氢速率都随着光照度的增大而增大，超过 5000lx 后最大产氢速率和 168h 平均产氢速率都开始减小，这说明光照度对光合细菌的光发酵过程中产氢速率的促进作用存在一个"界限"，超过这个界限后光合细菌混合菌群的产氢速率开始下降，这个界限可能和植物光合作用中的"光饱和点"相类似，本研究中的光合细菌混合菌群利用酶解料液在所设定反应条件下的"光饱和点"对应的光照度在 5000~6000lx 之间。

虽然光照度在 500~5000lx 之间累积产氢量和产氢速率都在递增，但是超过 3000lx 后递增幅度减小，为了衡量光能增量和氢气产出体积增量的关系，这里引入光能增量影响系数 $I$ 的概念。

$$I = \frac{\text{光合产氢过程氢气的体积增量}}{\text{光照度的增量}}$$

这个系数是在其他所有环境因素、光合细菌混合菌群和底物因素完全相同的条件下,假设产出氢气体积的增加量只能和光照度一个因素有关,那么光照度增大对光合细菌光合产氢量的影响就可以通过光能增量影响系数来表示。这个系数的引入有助于衡量能量的利用效率。光能的输出利用效率并不随着光照度的增大而增大,而是存在一个峰值。在 500～1000lx 之间,每增加 1lx 的光照度所引起的 168h 氢气平均体积增量是 0.068mL;在 1000～3000lx 之间,每增加 1lx 的光照度所引起的 168h 氢气平均体积增量达到了 0.134mL;在 3000～5000lx 之间,每增加 1lx 的光照度所引起的 168h 氢气平均体积增量却只有 0.015mL;超过 5000lx 后的光能增加不仅没有引起氢气增加反而有所减少,由此从光合细菌的光能利用率来说,比较合适的光照范围应该在 1000～3000lx 之间。

### 3.1.2 能源草光生化制氢过程的变化与比较

#### 3.1.2.1 能源草酶解糖化料液还原糖浓度的变化

分别取粉碎后的王草、象草、柳枝稷和紫花苜蓿等能源草粉为原料进行酶解预处理,还原糖浓度随时间的变化如图 3-5 所示。

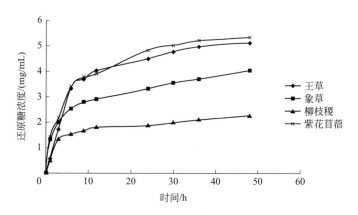

图 3-5 四种能源草酶解过程还原糖浓度的变化

四种能源草(王草、象草、柳枝稷和紫花苜蓿)经过 48h 的酶解后,王草的还原糖质量浓度达到了 5.14mg/mL,象草为 4.04mg/mL,柳枝稷为 2.27mg/mL,紫花苜蓿为 5.34mg/mL。可见王草和紫花苜蓿这两种能源草经过纤维素酶处理后的还原糖浓度比其他两种要高一些。其中紫花苜蓿略高,但是跟王草相差不大,而象草还原糖浓度比这两种稍低,柳枝稷还原糖浓度最低，可能的原因是，柳枝稷木质素质量分数比其他三种大，由于木质素的包裹，阻碍了纤维素酶对纤维素的水解作用，增加了酶解难度，而紫花苜蓿的木质素质量分数最小，所以其酶解的效果也最好。

### 3.1.2.2 能源草光生化制氢潜力

取四种能源草酶解后的反应液，用质量分数 50% 的 KOH 溶液滴定至中性，按比例加入 100mL 产氢培养基，取处于对数生长期的光合细菌接种，接种量为 30%。将锥形瓶密闭然后通入氩气吹扫 2min，营造厌氧环境，将装置置于 30℃、平均光照强度为 2000lx（光源为白炽灯）的恒温培养箱中进行产氢反应。用排饱和食盐水集气法测量产气量，并利用气相色谱仪测量其成分。经过 120h 的产氢周期后，王草、象草、柳枝稷和紫花苜蓿的累积产气量随时间的变化如图 3-6 所示。

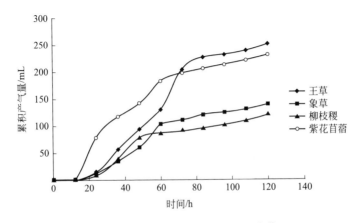

图 3-6　四种能源草累积产气量的变化

从图 3-6 可以看出，所选择的四种能源草都能实现生物气的有效生产，产气延迟期结束后，产气量迅速上升，并逐渐趋于稳定。120h 时的累积产气量分别为王草 252mL，紫花苜蓿 232mL，象草 140mL，柳枝稷 121mL。紫花苜蓿的产气延迟期比其他三种能源草要短，而且紫花苜蓿同王草的累积产气量相较于其他两种能源要大得多，可以推断出这两种草的光合产气性能比其他两种好。

经过 120h 的产氢周期后，王草、象草、柳枝稷和紫花苜蓿的累积产氢量随时间的变化如图 3-7 所示。王草、紫花苜蓿、象草和柳枝稷 120h 时的累积产氢量分别为 75.3mL、81.6mL、27.2mL、26.1mL。王草的总氢气含量为 29.9%，紫花苜蓿的总氢气含量为 35.2%，象草和柳枝稷的总氢气含量分别为 19.4% 和 21.6%。造成它们氢气含量不同的原因可能是，经过酶解处理的不同草种的营养物质不同，光合细菌对草种的利用方式也不同。

紫花苜蓿累积产氢量最大，王草次之，且二者产氢延迟时间短，较快地进入了产氢高峰期，说明这两种能源草较柳枝稷和象草更适宜用于光合生物制氢，而象草和柳枝稷的酶解产物更适于光合菌群的产氢过程。累积产氢量大小与各能源草酶解预处理后的还原糖浓度大小规律基本一致，说明能源草酶解后的还原糖浓度为产氢过程的一个重要影响因素，产糖浓度越高，累积产氢量越高。

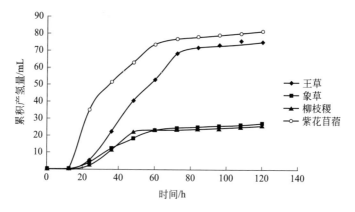

图 3-7　四种能源草的累积产氢量的变化

王草、象草、柳枝稷和紫花苜蓿的产氢速率如图 3-8 所示。从图中可以看出，紫花苜蓿的产氢延迟期较短，接种光合细菌后 12h 即开始产氢，并且在 24h 时出现了最大产氢速率，为 14.75mL/(h·L)。紫花苜蓿产氢启动较快的原因可能是其酶解后得到的产物组分更有利于光合细菌生长，光合菌群迅速达到稳定期，随后即开始产氢过程。而王草、象草、柳枝稷的产氢启动较慢，基本上都是 24h 左右后才开始产氢，象草在产氢进行到 36h 时出现了

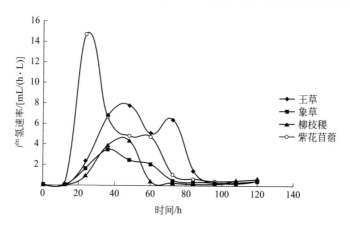

图 3-8　四种能源草的产氢速率的变化

最大产氢速率 3.5mL/(h·L)，王草和柳枝稷在 48h 出现了最大产氢速率，分别为 7.83mL/(h·L) 和 4.33mL/(h·L)。产氢过程进行到 60h 后，象草、柳枝稷和紫花苜蓿的产氢基本停止；王草在 84h 后才逐渐停止，其产氢期相较于其他三种较长。可能的原因是王草经过酶解后的还原糖浓度比象草和柳枝稷两种高，在这两种的还原糖组分被光合细菌消耗殆尽时王草的还原糖浓度还能达到光合细菌可利用产氢的范围，所以其产氢期相较于这两种长。而由于紫花苜蓿的启动较快，还原糖被消耗得也快，其产氢期较王草短。

对于光合细菌的产氢过程，一定程度上其累积产氢量是微生物生长的一个函数，可以使用修正的 Gompertz 方程（式 3-1）来拟合产氢曲线（图 3-9）。

$$P(t) = P_{\mathrm{m}} \exp \left\{ -\exp \frac{\mathrm{e} \cdot R_{\mathrm{m}}}{P_{\mathrm{m}}} \left[ (\lambda - t) + 1 \right] \right\} \tag{3-1}$$

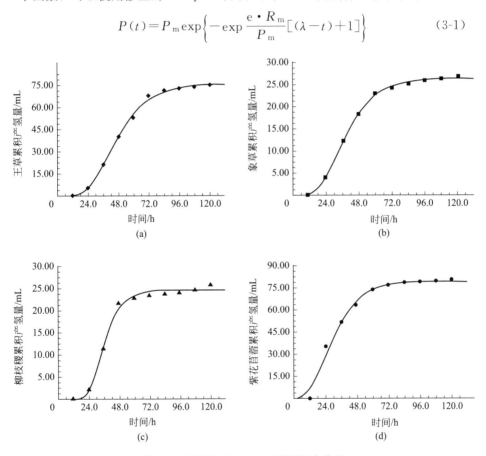

图 3-9　修正的 Gompertz 模型拟合曲线

式中，$P(t)$ 为 $t$ 时刻的累积产氢量，mL；$P_{\mathrm{m}}$ 为最大累积产氢量，mL；$R_{\mathrm{m}}$ 为最大产氢速率，mL/(h·L)；$\lambda$ 为产氢延迟期，h；$t$ 为产氢反应进行的时间，h。

利用非线性回归方程进行非线性最小二乘拟合，采用试样法使得参数平方和最小而进行循环迭代估计参数 $P_m$、$R_m$ 和 $\lambda$，收敛标准为 $10^{-6}$。

从表 3-2 的拟合参数可知，利用修正的 Gompertz 方程对产氢过程进行拟合，$R^2$（相关系数）均在 0.99 以上，表明拟合结果很好。王草与紫花苜蓿的最大累积产氢量分别为 76.05mL 和 79.54mL，象草和柳枝稷的最大累积产氢量分别为 26.35mL 和 24.73mL。从累积产氢量来看，王草和紫花苜蓿的产氢能力相较于其他两种能源草明显较好。最大产氢速率从大到小依次为紫花苜蓿［10.65mL/(h·L)］＞王草［8.35mL/(h·L)］＞柳枝稷［5.1mL/(h·L)］＞象草［3.35mL/(h·L)］。而且紫花苜蓿的产氢延迟期只有 10.52h，比其他三种能源草分别提前了 12.68h、7.93h、13.28h。所以从最大累积产氢量、最大产氢速率和产氢延迟期来看，光合细菌利用紫花苜蓿的酶解液产氢的效果最好，王草次之，象草和柳枝稷的产氢性能不理想。

表 3-2　修正的 Gompertz 模型拟合参数

| 能源草种类 | $P_m$/mL | $R_m$/[mL/(h·L)] | $\lambda$/h | $R^2$ |
|---|---|---|---|---|
| 王草 | 76.05 | 8.35 | 23.20 | 0.998 |
| 象草 | 26.35 | 3.35 | 18.45 | 0.999 |
| 柳枝稷 | 24.73 | 5.1 | 23.80 | 0.997 |
| 紫花苜蓿 | 79.54 | 10.65 | 10.52 | 0.994 |

### 3.1.3　瓜果类农业废弃物光生化制氢过程的影响因素

#### 3.1.3.1　料液比对苹果泥光生化制氢的影响

料液比的大小直接影响着光生化制氢过程产氢量的多少[7-11]，设定苹果泥与蒸馏水质量比 1:0、1:1、1:2、1:3、1:4、1:5、1:10、1:15、1:20，进行基于苹果泥的光生化制氢过程研究，对产氢过程的还原糖浓度进行观察，得到苹果泥浓度越大，还原糖浓度越大的结果。料液比对苹果泥光生化制氢过程产氢速率的影响见表 3-3。

表 3-3　不同料液比对苹果泥光合细菌产氢速率的影响

单位：mL/(h·L)

| 料液比 | 12h | 24h | 36h | 48h | 60h | 72h | 84h | 96h | 108h | 120h |
|---|---|---|---|---|---|---|---|---|---|---|
| 1:0 | 0 | 0.98 | 4.32 | 29.29 | 42.36 | 8.07 | 0 | 0 | 0 | 0 |
| 1:1 | 0 | 1.04 | 3.34 | 8.99 | 28.28 | 18.56 | 8.45 | 0 | 0 | 0 |

| 料液比 | 12h | 24h | 36h | 48h | 60h | 72h | 84h | 96h | 108h | 120h |
|---|---|---|---|---|---|---|---|---|---|---|
| 1∶2 | 0 | 14.82 | 8.84 | 9.42 | 8.93 | 9.21 | 7.95 | 3.15 | 0 | 0 |
| 1∶3 | 0 | 8.75 | 3.23 | 6.30 | 2.49 | 4.45 | 15.61 | 9.71 | 1.00 | 0.22 |
| 1∶4 | 0 | 7.97 | 1.83 | 6.18 | 4.70 | 2.62 | 6.83 | 7.55 | 1.89 | 1.26 |
| 1∶5 | 0.82 | 1.71 | 4.41 | 10.28 | 3.44 | 2.82 | 2.38 | 1.89 | 0 | 0 |
| 1∶10 | 0.19 | 2.98 | 5.71 | 2.35 | 1.23 | 1.11 | 0 | 0 | 0 | 0 |
| 1∶15 | 0.13 | 2.01 | 5.22 | 3.60 | 0 | 0 | 0 | 0 | 0 | 0 |
| 1∶20 | 0.18 | 1.18 | 4.61 | 3.36 | 0 | 0 | 0 | 0 | 0 | 0 |

从表 3-3 可以看出,苹果泥浓度对光合细菌产氢速率和氢气浓度都有显著的直接影响。苹果泥料液浓度比较大时,产氢速率快,氢气浓度也高,随着浓度的不断减小,产氢速率逐渐减小,氢气浓度也有所下降。苹果泥未稀释试验组 60h 时的产氢速率最大,为 42.36mL/(h·L),比产氢速率为 0.021mL/(g·h)。

料液比对苹果泥光生化制氢过程产氢量的影响如图 3-10 所示。料液比 1∶0、1∶1、1∶2、1∶3、1∶4、1∶5、1∶10、1∶15、1∶20 时,酶解 120h 光生化制氢系统的产氢量分别为 1020.10mL、823.93mL、747.81mL、621.10mL、489.95mL、332.88mL、162.79mL、131.50mL、112.02mL,纯苹果泥时产氢量最高,料液比为 1∶20 时产氢量最低。表明光生化制氢过程中需要充足的原料,料液比的大小直接决定着光生化制氢过程产氢量的高低,并且与料液比存在正相关关系。从图中可以看出,料液比较高时光合细

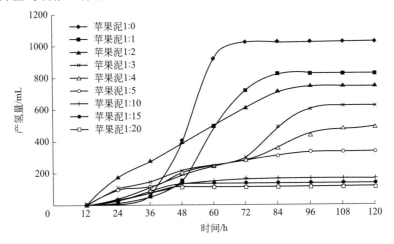

图 3-10 不同料液比下苹果泥光生化制氢过程产氢量的变化

菌在 0～36h 产氢现象不明显，这可能是由于光合细菌在接种后要先适应新环境，36h 后产氢高峰才逐渐出现。之后由于反应液中酸类物质不断积累，光合细菌活性开始下降，产氢现象随之停止。当料液比较低时，光合细菌产氢调整期较短，能很快进行产氢，但是由于浓度太低，在产氢后期反应液不能提供足够的产氢原料而导致产氢活动停止。

对不同料液比下苹果泥光生化制氢过程的比产氢量进行考察，结果如图 3-11 所示。随着料液比的下降，比产氢量呈现出先增加后减小，然后再增加的趋势。当苹果泥与蒸馏水比例为 1∶3 时达到最大比产氢量 12.42mL/g，料液比为 1∶4 时与之相当，为 12.25mL/g，然后开始下降。至料液比 1∶10 时，比产氢量再次出现拐点，开始上升。当料液比为 1∶20 时，比产氢量为 11.77mL/g。结果表明当料液比较大时，光合细菌不能充分利用苹果泥提供的能量而导致比产氢量不高，当比例为 1∶3 时苹果泥提供的能量正好和光合细菌利用匹配，从而达到最大比产氢量。随着料液比进一步减小，苹果泥不能为光合细菌产氢提供足够的原料，比产氢量开始下降。最后料液比为 1∶10 时，苹果泥原料基本被光合细菌全部利用，没有原料的剩余，因此，比产氢量又呈现上升趋势，但由于料液比太小，光生化制氢系统总产氢量显著低于料液比 1∶4 的水平。

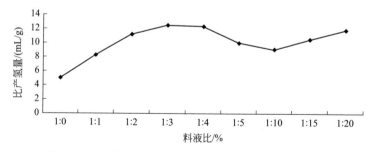

图 3-11　不同料液比对苹果泥光合细菌比产氢量的影响

表 3-4 中给出了 Logistic 和 MMF 模型对料液比为 1∶4 的苹果泥光合细菌产氢拟合方程标准差和相关系数，可以看出使用 MMF 模型较 Logistic 模型的标准差小，相关系数大，说明 MMF 模型对该试验数据点拟合性较好。通过该回归方程可以预测分析光生化制氢过程中不同时刻的产氢量，对分析光生化制氢有着重要的意义。

表 3-4　Logistic 和 MMF 模型拟合方程标准差和相关系数

| 模型 | 标准差 $S$ | 相关系数 $r$ |
| --- | --- | --- |
| Logistic | 26.32 | 0.9916 |
| MMF | 23.37 | 0.9942 |

### 3.1.3.2 pH对苹果泥光生化制氢的影响

过高或过低的初始pH会直接导致光合细菌失去活性，初始pH在一定范围内对光合细菌产氢量的影响呈正态分布，随着pH增大，产氢量先上升后下降[12,13]。按照苹果泥与蒸馏水质量比1∶4添加至200mL，添加产氢培养基、50mL光合产氢细菌，分别调节初始pH为4、5、6、7、8、9、10，加橡胶塞后用704硅橡胶封口，放置在恒温培养箱中，调节温度为30℃，光照度为3000lx，12h进行一次试验检测并记录数据。不同初始pH对苹果泥光生化制氢过程产氢速率的影响如表3-5所示。pH为10时，在72h光合细菌出现最大产氢速率，为17.93mL/(h·L)，比产氢速率为0.45mL/(g·h)；pH为9时，在72h产氢速率最大，为15.66mL/(h·L)。当初始pH≤6和≥10时，光生化制氢过程产氢延迟期较长，结束时间较早，表明此时初始pH很强地抑制了光合细菌的活性和产氢能力，光合细菌需要更长的时间来恢复活性和产氢能力，在产氢后期反应液pH条件不适合光合细菌产氢，造成了产氢时间过短的现象。当初始pH在7~9之间时，光合细菌能够很快适应反应液环境，在短时间内进行繁殖、积累体内酶和能量，开始产氢活动。

表 3-5　不同初始pH对苹果泥光合细菌产氢速率的影响

单位：mL/(h·L)

| pH | 12h | 24h | 36h | 48h | 60h | 72h | 84h | 96h | 108h |
|----|-----|-----|-----|-----|-----|-----|-----|-----|------|
| 4 | 0 | 0.38 | 0.91 | 0.47 | 0 | 0 | 0 | 0 | 0 |
| 5 | 0 | 1.87 | 0.53 | 1.28 | 3.28 | 1.88 | 2.88 | 2.40 | 0.51 |
| 6 | 0 | 4.17 | 3.17 | 3.43 | 2.69 | 1.60 | 1.03 | 0.67 | 0.30 |
| 7 | 0.48 | 13.09 | 4.57 | 8.35 | 9.69 | 7.45 | 3.07 | 1.32 | 0.47 |
| 8 | 0.81 | 14.01 | 7.19 | 8.89 | 7.38 | 2.33 | 2.74 | 1.37 | 0.74 |
| 9 | 0.23 | 12.38 | 0.58 | 0.00 | 7.68 | 15.66 | 6.71 | 1.46 | 0.00 |
| 10 | 0 | 0 | 9.35 | 1.02 | 0.95 | 17.93 | 7.46 | 0 | 0 |

如图3-12所示，当初始pH为4时，产氢量最小为21.08mL，比产氢量为0.53mL/g；当初始pH为7时，光合细菌产氢量最大为581.94mL，比产氢量为14.55mL/g。可以看出在初始pH为4~10的范围内，随着初始pH的增大，光合细菌产氢量呈现先增大后减小的趋势，当初始pH≤6时，产氢量明显低于初始pH为7的试验组，初始pH≥8时光合细菌产氢量稍微小于初始pH为7的试验组，呈现缓慢下降趋势，表明初始pH对光合细菌产氢有着显著影响。当初始pH过低时，反应液酸性环境会导致光合细菌

失活甚至死亡，从而导致产氢量的下降；当初始 pH≥8 时，也会对光合细菌造成很大影响，但是由于苹果泥中的酸类物质中和了一部分碱，从而使初始 pH≥8 对光合细菌产氢影响变小。因此，可以认为 pH 为 7 是最适宜的初始 pH。由 MMF 模型的回归分析可知，不同初始 pH 下产氢规律类似。反应前期，产氢速率较慢；随后光合细菌适应反应液环境，产氢速率提高；产氢后期，由于反应液中有害物质的积累和酸碱度的降低以及光合细菌的衰亡，产氢速率变慢，产氢活动逐渐结束。

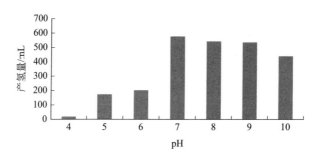

图 3-12　不同初始 pH 对苹果泥光合细菌产氢量的影响

### 3.1.3.3　光照度对苹果泥光生化制氢的影响

光照度对光合细菌产氢有着显著影响，合适的光照度可以使光合细菌处于最佳的产氢状态，过高或过低的光照度都会抑制光合细菌产氢，研究苹果泥光合细菌产氢合适的光照度意义重大[14]。分别调节光照度为 500lx、1000lx、2000lx、3000lx、4000lx、5000lx，不同光照度对光合细菌产氢速率和产氢量的影响分别如表 3-6 和图 3-13 所示。

表 3-6　不同光照度对苹果泥光合细菌产氢速率的影响

单位：mL/(h·L)

| 光照度/lx | 12h | 24h | 36h | 48h | 60h | 72h | 84h | 96h | 108h |
|---|---|---|---|---|---|---|---|---|---|
| 500 | 3.18 | 5.98 | 3.18 | 2.11 | 2.62 | 2.97 | 1.69 | 1.06 | 0.25 |
| 1000 | 3.70 | 6.19 | 3.82 | 2.37 | 4.05 | 4.28 | 3.28 | 2.69 | 2.20 |
| 2000 | 6.46 | 4.53 | 2.95 | 7.18 | 6.26 | 3.01 | 1.62 | 1.26 | 1.27 |
| 3000 | 6.44 | 6.40 | 2.51 | 8.31 | 6.13 | 4.27 | 1.78 | 1.55 | 0.79 |
| 4000 | 4.43 | 3.10 | 4.45 | 10.65 | 6.82 | 2.63 | 1.30 | 0.72 | 0.33 |
| 5000 | 4.90 | 1.44 | 0.43 | 2.37 | 3.55 | 2.44 | 0.92 | 0.40 | 0 |

不同光照度对光合细菌产氢速率的影响曲线也是呈现两个主峰，第一个主峰在 12～24h，第二个主峰在 48～60h。当光照度为 4000lx 时出现最大产

氢速率 10.65mL/(h·L)，比产氢速率为 0.27mL/(g·h)，也出现在第二个主峰，光照度为 4000lx 试验组产氢量略低于 3000lx 试验组，居于第二。当光照度为 3000lx 时光合细菌产氢量达到最大值 458.14mL，比产氢量为 11.45mL/g，当光照度为 5000lx 时达到最小产氢量 197.44mL。随着光照度的增大，光合细菌产氢量逐渐增大，当光照度为 3000lx 时达到最大值，随后开始下降。不同光照度下苹果泥光合细菌产氢量呈现不规则正态分布现象，表明光合细菌产氢有最佳光照度，在光合细菌产氢试验中为提高产氢效率降低成本应采用最佳光照度。从图 3-13 可以看出，1000~4000lx 范围内时光合细菌产氢量基本相当，当光照度小于 1000lx 或大于 4000lx 时，光合细菌产氢量增减率远高于 1000~4000lx，光照度在 1000~4000lx 范围内时光合细菌产氢量变化平稳缓慢，实际工程操作时应尽量将光照度控制在此范围内。

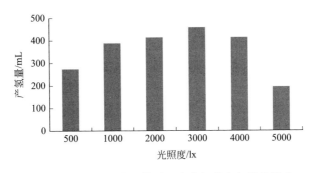

图 3-13　不同光照度对苹果泥光合细菌产氢量的影响

### 3.1.3.4　温度对苹果泥光生化制氢的影响

温度不仅对光合细菌生长有很大影响，对光合细菌产氢也有显著影响。当温度在 0℃ 下时，光合细菌可以被冻眠，到适宜温度光合细菌又可以恢复活性，当温度较低时光合细菌活性较差，温度过高光合细菌会失去活性甚至死亡。在一定适宜温度范围内，光合细菌产氢量随着温度呈现正态分布，可以出现最大产氢量，对实际工程研究具有重要指导意义[15]。按照苹果泥与蒸馏水质量比 1:4 添加至 200mL，添加产氢培养基、50mL 光合产氢细菌，加橡胶塞后用 704 硅橡胶封口，放置在不同恒温培养箱中，光照度均为 3000lx，分别调节温度为 25℃、30℃、35℃、40℃，观察不同温度对苹果泥光合细菌产氢速率的影响，结果如表 3-7 所示。

不同温度条件下苹果泥光合细菌产氢速率最大值为 40℃ 下 48h 时的 9.52mL/(h·L)，此时比产氢速率为 0.24mL/(g·h)，但产氢滞后期比较长，产氢时间较短，表明光合细菌需要更长的时间来适应 40℃ 的温度条件，

表 3-7　不同温度对苹果泥光合细菌产氢速率的影响

单位：mL/(h·L)

| 温度/℃ | 12h | 24h | 36h | 48h | 60h | 72h | 84h | 96h | 108h |
|---|---|---|---|---|---|---|---|---|---|
| 25 | 0 | 5.67 | 3.15 | 5.46 | 3.43 | 1.56 | 0.82 | 0.51 | 0 |
| 30 | 6.44 | 6.40 | 2.51 | 8.31 | 6.13 | 4.27 | 1.78 | 1.55 | 0.79 |
| 35 | 0 | 4.58 | 5.67 | 5.45 | 2.34 | 0.78 | 0.24 | 0.08 | 0 |
| 40 | 0 | 1.44 | 5.55 | 9.52 | 2.45 | 0.00 | 0.00 | 0 | 0 |

光合细菌适应之后，高温可能更有利于激活光合细菌体内产氢酶活性，从而达到了最大产氢速率，但是不利于光合细菌长期存活和产氢。当温度为25℃和35℃时光合细菌产氢速率较小，产氢时间较短。温度为30℃时光合细菌产氢时间最长，且最大产氢速率仅次于温度为40℃的试验组，表明30℃最有利于光合细菌存活和产氢。此结果可以为光生化制氢的产业化发展提供重要的理论技术依据。

不同温度对苹果泥光合细菌产氢量的影响如图3-14所示。反应进行108h，当温度为25℃时光合细菌产氢量最小，为247.22mL，温度为30℃时光合细菌产氢量最大，为458.14mL，比产氢量为11.45mL/g。当温度≤30℃时，光合细菌产氢量随着温度升高而增大，且增量较大，当温度为30℃时达到最大值，温度≥30℃时光合细菌产氢量随着温度升高而下降，且降幅明显。从图中还可以看出，当温度为30℃时光合细菌产氢调整期较短，光合细菌产氢现象持续时间较长，表明在30℃时光合细菌的生长和产氢能力都处于最佳状态，有利于光合细菌的长期及大规模产氢活动。

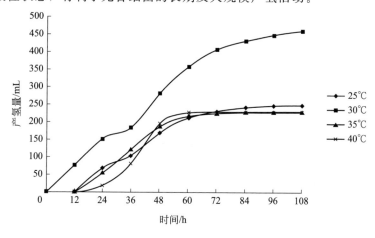

图 3-14　不同温度对苹果泥光合细菌产氢量的影响

### 3.1.3.5 接种量对苹果泥光生化制氢的影响

接种量的多少直接决定反应液中光合细菌的浓度，从而直接影响着光合细菌产氢量。光合细菌接种量不足会造成反应液中底物的浪费，接种量过多又会造成反应液中底物供应不足和光合细菌的浪费，探讨最佳的接种量在光合细菌产氢工程研究中有着重大意义[16]。分别以苹果泥与光合细菌菌液质量比 1 : 0.5、1 : 1、1 : 2、1 : 3、1 : 4 进行混合添加，添加蒸馏水至200mL，添加产氢培养基，此时分布对应接种量（接入种子液的体积和接种后培养液体积的比例）分别为 10%、20%、40%、60%、80%，加橡胶塞后用 704 硅橡胶封口，放置在恒温培养箱中，光照度为 3000lx，温度为30℃，每 12h 进行一次试验测试并记录数据。

不同接种量对苹果泥光合细菌产氢速率的影响如表 3-8 所示。光合细菌接种量为 60% 时，在 24h 时出现最大产氢速率，为 12.08mL/(h·L)，比产氢速率为 0.30mL/(g·h)，表明当光合细菌接种量较大时，有利于光合细菌产氢短时间内达到产氢速率最大值，但是不利于光合细菌长时间产氢。光合细菌接种量为 40% 时，光合细菌产氢速率总体较高，且产氢时间较长，所以其最终的产氢量也最大。

表 3-8　不同接种量对苹果泥光合细菌产氢速率的影响

单位：mL/(h·L)

| 接种量/% | 12h | 24h | 36h | 48h | 60h | 72h | 84h | 96h |
|---|---|---|---|---|---|---|---|---|
| 10 | 0 | 6.38 | 4.52 | 3.12 | 2.82 | 1.77 | 1.02 | 0.44 |
| 20 | 0 | 7.57 | 2.92 | 5.21 | 4.35 | 2.89 | 1.42 | 0.68 |
| 40 | 0 | 10.26 | 1.56 | 6.47 | 8.65 | 4.79 | 2.72 | 0.99 |
| 60 | 0 | 12.08 | 0.72 | 0 | 1.19 | 4.11 | 4.34 | 2.26 |
| 80 | 0 | 10.45 | 1.04 | 0 | 0.57 | 1.82 | 2.77 | 1.35 |

不同接种量对苹果泥光合细菌产氢量的影响为，产氢量最大值为光合细菌接种量为 40% 的 425.35mL，比产氢量为 10.63mL/g。光合细菌接种量≤40% 时，光合细菌产氢量随着接种量增大而增大，当接种量为 40% 时光合细菌产氢量达到最大值，接种量≥40% 时光合细菌产氢量随着接种量增大而呈现下降趋势。从图 3-15 可以看出，其他四个接种量水平与接种量 40% 水平产氢量变化很大，表明光合细菌接种量对光合细菌产氢有着显著影响，光合细菌接种量为 40% 时光合细菌产氢接种量条件最佳。这一结果可以为光生化制氢的工程化研究提供一定的理论基础和依据。

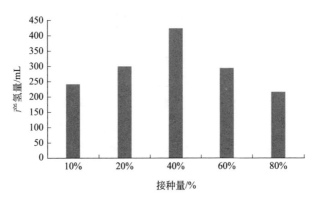

图 3-15　不同接种量对苹果泥光合细菌产氢量的影响

### 3.1.4　落叶类废弃物光生化制氢过程的影响因素

#### 3.1.4.1　酸碱预处理对落叶光生化制氢特性的影响

酸碱预处理落叶时，分别采用质量分数为 2%、4%、6% 和 8% 的 $H_2SO_4$ 溶液和 $Ca(OH)_2$ 溶液浸泡落叶，固液比为 1∶20（g∶mL），混合均匀，在 120℃ 条件下反应 120min。处理完毕后，使用蒸馏水反复冲洗至滤液为中性，45℃ 烘干样品，密封保存。光合产氢实验分别取 5g 不同酸碱预处理后的落叶加入 250mL 装有 pH 4.8 柠檬酸-柠檬酸钠缓冲液 100mL 的锥形瓶中，酶负荷为 150mg/g，封口后放入 50℃ 水浴锅中，反应时间为 48h。将酶解后的料液用质量分数 50% 的 KOH 溶液滴定至中性，按比例加入产氢培养基，并取处于对数生长期的光合细菌接种，接种量为 30%，将装置置于 30℃、平均光照强度为 2000lx（光源为白炽灯）的恒温培养箱中进行产氢实验。用排饱和食盐水集气法测量产氢量。

不同浓度 $Ca(OH)_2$ 预处理工艺对三球悬铃木落叶试样累积产氢量的影响如图 3-16 所示。在整个 84h 的发酵过程中，对照组与 2% $Ca(OH)_2$ 和 4% $Ca(OH)_2$ 处理过的样品组在前 6h 就开始产氢，氢气浓度分别达到 42%、51%、66%。而经过 6% $Ca(OH)_2$ 与 8% $Ca(OH)_2$ 处理的样品组的产氢延迟到 6h 以后，可能因为较高浓度的 $Ca^{2+}$ 延长了光合细菌对环境适应的时间。从图中可以看出，在碱预处理的整个产氢周期内，经过 4% $Ca(OH)_2$ 处理后的样品组产氢效果比较好，达到 312mL，其次是经过 2% $Ca(OH)_2$ 处理后的样品组达到 256mL，而经 6% $Ca(OH)_2$ 与 8% $Ca(OH)_2$ 处理的样品组的产氢效果与对照组的产氢效果相差不是很明显，可能因为较高浓度的碱使落叶充分降解，糖类物质损失过多，从而影响了产氢效果。

不同浓度 $H_2SO_4$ 预处理工艺对三球悬铃木落叶试样累积产氢量的影响如图 3-17 所示。从图中可以看出，稀酸处理后的样品组产氢延迟期比较短，

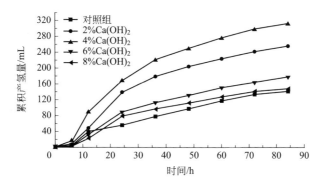

图 3-16　碱预处理三球悬铃木落叶累积产氢量变化

在前 6h 都开始产氢。产氢累积量随着酸浓度的增加而增加，当酸浓度达到 6％时产氢累积量开始下降，可能因为较高的酸浓度导致副产物增多从而抑制发酵进行，其中经过 4％ $H_2SO_4$ 处理后的样品组产氢效果最好，累积产氢量达到 369mL。

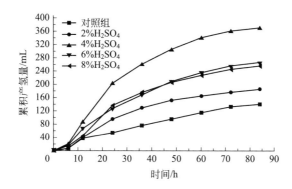

图 3-17　酸预处理三球悬铃木落叶累积产氢量变化

从酸碱预处理后不同实验组累积产氢量来看，2％ $H_2SO_4$ 处理后产氢量为 71.1mL，明显低于相同浓度的碱处理后的产氢量；而 4％、6％和 8％ $H_2SO_4$ 处理后比相同浓度的碱处理后的产氢量分别提高了 18.2％、43.3％和 73％。表明稀酸处理后的产氢效果明显高于稀碱处理后的产氢效果，而以 4％的 $H_2SO_4$ 产氢情况为最好，产氢效率是对照组的 2.62 倍。

酸碱预处理后三球悬铃木落叶光合生物产氢速率变化如图 3-18 所示。从产氢延迟时间来看，在 6％ $Ca(OH)_2$ 和 8％ $Ca(OH)_2$ 处理的实验组产氢延迟期相对较长，可能因为 $Ca^{2+}$ 的浓度对菌种适应环境的时间有影响。在图中还可以看出，在发酵进行到 12h 时产氢速率达到高峰期，其中 4％ $Ca(OH)_2$ 处理的实验组产氢速率最高，为 12mL/(h·L)，4％ $H_2SO_4$ 处理的实验组产氢速率次之，为 11.03mL/(h·L)，8％ $H_2SO_4$ 和 8％ $Ca(OH)_2$

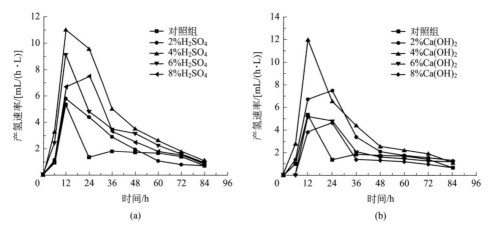

图 3-18　三球悬铃木落叶的光合生物产氢速率变化

的处理组在 24h 达到产氢速率最高值，可能因为较高浓度酸碱处理后的酶解液对光合细菌生长存在影响，24h 才达到生长稳定期。对照组的产氢速率高峰期集中在 12~24h 之间，发酵 24h 以后产氢速率较低，平均为 2mL/(h·L)，其他实验组的产氢高峰期集中在 36h 以内，这是因为处理后的酶解液中可以被光合细菌利用的成分较多，而对照组中这种成分的含量较少，所以产氢速率下降较快。随着酶解液中可利用成分的减少，产氢速率也逐渐下降，在产氢 84h 后，所有的实验组产氢基本停止。

采用冈珀茨模型（Gompertz model）对三球悬铃木落叶的生物制氢过程进行分析后，利用非线性回归方程进行非线性最小二乘拟合，采用试样法使得参数平方和最小而进行循环迭代估计参数 $P_m$、$R_m$ 和 $\lambda$，收敛标准为 $10^{-6}$，其拟合结果及其参数分别如图 3-19 和表 3-9 所示。

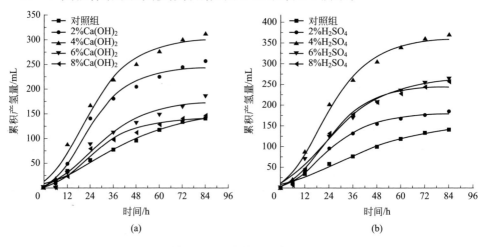

图 3-19　修正的冈珀茨模型拟合曲线变化情况

表 3-9　修正的冈珀茨方程拟合参数

| 实验组 | $P_{max}/mL$ | $R_m/[mL/(h \cdot L)]$ | $\lambda/h$ | $R^2$ |
|---|---|---|---|---|
| 对照组 | 154.93 | 2.28 | 1.75 | 0.9910 |
| 2% Ca(OH)$_2$ | 244.7 | 6.53 | 4.92 | 0.9899 |
| 4% Ca(OH)$_2$ | 302.91 | 7.25 | 2.31 | 0.9889 |
| 6% Ca(OH)$_2$ | 176.65 | 3.79 | 4.67 | 0.9888 |
| 8% Ca(OH)$_2$ | 140.93 | 3.59 | 5.65 | 0.9901 |
| 2% H$_2$SO$_4$ | 180.96 | 4.57 | 4.33 | 0.9941 |
| 4% H$_2$SO$_4$ | 362.92 | 9.16 | 3.7 | 0.9932 |
| 6% H$_2$SO$_4$ | 266.76 | 9.47 | 2.31 | 0.9904 |
| 8% H$_2$SO$_4$ | 247.11 | 6.51 | 6.35 | 0.9920 |

利用修正的冈珀茨方程对产氢过程进行拟合，$R^2$（相关系数）均在 0.98 以上，表明拟合结果很好。4% H$_2$SO$_4$ 处理的累积产氢量最大，为 362.92mL，其次依次为 4% Ca(OH)$_2$、6% H$_2$SO$_4$、8% H$_2$SO$_4$、2% Ca(OH)$_2$、2% H$_2$SO$_4$、6% Ca(OH)$_2$、对照组和 8% Ca(OH)$_2$。就产氢速率而言：6% H$_2$SO$_4$ 处理的速率最大，为 9.47mL/(h·L)，4% H$_2$SO$_4$ 处理的次之，为 9.16mL/(h·L)，对照组的速率最低，为 2.28mL/(h·L)。就延迟期而言：对照组最短，为 1.75h，4% Ca(OH)$_2$ 处理的次之，为 2.31h，8% H$_2$SO$_4$ 处理的最长，为 6.35h。所以从最大累积产氢量、最大产氢速率和产氢延迟期来看，光合细菌利用 4% H$_2$SO$_4$ 处理实验组的酶解液产氢效果最好，4% Ca(OH)$_2$ 次之。

不同浓度的酸碱预处理后的三球悬铃木落叶组分含量如表 3-10 所示。随着酸、碱浓度的增大，纤维素含量和木质素含量均有所提高，半纤维素含量降低，酸预处理后半纤维素降解率分别为 28.52%、41%、57.16%、66.65%，碱预处理后半纤维素的降解率分别为 20.4%、39.63%、50.83%、52.66%，可见酸预处理对半纤维素的降解能力较好，而酸、碱预处理基本无脱除木质素的能力。

表 3-10　不同酸碱预处理后的三球悬铃木落叶组分分析

| 实验组 | 纤维素质量分数/% | 半纤维素质量分数/% | 木质素质量分数/% |
|---|---|---|---|
| 对照组 | 34.51 | 24.65 | 26.13 |
| 2% H$_2$SO$_4$ | 40.28 | 17.62 | 28.45 |
| 4% H$_2$SO$_4$ | 49.52 | 14.54 | 33.26 |

| 实验组 | 纤维素质量分数/% | 半纤维素质量分数/% | 木质素质量分数/% |
|---|---|---|---|
| 6% H₂SO₄ | 48.21 | 10.56 | 38.47 |
| 8% H₂SO₄ | 47.17 | 8.22 | 39.22 |
| 2% Ca(OH)₂ | 38.46 | 19.62 | 27.18 |
| 4% Ca(OH)₂ | 50.14 | 14.88 | 32.33 |
| 6% Ca(OH)₂ | 49.77 | 12.12 | 37.15 |
| 8% Ca(OH)₂ | 49.26 | 11.67 | 39.66 |

### 3.1.4.2 光照对落叶光生化制氢特性的影响

光合产氢与暗发酵产氢最大的区别在光源的有无。光合细菌产氢是在通过自身固氮酶的催化下进行的不可逆反应，菌体本身的活性和菌体利用有机底物的能力决定着光合细菌利用光产氢的能力，同时固氮酶的含量也起着重要的作用。合理调节合成固氮酶的外界条件使固氮酶含量有所增加，就可以提高产氢率。有研究资料表明，增加光照度能刺激固氮酶的合成，从而影响光合产氢过程。由于在同步糖化过程中，纤维素酶酶解产生的还原糖能及时被光合细菌利用，同步糖化产氢与分步糖化产氢反应液的浓度相比较低，这样同步糖化底物悬浮量就比分步糖化多，从而进一步影响光合细菌对光的捕捉，因此非常有必要对光合细菌同步糖化发酵过程中光照度对产氢能力的影响进行研究，以确定同步糖化过程中合适的光照强度。图 3-20 所示为底物浓度为 25mg/mL、初始 pH 为 6.5、接种量为 20%、温度为 35℃ 条件下光照强度对光合细菌同步糖化产氢的影响，以单位产氢量为参考指标。结果表明，光照度对光合细菌混合菌群产氢量有着显著的影响，光照强度从 1000lx 增加到 2000lx，单位产氢量从 29mL/g 增加到 36mL/g，增幅为 7mL/g；光照强度从 2000lx 增到 3000lx，单位产氢量从 36mL/g 增加到 47mL/g，增幅为 11mL/g；光照强度从 3000lx 增到 4000lx，单位产氢量从 47mL/g 增加到 56mL/g，增幅为 9mL/g；光照强度从 4000lx 增到 5000lx，

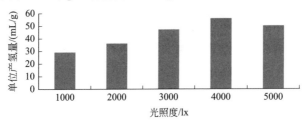

图 3-20　光照度对单位产氢量的影响

单位产氢量从 56mL/g 降到 50mL/g，单位产氢量减少了 6mL/g。原因可能是光照强度较低并且悬浮物较多时，光合细菌混合菌群捕获的光能不足，致使单位产氢量较低。当光照强度增加到 5000lx，单位产氢量减小的现象说明过强的光对光合细菌产氢代谢产生了抑制作用，这和杨素萍[5]在以乙酸为碳源光合放氢的研究中发现的现象是一致的。

这种现象和植物光合作用中出现光照度过大时的"光抑制"相类似。推测很可能是光照强度超过某个"限度"后，光合系统Ⅰ过量激发[18]，此时的高能态电子虽然增多，但 EMP 途径产生的电子供体有限，因此没有充足的电子供体，导致产氢量减小。这说明光照度对光合细菌的光发酵过程中产氢速率的促进作用存在一个"界限"，超过这个界限后光合细菌产氢量开始下降。这个界限可能和植物光合作用中的"光饱和点"相类似，光合细菌混合菌群同步糖化产氢所设定的反应条件下"光饱和点"对应的光照强度在3000～4000lx 之间。

### 3.1.4.3 温度对落叶光生化制氢特性的影响

对同步糖化来说温度是比较敏感的因素，因为在分步发酵产氢过程中要首先对原料在 50℃的温度下进行酶解处理，而光合细菌产氢的最佳温度为30℃，两个温度不一致，因此需要寻求同步糖化产氢过程最适合的发酵温度。

图 3-21 所示为底物浓度为 25mg/mL、初始 pH 为 6.5、接种量为20%、光照为 3500lx 条件下进行的不同温度下光合细菌同步糖化发酵产氢，以单位产氢量为参考。从图中看出，温度从 20℃增到 25℃，单位产氢量从23mL/g 增到 30mL/g，增幅为 7mL/g；温度从 25℃增到 30℃，单位产氢量从 30mL/g 增到 44mL/g，增幅为 14mL/g；温度从 30℃增到 35℃，单位产氢量从 44mL/g 增到 57mL/g，增幅为 13mL/g；温度从 35℃增到 40℃，单位产氢量从 57mL/g 增到 58mL/g，增幅为 1mL/g；温度从 40℃增到45℃，单位产氢量从 58mL/g 降到 54mL/g，减少 4mL/g。从结果可以看

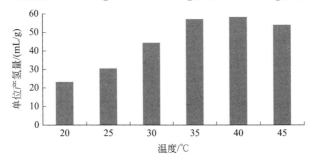

图 3-21　温度对单位产氢量的影响

出，单位产氢量随着温度的升高而增加，但是当升高到一定的温度时，产氢量有所下降，这是由于温度过高影响细菌的代谢活动，也可以说成影响光合细菌固氮酶的活性，进而导致产氢量下降。从反应温度看，同步糖化的温度比分步糖化产氢的温度略高，这是由于同步糖化的过程中温度影响纤维素酶的活性，温度在一定范围内升高，纤维素酶的活性也逐渐升高，但由于光合菌产氢温度的限制，同步糖化的温度不能过高，从结果来看最适合的温度在35~40℃之间。

### 3.1.4.4 初始pH对落叶光生化制氢特性的影响

初始pH和温度一样都是同步糖化产氢的敏感因素，因为在分步发酵中酶解过程是在pH为4.8的柠檬酸 柠檬酸钠缓冲液中进行的，在此环境下纤维素酶的活性最高，而光合细菌产氢的最适pH为7，所以这就要求在同步糖化过程中pH适合酶解和产氢两个过程同时高效进行。

底物浓度为25mg/mL、温度为35℃、接种量为20％、光照为3500lx条件下进行光合细菌同步糖化发酵产氢，以单位产氢量为参考。从图3-22可以看出，随着pH的升高单位产氢量逐步升高，但是当pH高于一定的值时，就开始降低，因为过高的pH会使纤维素酶的活性降低，进而落叶降解成还原糖的量也就减少，光合细菌可利用的底物量少，所以造成了产氢量低。pH从5升到5.5，单位产氢量从35mL/g增加到42mL/g，增幅为7mL/g；pH从5.5升到6，单位产氢量从42mL/g增加到48mL/g，增幅为6mL/g；pH从6升到6.5，单位产氢量从48mL/g增加到57mL/g，增幅为9mL/g；pH从6.5升到7，单位产氢量从57mL/g降到50mL/g，减少了7mL/g。从结果可以看出，对初始pH在分步与同步之间的要求是有区别的，所以探讨最适初始pH对同步糖化产氢是有必要的。

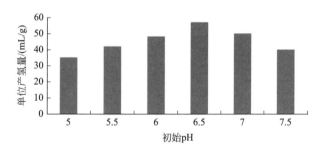

图3-22 初始pH对单位产氢量的影响

### 3.1.4.5 接种量对落叶光生化制氢特性的影响

在光合细菌产氢过程中，接种量的多少影响光合产氢的速率，进而影响产氢量，如图3-23所示为底物浓度为25mg/mL、初始pH为6.5、温度为

35℃、光照为 3500lx 条件下进行的不同接种量光合细菌同步糖化发酵产氢，以单位产氢量为参考。从图中可以看出，接种量超过 30% 的光发酵单位产氢量和小于 30% 的有很大不同，这可能是由于接种量超出一定范围光合细菌混合菌群发生了一些生理变化。当接种量从 15% 逐渐增大时，接种时带入了较多的菌种生长液，生长液中含有较多的体外水解酶有利于对基质作用，在氮源缺乏的情况下利用还原糖代谢快速产氢，所以单位产氢量随着接种浓度增大而增大。但随着光发酵的进行，接种量大的由于代谢过快，基质黏性增大，衰老细胞增多，光透过率降低，导致光发酵后劲不足，所以接种量过多，单位产氢量就会减少。

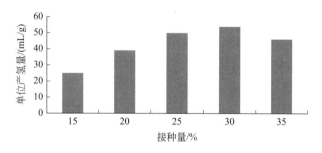

图 3-23　接种量对单位产氢量的影响

### 3.1.4.6　底物浓度对落叶光生化制氢的影响

产氢发酵液的底物浓度是通过影响光照的透射率和还原糖的含量来影响产氢量的，也就是间接影响。图 3-24 所示为初始 pH 为 6.5、温度为 35℃、光照为 3500lx、接种量为 20% 的条件下进行的不同底物浓度对光合细菌同步糖化发酵产氢的影响，以单位产氢量为参考。随着底物浓度的增加，单位产氢量是逐步增加的，但是当浓度达到一定值时产氢量就会减少。当底物浓度为 10mg/mL 时，单位产氢量比较低，这是因为在同步过程中纤维素降解出来的糖一部分要满足细菌自身的生长代谢需要。而当底物浓度超过 30mg/mL 后，单位产氢量开始降低，这是因为底物浓度过高，悬浮物较

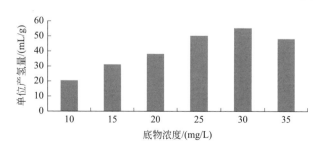

图 3-24　底物浓度对单位产氢量的影响

多，遮挡了光线，光合细菌接收到的光较少。

# 3.2 光源特性对光生化制氢过程的影响

在人类社会经济快速发展的今天，能源短缺成为制约发展的关键性因素。由于化石能源的不可再生性以及对环境造成严重污染等缺点，清洁、可再生能源的研发与应用在各国已被提上日程。光合细菌可以广泛利用太阳光波段进行光合作用，将光能转化为自身需要的能量从而进行新陈代谢活动，同时释放氢气，并且可利用的底物范围广泛，在产氢的同时可以分解有机物，进行废物处理。由于光合细菌制氢不需要消耗矿物资源，受到大多数国家的重视。光合色素是光合生物所特有的色素，是将光能转化为化学能的关键物质。不同的光合细菌菌种含有不同的光合色素，光合色素的种类和数量会对光的捕获产生重要影响。因此研究光合细菌在特定波段光源下的产氢和生长特性就显得尤为必要。

目前关于光照条件的研究主要集中在以下几方面：

（1）光合细菌在不同光照强度下的生长和产氢特性　不同光合细菌菌种对光照强度的要求不同，但是众多学者研究表明过高和过低的光照强度并不利于产氢[19-22]。

（2）光合细菌在黑暗和光照条件交替进行下的生长和产氢特性　Wakayama将光暗条件按每30min进行交替转换获得了22L/（m$^2$·d）的高产氢量，这是同条件下每12h交替转换的2倍[23]。

（3）光合细菌在自然光照和人工光照条件交替下的生长和产氢特性　Carlozzi设置自然光和人工控光对光照和黑暗交替循环下的产氢特性进行对比试验，结果显示自然光交替循环状态下最大光转化效率是人工控光最大光转化效率的1.32倍。说明自然形式光源是光合细菌生长和产氢的最佳光源形式[24]。

（4）光源分布方式的研究　按照光源分布方式分为内置光源、外置光源和光源内外结合分布。

埃默森效应指出，绿色植物和藻类等光合成的光能效率在长波长区下降（红色下降），但用这种产生红色下降的长波长区的光照射叶绿素和藻类等的同时，一旦碰到较短波长的单色光时，光合成就以高效率进行。对具有两个光合中心的绿色植物和藻类等使用单色光只使一个系统发生很多激发时光合成的效率低，两种光化学系统同时被激发时效率高。有学者对绿藻进行单色光产氢实验表明，蓝色光（去除 500～700nm）下产氢明显优于白炽灯[25]。日本 Takabatake 基于 In-Beom 和 Tatsuga 关于蓝色光对藻类的实验结果研制了一款采用蓝色光和磁力搅拌的板式反应器，研究光合细菌氨移除实验特性[26]。

河南农业大学课题组依据光合细菌具有可选择的光源和光谱特性，利用课题组筛选培育的光合产氢菌群进行吸收光谱扫描，选择含有吸收波峰的单色光源与实验室常用的白炽灯，研究了光合细菌在不同单色光源和白炽灯作用下的产氢规律，依据均匀设计试验法进行对比试验，并采用均匀设计软件进行了优化组合分析，旨在寻找光合产氢菌群适合的产氢波段，提高产氢效率，为光合生物制氢反应器运行过程中的光源系统设计提供科学依据和参考[27]。

### 3.2.1 光合产氢混合菌群生长光谱耦合特性

光合产氢混合菌群在富集培养条件下培养 24h 后的吸收光谱如图 3-25 所示，菌群在可见光 320nm、380nm、490nm 和 590nm 附近有 4 个吸收峰，此外在 800nm 和 860nm 附近也有明显的吸收峰，表明菌群也能吸收红外线。

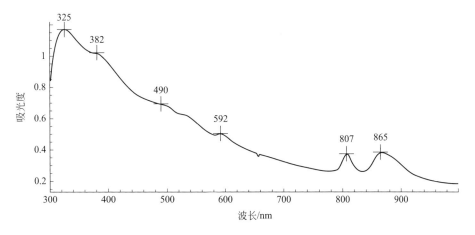

图 3-25 光合产氢混合菌群吸收光谱

单菌株吸收光谱如图 3-26 所示，F1、F5、F7、F11 具有相似的吸收特性，在 375nm 和 590nm 处有最大吸收峰，S7、S9 在 380nm 和 490nm 处有最大吸收峰，L6 的最大吸收峰为 590nm，7 种菌株均在 800nm 附近有较大吸收峰。当把这 7 种单菌株进行混合培养后，光谱测试结果显示单菌株的最大吸收峰特性仍能表现出来，说明混合光合产氢菌群的吸收光谱是各种单菌

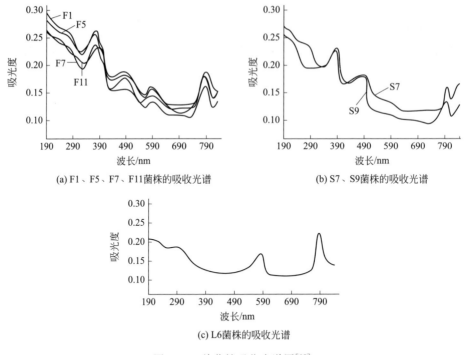

(a) F1、F5、F7、F11菌株的吸收光谱     (b) S7、S9菌株的吸收光谱

(c) L6菌株的吸收光谱

图 3-26　单菌株吸收光谱图[27]

株吸收光谱综合作用的结果，表明这 7 株产氢优势菌株在混合液中仍表现出各自的特征。

　　紫色和绿色光合细菌都含有光能环式电子传递系统，由基本相同的光合色素和氧化还原载体构成，包括菌绿素（Bchl）、细菌脱镁叶绿素（BPh）、类胡萝卜素、醌、铁硫蛋白和细胞色素[28-29]。菌株在 800nm、865nm 附近有较明显的吸收峰，表明光合产氢菌群含有菌绿素 a。类胡萝卜素是捕捉光能的辅助性色素，把吸收的光能高效地传给菌绿素。光合细菌所含类胡萝卜素的种类因菌种的不同而有所区别。类胡萝卜素吸收带在 400～550nm 的蓝紫光区[30-32]。

## 3.2.2　光合产氢混合菌群代谢产氢光谱耦合特性

　　根据光合产氢混合菌群 P 的吸收光谱，选择包含明显特征峰及附近的可见光波段即黄（590nm 左右）、蓝（400～520nm）、绿（520～570nm）和没有明显特征峰的红光（620～700nm）以及白光 LED（发光二极管多色混合光谱带）作为光合细菌生长和产氢光源，分别把不同颜色发光二极管光谱带缠绕在对应反应瓶瓶身上，并以胶带固定，然后在外层以锡箔纸进行严密包裹，以防不同光的干扰。并以白炽灯为光源，做对比实验。不同光源光生化制氢装置如图 3-27（见文前彩插）所示。

### 3.2.2.1　不同光源下光合产氢菌群生长特性

不同光源下光合产氢菌群生长特性如图 3-28 所示，从其生长曲线可以看出：在光合细菌接种后 36h 内细菌生长较为缓慢，为延滞期；从 36h 开始细菌生长进入对数期，主要表现为代谢旺盛，菌体大量繁殖，数目增长迅速，菌液由棕红色变为深红色，其中黄光、绿光、蓝光和白炽灯表现尤为明显，细菌数目与时间基本呈直线关系；持续到 60h，细菌数目增长有所减缓，但仍处于上升趋势；从 72h 开始，细菌进入稳定期，细胞增殖和衰亡处于动态平衡状态；从 96h 开始菌体 OD 值有明显下降趋势，进入衰亡期，但是衰亡速度较为缓慢，持续时间较长，到 144h 时，菌体 OD 值最大降幅只有 0.5。

从不同光源对细菌生长状况的影响来看，黄光作用下细菌生长繁殖最快，最大 OD 值为 2.36，表明细菌对 590nm 左右波段吸收利用率最高；蓝光和绿光下细菌生长繁殖速度相当，最大 OD 值分别为 2.02、1.98，都略高于白炽灯下菌体浓度；白光和红光下细菌生长繁殖速度较慢，最大 OD 值仅为 1.17 和 0.95。由光合细菌吸收光谱可知，黄光、蓝光和绿光的波长范围都包括光合细菌的吸收峰，红光、白光波长范围没有包含明显的特征峰，说明单色光源只要包含光合细菌吸收峰，对光合细菌的生长就能起到一定的促进作用。由此可见，光合细菌吸收波段会对细菌生长繁殖产生重要影响。

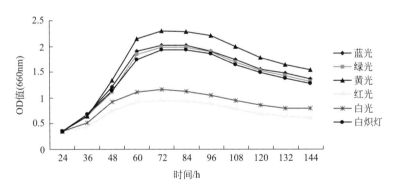

图 3-28　不同光源下光合产氢菌群生长特性

### 3.2.2.2　不同光源对光生化制氢过程的影响

（1）不同温度对不同光源下光合产氢菌群产氢的影响　设置 26℃、28℃、30℃、32℃、34℃五个温度水平，其他条件分别为光照强度为 1200lx，原料初始 pH 为 7.0，接种量 10%，接种物为培养 48h、OD 值为 0.7 左右的光合产氢菌群生长液，以 20g/L 葡萄糖溶液为产氢底物。如图 3-29 所示，各种光源下光合产氢菌群在不同温度范围内最佳产氢速率出现在 48~96h。当温度为 26℃ 时，各光源下细菌产氢速率曲线较为接近，此时最大产氢速率为 51mL/(h·L)；当温度为 28℃，产氢速率曲线有了明显差异，黄光、蓝光和绿光下光合细菌产氢速率较高，白炽灯次之，白光和红光下光合细菌产氢速率没有太明显的提高，此时最大产氢速率为 57.8mL/(h·L)；当温度为 30℃，各光源下光合细菌产氢速率都有明显提高，最大产氢速率为 61.3mL/(h·L)；当温度达到 32℃ 时，由图中可以看到，除白炽灯外，其

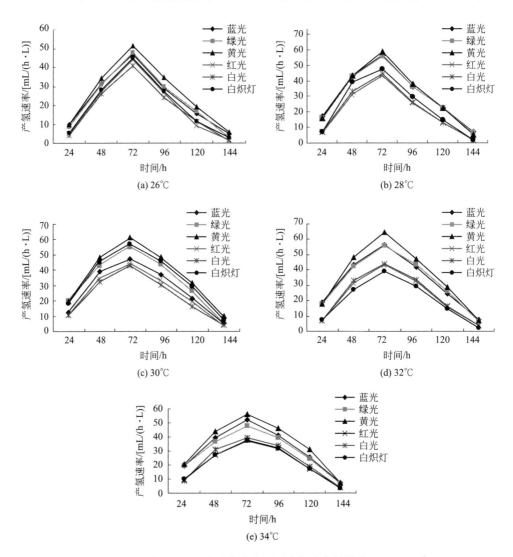

图 3-29　温度对各个光源下产氢速率的影响

他光源下产氢速率与 30℃时基本相同，即随着温度进一步升高，各光源下光合细菌产氢速率没有明显变化；当温度为 34℃时，可以看到产氢速率有小幅度的下降，此时最大产氢速率为 58.5mL/(h·L)。

图 3-30 为温度对不同光源作用下光合产氢菌群产氢量的影响。由产氢量来看，温度对光合产氢菌群产氢量有比较显著的影响，除了白炽灯，其他光源下光合细菌有相同的产氢趋势。在 LED 冷光源作用下的光合产氢菌群都在 30～32℃时产氢量最大，26℃时产氢量最小，其次为 28℃时的产氢量，当温度超过 32℃时，产氢量有小幅度下降。在各个温度条件下，黄光、蓝光和绿光下光合细菌的产氢量都较红光、白光和白炽灯下细菌的产氢量高。当温度为 26℃时，黄光作用下细菌产氢量较高，为 3750mL；当温度为 28℃时，蓝光、绿光和黄光作用下细菌产氢量差别不大，分别为 4080mL、4100mL 和 4325mL，而红光、白光作用下细菌产氢量均在 3000mL 左右，其中红光下细菌产氢量仅为 3040mL；当温度为 30℃时，黄光下细菌产氢量最大，为 5200mL，蓝光次之；当温度为 32℃，各光源下产氢量有微量上升，可见随着温度的上升，细菌产氢活性受到抑制。当温度为 34℃时产氢量平均下降 350mL。以白炽灯为光源的光合产氢菌群在 28℃时，产氢量提高了 33.3%，30℃时仅提高了 45mL，当温度大于 30℃时，产氢量开始下降。可能是由于白炽灯将 90% 以上的电能转化成了热能[33-34]，随着热能释放培养箱温度上升，从而影响光合细菌产氢活性的变化，影响产氢量。

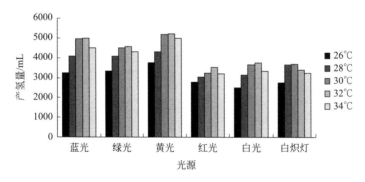

图 3-30 温度对不同光源作用下光合产氢菌群产氢量的影响

（2）不同光照强度对不同光源下光合产氢菌群产氢的影响　设置光照强度为 400lx、800lx、1200lx、1600lx、2000lx 五个水平，其他条件分别为温度为 30℃，原料初始 pH 为 7.0，接种量 10%，接种物为培养 48h、OD 值为 0.7 左右的光合产氢菌群生长液，以 20g/L 葡萄糖溶液为产氢底物。光合产氢菌群产氢速率以及产氢总量如图 3-31、图 3-32 所示：

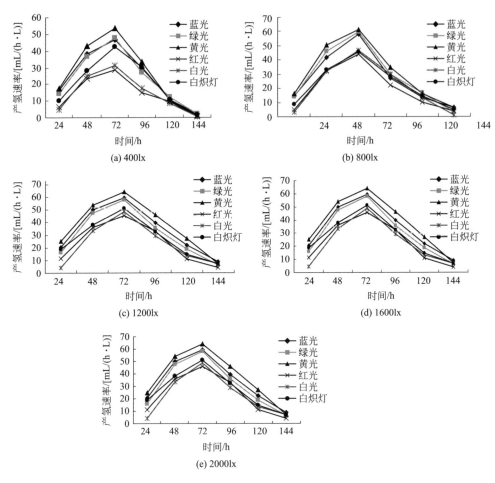

图 3-31　光照强度对各个光源下产氢速率的影响

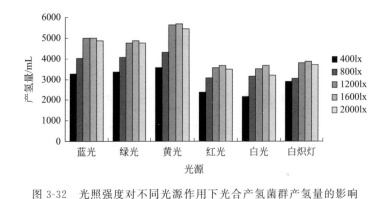

图 3-32　光照强度对不同光源作用下光合产氢菌群产氢量的影响

从图 3-31 中可以看出，无论光照强度多少，各个光源下光合细菌在

24h之前产氢速率都很小，但随着时间的延长产氢速率不断增大，最大产氢速率出现在48～96h。从各种光源下细菌产氢速率来说，无论光照强度多少，黄光下细菌产氢速率都高于其他五种光下细菌产氢速率，其次是蓝光、绿光和白炽灯，红光和白光产氢速率最低。光照强度为400lx时，黄光最大产氢速率为53.6mL/(h·L)；当光照强度大于800lx时，黄光、蓝光和绿光下细菌最大产氢速率均为57mL/(h·L)以上，且差别不大，但是产氢速率在40mL/(h·L)以上所持续的时间不同；光照强度为1200lx时，96h时黄光产氢速率仍维持在45mL/(h·L)以上，蓝光和绿光产氢速率分别降为39mL/(h·L)和35mL/(h·L)。以上三组实验结果显示，黄光、蓝光和绿光下细菌产氢速率分别约是白炽灯下细菌产氢速率的1.29、1.19和1.21倍。各种光源下细菌产氢速率在1200～2000lx下没有太大变化，表明当光照强度大于1200lx时光强的加大对各种光源下光合细菌产氢速率没有明显的提高作用。

从图3-32中可以看出，光合产氢菌群的产氢活性随着光照强度的增大而增大。当光强为800lx时，蓝光、绿光和黄光作用下细菌产氢量大致相同，分别为4015mL、4055mL和4325mL，但是当光强达到1200lx时，产氢量骤然上升，分别为4980mL、4780mL和5650mL，红光、白光作用下细菌产氢量也有较为明显的提高，6种光产氢量平均提高了20％，其中黄光为30％。说明在1200lx光强下细菌的产氢活性要明显高于800lx和400lx。但是当光强大于1200lx时光合细菌产氢量仅有细微增长，黄光下细菌产氢量基本不变；当光照强度达到2000lx时，细菌产氢量有所下降，说明当光照强度增加到一定程度后光照强度对光合细菌产氢量的提高没有明显作用，甚至出现产氢量下降，可能是由于光合器官吸收了超过光合作用所需的能量，引起PSⅠ系统的过量激发，产生"光饱和效应"[35-38]。

（3）不同初始pH对不同光源下光合产氢菌群产氢的影响　采用1.0mol/L的HCl或NaOH溶液调整原料pH，设定为4、5、6、7、8五个水平，其他条件分别为温度30℃，光照强度为1200lx，接种量10％，接种物为培养48h、OD值为0.7左右的光合产氢菌群生长液，以20g/L葡萄糖溶液为产氢底物。各光源下光合产氢菌群产氢速率和产氢总量如图3-33、图3-34所示：

从图3-33可以看出，光合细菌最佳生长酸碱环境为微酸到中性范围。当初始pH为4时，产氢活性受到明显抑制，可能是因为过酸环境造成细菌的大量死亡，同时光合细菌在产氢过程中要分解葡萄糖为小分子酸，在原有

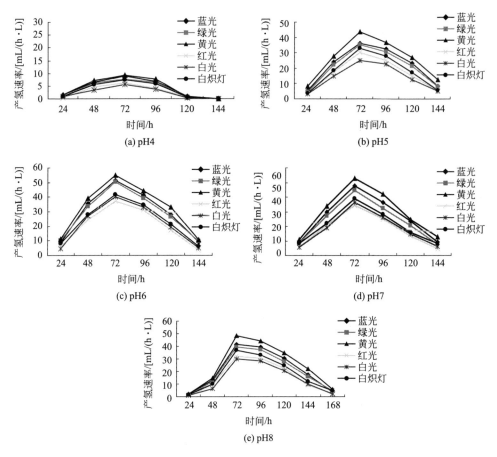

图 3-33 初始 pH 对各个光源下产氢速率的影响

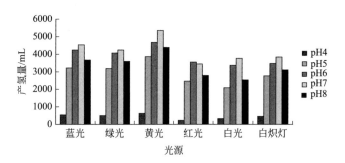

图 3-34 初始 pH 对不同光源作用下光合产氢菌群产氢量的影响

pH 条件下造成酸度的加强。观察 5 组水平的实验反应瓶发现，pH 为 4 时菌液颜色从产氢开始就由棕红色快速变成白色。在 pH 为 4、120～144h 时各种光源下细菌产氢速率基本接近于零；pH 为 5～7 时可以看到产氢速率曲线比较相似，pH 为 5 时，各光源下光合细菌产氢速率较 pH 为 4 时有大幅度上升。黄光下细菌在各 pH 下的各个时刻产氢速率都最大，最高可达 54mL/(h·L)；pH 为 8 时细菌产氢活性又受到抑制。pH 为 8 时，可以明显观察到，各光源下光合细菌在 48h 之前最大产氢速率仅为 14.9mL/(h·L)，在 72h 时产氢速率有较大幅度的上升，且达到产氢高峰期，此时最大产氢速率为 48.6mL/(h·L)。可能因为刚开始的碱性环境造成细菌的快速衰亡，但由于在产氢过程中葡萄糖分解，碱性环境有所缓和，逐渐向中性环境靠近，产氢速率随之上升，且产氢时间有所延长。

由产氢总量图可以看到，除红光外不同光源下的菌液在初始 pH 为 7 时产氢活性最强，产氢量最高，其次是 pH 为 6 时，说明光合产氢菌群在初始 pH 为 6～7 时，产氢性能最好；pH 为 5 时不同光源下细菌产氢量略低于 pH 为 8 时的产氢量；pH 为 4 时，产氢活性最低，产氢量在 700mL 以下。因此，当初始 pH 过低，酸性过强时，产氢活性受到严重抑制，环境偏碱性时会在一定程度上抑制产氢，且延长产氢时间。可见光合细菌产氢酸碱度最适范围是微酸性到中性。在产氢过程中观察各个反应瓶菌液颜色变化，发现自细菌产氢开始菌体颜色变化迅速，由棕红色快速变为白色，瓶底沉淀大量棕红色物质，主要原因可能是产氢过程中葡萄糖分解产生大量小分子有机酸，导致菌液 pH 迅速下降。pH 过低不利于光合细菌生长，甚至导致细菌吸收光谱特征峰的消失[39-41]。

(4) 不同 PSB 初期活性对不同光源下光合产氢菌群产氢的影响　光合细菌（PSB）生长周期都要经过延滞期、对数生长期、稳定期和衰亡期四个阶段，处于不同生长阶段的光合细菌具有不同的活性，其酶系统发育程度也会有所差别。取培养 24h、36h、48h、60h、72h、96h 的光合产氢菌群接入产氢基质中，其他条件分别为温度 30℃，光照强度为 1200lx，原料初始 pH 为 7，接种量 10%、OD 值为 0.7 左右的光合产氢菌群生长液，以 20g/L 葡萄糖溶液为产氢底物。光合产氢菌群产氢速率和产氢总量见图 3-35 和图 3-36。由产氢速率图可以观察到，PSB 初期活性小于 36h 时，光合细菌产氢速率在 48～96h 内变化较大；而初期活性大于 36h 时，光合细菌产氢速率变化比较缓和，也就是在 48～96h 内产氢速率均比较大，尤以黄光、蓝光和绿光比较明显，产氢速率均在 40mL/(h·L) 以上。白光和红光下细菌产氢速率基本保持一致。

从图 3-36 产氢总量图可以看出，对同一种光源来说，不同 PSB 初期活性菌种的产氢量都基本稳定在 3000mL 以上，其中 48h、60h 细菌产氢量较高，这说明处于对数生长期光合细菌的产氢能力最强。PSB 初期活性为 72h

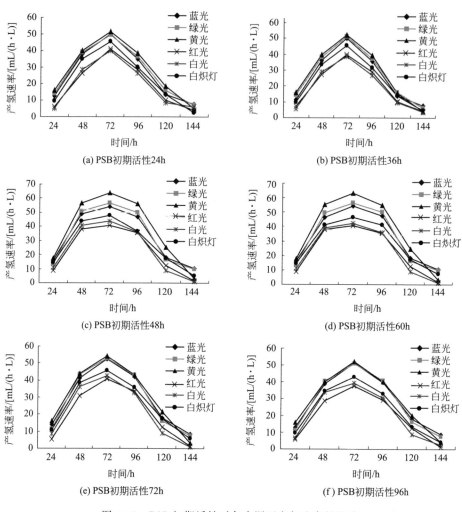

图 3-35  PSB 初期活性对各光源下产氢速率的影响

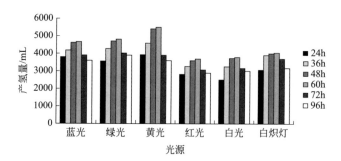

图 3-36  PSB 初期活性对不同光源作用下光合产氢菌群产氢量的影响

稳定期的细菌产氢量开始下降，因为此时细菌繁殖与死亡数量大致相同，菌体浓度处于相对稳定状态，没有太大的产氢能力。

（5）不同 $NH_4^+$ 浓度对不同光源下光合产氢菌群产氢的影响　设置 4 个 $NH_4^+$ 浓度水平：0.2g/L、0.4g/L、0.6g/L、0.8g/L，其他条件分别为光照强度为 1200lx，原料初始 pH 为 7.0，接种量 10％，温度 30℃，接种物为培养 48h，OD 值为 0.7 左右的光合产氢菌群生长液，以 20g/L 葡萄糖溶液为产氢底物。光合产氢菌群产氢速率和产氢量如图 3-37 和图 3-38 所示：

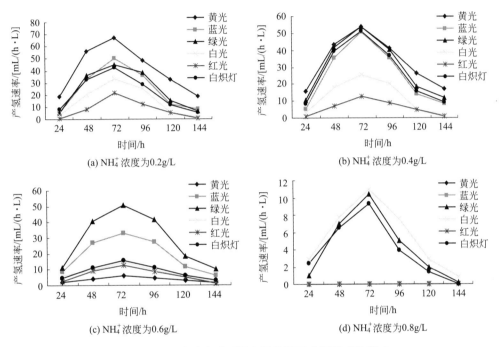

图 3-37　$NH_4^+$ 浓度对不同光源作用下产氢速率的影响

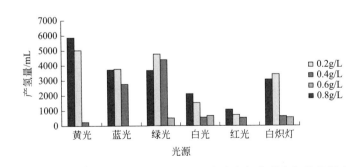

图 3-38　$NH_4^+$ 浓度对不同光源作用下光合产氢菌群产氢量的影响

从产氢速率图中可以明显观察到，各光源下细菌在 48～96h 达到产氢高峰期，但在不同的 $NH_4^+$ 浓度作用下，产氢速率变化差异比较大。$NH_4^+$ 浓度为 0.2g/L 时，在各个时段黄光下细菌产氢速率都要明显高于其他各种光源下细菌产氢速率，蓝光、绿光和白炽灯作用下细菌产氢速率差异不大；$NH_4^+$ 浓度为 0.4g/L 时，黄光产氢速率有较明显的下降，高峰期产氢速率平均下降 10mL/(h·L)，红光和白光下细菌产氢速率有小幅度下降，绿光和白炽灯下细菌产氢速率上升幅度比较大，最大产氢速率均上升 8mL/(h·L)，蓝光下细菌产氢速率有微弱上升；$NH_4^+$ 浓度为 0.6g/L 时，各种光源下细菌产氢速率都有所下降，其中黄光和白炽灯下细菌产氢速率下降幅度最大，黄光下细菌最大产氢速率仅为 6.13mL/(h·L)；$NH_4^+$ 浓度为 0.8g/L 时，从图中可以看到，黄光、蓝光和红光下细菌产氢速率为零，此时绿光和白炽灯下细菌产氢速率比较接近，白光下细菌产氢速率最大，为 11mL/(h·L)。

由产氢速率图跟产氢量图比较来看，各光源下细菌产氢速率与产氢量变化趋势比较吻合。由总产氢量图可以看出，在不同的 $NH_4^+$ 浓度条件下细菌产氢量最大时光的波段不同：$NH_4^+$ 浓度为 0.2g/L 和 0.4g/L 时，590nm 左右的黄光下光合细菌产氢量最大，分别为 5870mL 和 4980mL；$NH_4^+$ 浓度为 0.6g/L 时，530~570nm 的绿光下光合细菌产氢量为 4389mL，此时黄光下光合细菌产氢明显受到抑制，产氢量仅为 265mL；当 $NH_4^+$ 浓度为 0.8g/L 时，所有产氢细菌的产氢特性都受到抑制，产氢量明显下降，甚至产氢量为零，白光下光合细菌产氢量最大，为 670mL。

从各种光源来看，黄光下光合细菌在 $NH_4^+$ 浓度为 0.2g/L 和 0.4g/L 时产氢量较大，当 $NH_4^+$ 浓度大于 0.4g/L 时，黄光下细菌产氢量明显下降，$NH^{4+}$ 浓度为 0.8g/L 时，已经没有产氢现象；蓝光下细菌在 $NH_4^+$ 浓度为 0.2g/L 和 0.4g/L 时，产氢量差别不大，$NH_4^+$ 浓度为 0.6g/L 时产氢量稍微有所下降，$NH_4^+$ 浓度为 0.8g/L 时，光合细菌产氢活性受到强烈抑制，无产氢现象；在 4 种水平作用下，绿光下光合细菌都有产氢现象，但是在 $NH_4^+$ 浓度为 0.4g/L 时产氢量最大。

$NH_4^+$ 浓度的不同，混合菌群对光的选择不同，究其原因可能是 $NH_4^+$ 浓度对不同菌株产氢抑制作用不同。紫色非硫细菌、绿硫细菌以及紫色硫细菌都属于固氮光合细菌，在固氮酶的催化作用下释放氢气。$NH_4^+$ 的存在会抑制固氮酶活性的表达从而抑制产氢，同时 $NH_4^+$ 是光合细菌生长的最佳铵盐成分，$NH_4^+$ 浓度过低导致细菌自身繁殖太慢[42]。从图中可以明显观察到，蓝光下细菌在 $NH_4^+$ 浓度为 0.6g/L 时产氢量最大，为 3770mL；没有特征峰存在的红光下，光合细菌在不同 $NH_4^+$ 浓度下的产氢量自始至终都非常少。$NH_4^+$ 浓度为 0.8g/L 时，所有产氢细菌的产氢特性都受到严重抑制，产氢量明显下降，甚至产氢量为零。

# 3.3 金属离子添加物对光生化制氢过程的影响

铁、镍、锌是微生物生长必不可少的一类营养物质，对维持生物大分子和细胞结构的稳定性起着重要作用，因此，探讨铁、镍、锌三种金属离子溶液对光合生物制氢的影响为以后产氢的规模化研究提供一定的参考和依据。

目前国内外很多学者已经深入研究了诸如光照度、温度、pH、接种量等各种不同条件对光合细菌的产氢影响，但在金属离子方面的研究甚少，需要在此领域做出进一步的研究和探索。营养物质应满足微生物的生长、繁殖和完成各种生理活动的需要，它们的作用可概括为形成结构（参与细胞组成）、提供能量和调节作用（调节酶的活性和构成物质运输系统）。而无机营养物是微生物生长必不可少的一类营养物质，在微生物生长过程中有着至关重要的作用，它们在机体中的生理功能多样，其主要功能是：①作为细胞的组成成分；②作为酶的组成成分；③维持酶的活性；④调节细胞的渗透压、氢离子浓度和氧化还原电位；⑤作为某些自氧菌的能源。如铁作为酶活性中心的组成部分，对维持酶活性的正常运作起着重要作用。因此，优化产氢时必须考虑无机营养物的影响[43-46]。磷、硫、钾、钠、钙、镁盐等参与细胞结构组成，并与能量转移、细胞透性调节功能有关，微生物对它们的需求量（$10^{-4} \sim 10^{-3}$ mol/L）较大，因此称它们为"宏量元素"，没有它们，微生物就无法生长。锰、铜、钴、锌、钼盐等一般是酶的辅因子，需求量（$10^{-8} \sim 10^{-6}$ mol/L）不大，所以，称为"微量元素"。铁元素介于宏量和微量元素之间。不同微生物对以上各种元素的需求量各不相同。人需要吃盐、补钙，庄稼需要用草木灰补充钾。同高等生物一样，微生物的生命活动中，除了需要碳、氮之外，还需要其他元素，例如硫、磷、钠、钾、镁、钙、铁等元素，还需要某些微量的金属元素，诸如钴、锌、钼、镍、钨、铜等。上述元素大多是以盐的形式提供给微生物的，因此称它们为无机盐或矿质营养。这些无机盐有些是组成生命物质的必要成分，还有些是维持正常生命活动必需的，有些则用于促进或抑制某些物质的产生。

铁是影响发酵产氢的重要营养物，铁对微生物产能代谢过程的影响主要作用于有机物在微生物体内的生物氧化过程，有机物在生物体细胞内的氧化称为生物氧化。产氢细菌直接产氢过程发生在丙酮酸作用中，可以分为两种方式：一为梭状孢杆菌型，该过程为丙酮酸经丙酮酸脱羧酶作用脱羧，形成硫胺素焦磷酸-酶的复合物，并将此电子转移给铁氧还蛋白氢化酶重氧化，产生氢气分子；二是肠道杆菌型，该过程中丙酮酸脱羧后形成甲酸，然后甲酸全部或部分裂解转化为氢气和二氧化碳。两种方式均与铁氧还蛋白的参与有关[43]。由此可见，无论哪一种有机物氧化产氢过程，实质都是生物氧化的一种方式。

光合细菌的光合放氢在光合磷酸化提供能量和有机物降解提供还原力条件下由固氮酶催化完成。在此过程中，铁起着举足轻重的作用，因为与光合放氢有关的电子传递载体（铁氧还蛋白、细胞色素、铁醌）、固氮酶（铁钼蛋白和铁蛋白）、氢酶（NiFe 氢酶、Fe 氢酶）等都需要铁的参与[45-48]。镍是组成光合细菌 NiFe 氢酶、CO 脱氢酶的重要活性基团[45-47]，研究多集中在镍对固氮酶和氢酶合成和活性的影响[49-51]。根据生物制氢理论和微生物营养学，在一定浓度下对产氢细菌产氢能力有促进作用的金属主要有铁、镍和镁等。林明等[52]以高效产氢细菌 B49 为研究对象，通过间歇培养实验，考察铁、镁和镍等金属离子对产氢细菌产氢能力的促进作用，得出结论为①发酵过程中，在一定浓度下，金属离子对 B49 生长情况促进作用强弱的顺序为：发酵初 $Fe^{2+}>Mg^{2+}>Ni^{2+}$，末期则为 $Fe^{2+}>Ni^{2+}>Mg^{2+}$，即不同离子在细菌生长和发酵不同时期所处的地位不同。②在一定浓度下，镍、铁和镁对 B49 的生长和发酵有促进作用。③在一定浓度下，金属离子对 B49 产氢能力促进作用强弱的顺序为：$Fe^{2+}>Ni^{2+}>Mg^{2+}$，二价铁离子和镍离子对产氢代谢起直接作用，镁离子仅对细菌促进的生长和对重金属毒性的拮抗起间接作用。陈明等[53]以不同浓度的 $Fe^{2+}$、$Co^{2+}$ 和 $Ni^{2+}$ 为实验条件，得出适当浓度的二价铁系离子对混合菌种的光合产氢及生长具有一定促进作用的结论。

### 3.3.1 铁离子添加物对光生化制氢过程的影响

刘雪梅等[54]指出在细胞水平上，某些金属离子对产氢细菌活性和数量有一定影响，并指出可通过投加二价铁离子来提高产氢发酵细菌氢酶与 NADH-Fd 还原酶的比活性，从而提高细菌产氢活性，达到提高产氢能力的目的。曹东福等[55]已经研究了不同价态铁离子对厌氧发酵生物制氢的影响，指出了不同价态铁离子对厌氧发酵产氢均有不同程度的促进作用。因此，铁离子对光生化制氢是否有影响，值得进一步研究。设置 0mg/L、0.15mg/L、0.30mg/L、0.45mg/L、0.60mg/L、0.75mg/L 六组不同铁离子浓度进行光生化制氢实验，从累积产气量、细菌生长以及累积产氢量等方面进行比较分析。

### 3.3.1.1　铁离子浓度对产气量的影响

从图 3-39 可以看出，与空白样相比，加入不同浓度铁离子溶液的累积产气量随时间均有不同程度的变化。其中添加铁离子浓度为 0.45mg/L 的反应器的累积产气量在实验进行的 48h 内最高，第二天时，其累积产气量是空白样的 1.24 倍。而随着浓度的增大例如添加 0.6mg/L 的铁离子溶液和添加 0.75mg/L 的铁离子溶液却基本不产气。这说明在一定浓度范围内，铁离子对光合细菌的产气量起着促进作用，但随着时间的延长，光合细菌可能受到重金属铁离子的干扰，导致产氢菌的酶活性丧失，而影响产氢效果。另外，当铁离子溶液的浓度超过一定范围时，铁离子可能破坏了光合产氢细菌的结构，导致光合产氢细菌急速死亡。

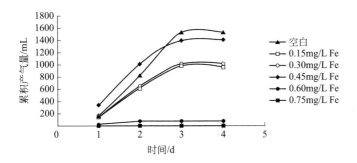

图 3-39　铁离子浓度对累积产气量的影响

### 3.3.1.2　铁离子浓度对光合细菌生长的影响

用 OD 值表征菌种的生长，以产氢培养基作对照，用 3cm 比色皿于可见光分光光度计的 660nm 处测定其 OD 值。如图 3-40 所示，与空白样相比，在实验进行的前 24h 内，添加铁离子溶液浓度为 0.45mg/L 的反应器的光合细菌生长较快，这也与这一时期内产气量较高相符合。而添加铁离子浓度为 0.60mg/L 的反应器的光合细菌增长幅度却最高，但其产气量却很少，

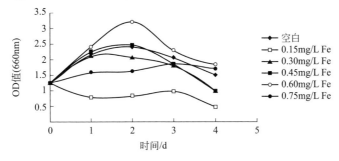

图 3-40　不同浓度铁离子溶液对细菌生长的影响

这说明其中的产氢光合细菌因铁离子含量过大已经死亡，相反却导致其他非产氢细菌大量生长。因此这一情况说明了铁离子浓度过高抑制产氢菌的生长，相反，其他非产氢细菌却呈增长趋势，初步判断这类细菌为好铁的不产氢细菌。

### 3.3.1.3 铁离子浓度对产氢量的影响

从图 3-41 中可以看出，添加铁离子溶液浓度为 0.45mg/L 的反应器中累积产氢量值一直最高，并于产氢开始的第三天达到最大产氢量。同时，添加铁离子溶液浓度为 0.15mg/L 和 0.30mg/L 的反应器产出的气体中氢气的含量也高于空白样，这说明添加适当浓度的铁离子溶液可以提高光合细菌制氢过程中产氢菌株的活性，从而使得产出的混合气体中氢气含量较高。

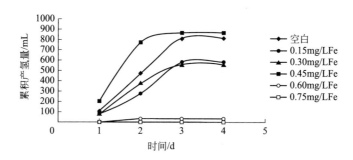

图 3-41　不同浓度铁离子溶液对产氢量的影响

### 3.3.2 镍离子添加物对光生化制氢过程的影响

由于二价镍离子是组成光合细菌 NiFe 氢酶活性的重要因子，具有调节还原力在生长与产氢之间分配的作用[53]，因此需研究金属镍离子对光生化制氢过程的影响，为生物制氢的进一步发展提供理论依据。

### 3.3.2.1 镍离子浓度对产气量的影响

如图 3-42 所示，随着添加镍标准溶液浓度的增大，光合细菌累积产气量呈现由多到少的变化趋势，在添加镍标准溶液为 2~6mL 时，累积产气量呈逐渐增加趋势，并在添加量为 6mL 时，产气量达到最大值，这说明添加这个浓度范围的镍标准溶液对光合菌种的产气活性起促进作用。在添加镍标准溶液 6~10mL 时，累积产气量又呈下降趋势，并且低于空白样本，这说明过量添加镍标准溶液，对光合菌种产气活性具有抑制作用，但从图中可看出，此浓度的镍标准溶液对光合细菌前期产气抑制作用还不是十分明显，在产气两天之后，抑制作用明显增大。

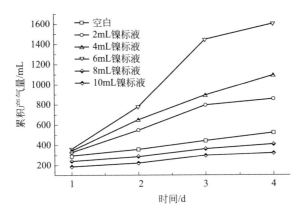

图 3-42　不同浓度镍标准溶液对光合产气量的影响

### 3.3.2.2　镍离子浓度对光合细菌生长的影响

在保证初始 OD 值相同的情况下，随着时间的变化各反应瓶中光合产氢菌种的生长趋势有很大不同。从图 3-43 中可以看出，添加 6mL 镍标准溶液的反应瓶中光合细菌的生长变化曲线较为平稳，且在光合细菌产氢的黄金时间（1～3 天）内光合细菌生长值呈现稳定增长趋势。这说明在此浓度范围内，镍离子促进了光合产氢细菌的生长。这与二价镍离子是组成光合细菌NiFe 氢酶活性的重要因子有一定关系。添加镍标准溶液为 2mL 和 4mL 的反应瓶，其 OD 值在实验前三天也呈一定的增长趋势，只是增长幅度较添加镍标准溶液为 6mL 的小。

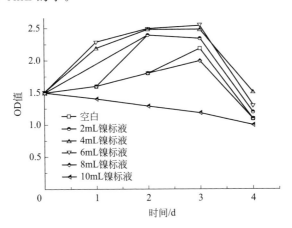

图 3-43　不同浓度镍标准溶液对 OD 值的影响

### 3.3.2.3　镍离子浓度对产氢量的影响

添加镍标准溶液为 6mL 的反应瓶中产氢量最大，反应瓶产出的气体中氢气含量比空白样本提高了 10% 左右，添加镍标准溶液为 2mL 和 4mL 的反应瓶中氢气含量较空白样本也有一定涨幅，而添加镍标准溶液较多的 8mL 反应瓶和 10mL 反应瓶中的产氢量却较空白对照呈下降趋势（图 3-44）。这说明在添加镍标准溶液一定范围内，镍离子能促进光合细菌产氢能力的提高，而超过一定范围，则对光合细菌的产氢活性起抑制作用，这与镍离子具有调节还原力在生长与产氢之间分配的能力有关。

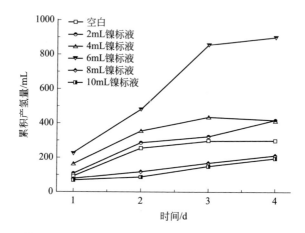

图 3-44　不同浓度镍标准溶液对光合产氢量的影响

### 3.3.3　锌离子添加物对光生化制氢过程的影响

锌是很多酶的组成成分，也是某些酶的激活剂，而光合细菌产氢代谢中构成氢酶的主要成分 $Zn^{2+}$ 对酶活性具有重要的作用。

#### 3.3.3.1　锌离子浓度对产气量的影响

随着溶液中锌离子浓度的增大，光合细菌累积产气量呈现由少到多再到少的变化趋势。如图 3-45 所示，在添加锌标准溶液为 2mL 时，累积产气量达到最大值，这说明添加这个浓度范围的锌标准溶液对光合菌种的产气活性起促进作用。在添加锌标准溶液大于 2mL 后，累积产气量又呈下降趋势，并且

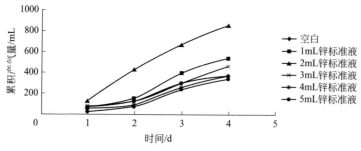

图 3-45　不同浓度锌标准液对光合细菌产气量的影响

其产气量值基本低于空白样本，这说明过量添加锌标准溶液，对光合菌种产气活性具有抑制作用。从图中可看出，过量添加锌标准溶液对光合细菌前期产气抑制作用还不是十分明显，但在产气两天之后，抑制作用明显增大。

### 3.3.3.2 锌离子对光合细菌生长的影响

如图 3-46 所示，在保证初始 OD 值相同的情况下，随着时间的变化，各反应瓶中光合产氢菌种的生长趋势有很大不同。添加 2mL 锌标准溶液的反应瓶中光合细菌的生长变化曲线较为平稳，且在光合细菌产氢的黄金时间（1~3 天）内光合细菌生长值呈现稳定增长趋势。这说明，在此浓度范围内，锌离子促进了光合产氢细菌的生长。添加锌标准溶液为 0mL 和 1mL 的反应瓶，其 OD 值在实验前三天也呈一定的增长趋势，只是增长幅度较添加锌标准溶液为 2mL 的小。

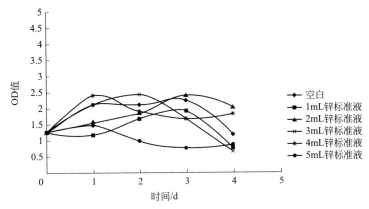

图 3-46　不同浓度锌标准液对光合细菌生长的影响

### 3.3.3.3 锌离子浓度对产氢量的影响

如图 3-47 所示，可以明显看出添加锌标准溶液为 2mL 的反应瓶中产氢

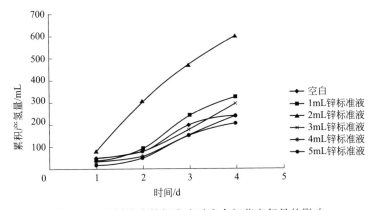

图 3-47　不同浓度锌标准液对光合细菌产氢量的影响

量最大，反应瓶产出的气体中氢气含量比空白样本提高了 10％左右，添加锌标准溶液为 1mL 和 3mL 的反应瓶中氢气含量较空白样本也有一定涨幅，而添加锌标准溶液较多的 4mL 反应瓶和 5mL 反应瓶中的产氢量却较空白对照呈下降趋势。这说明在添加锌标准溶液一定范围内，锌离子能促进光合细菌产氢能力的提高，而超过一定范围，则对光合细菌的产氢活性起抑制作用，这与锌离子是光合反应酶成分的重要组成部分有关。

### 3.3.4 光生化制氢过程金属离子添加工艺技术优化

利用正交方法对光合生物制氢过程中金属离子的添加量进行优化。选择铁、镍、锌三种金属离子作为正交优化实验的考虑因素，参考单因素实验的结果，各取三个水平。通过铁离子浓度、镍离子浓度、锌离子浓度三个因素的正交实验得到各因素对氢气转化率影响的主次关系依次为：铁离子浓度＞镍离子浓度＞锌离子浓度。光合生物制氢的最佳工艺条件为铁离子浓度 0.35mg/L，镍离子浓度 2mg/L，锌离子浓度 $1×10^{-6}$ mg/L。由方差分析可知，铁离子浓度对光合生物产氢转化率影响较为显著。

# 3.4 无机盐添加物对光生化制氢过程的影响

pH 对细菌的生长代谢影响很大，因为细菌产氢离不开酶的参与，但是酶本质是蛋白质，只在一定的 pH 范围内保持活性，所以适当的缓冲强度对细菌产氢具有重要作用。常用的缓冲体系一般为磷酸盐缓冲体系和碳酸盐缓冲体系，以作为对营养和缓冲能力的补充，而磷元素也是微生物生长所必需的元素之一，在微生物的生长中参与能量传递。Xu 等[56]在研究中发现，磷酸盐极大地影响氢气产量，磷酸盐浓度为 100～150mmol/L 时，氢气产量最高。Zhang 等[57]在研究以玉米秸秆为底物的产氢过程中发现，产氢量和最大产氢速率在磷酸盐浓度为 0.15mol/L 时最大，分别是 85.7mL 和 6.3mL/(g·h)。王家卓等[58]在研究碳酸盐（NaHCO₃）对产氢的影响时发现，当碳酸盐浓度从 0g/L 增加到 4g/L 时，葡萄糖氢气产率从 0.44mol/mol 增加到 1.68mol/mol，氢气产率提高了 282％。

### 3.4.1 磷酸盐添加物对光生化制氢过程的影响

#### 3.4.1.1 磷酸盐浓度对累积产氢量和产氢速率的影响

从图 3-48 中可以看出，当初始 pH 为 6 时，磷酸盐浓度为 0、2mmol/L、

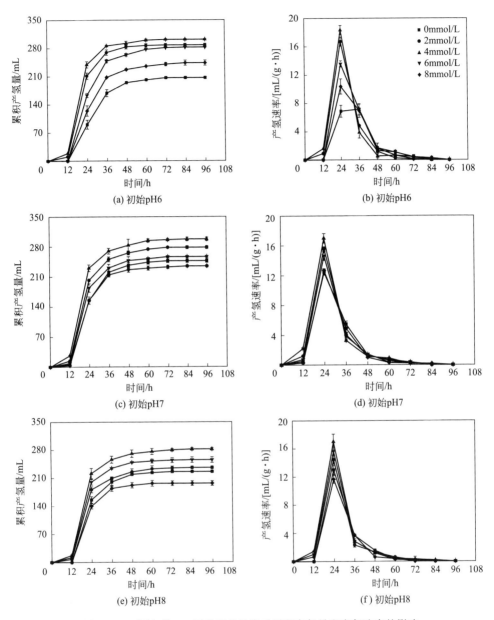

图 3-48 不同初始 pH 下磷酸盐浓度对累积产氢量和产氢速率的影响

4mmol/L、6mmol/L 和 8mmol/L 的累积产氢量分别是 (206.77±2.43)mL、(287.97±3.52)mL、(301.72±1.82)mL、(282.37±0.51)mL 和 (243.55±6.46)mL。累积产氢量的增幅可以用产氢速率进行反映,当磷酸盐浓度为 0时,产氢速率在 0~36h 逐渐增大,即产氢量的增幅随时间的延长而增大,并在 36h 达到最大产氢速率 (7.17±0.11)mL/(g·h);在 36~60h 产氢速率逐渐减小；之后在 60～96h 产氢速率逐渐趋近于零。而添加磷酸盐的产氢速率基本上呈相似的变化规律，但是磷酸盐浓度为 0 的产氢速率有所不同。磷酸盐浓度为 2～8mmol/L 的产氢速率在 0～24h 逐渐增大，并都在 24h 达到最大，分别是 $(16.71\pm0.64)$mL/(g·h)、$(18.35\pm0.64)$mL/(g·h)、$(13.59\pm0.43)$mL/(g·h) 和 $(10.37\pm1.07)$mL/(g·h)；在 24～60h 产氢速率逐渐减小；之后在 60～96h 产氢速率逐渐趋近于零。胡建军等[59]也报道了相似的产氢趋势。同时这个结果说明磷酸盐的加入改变了光合细菌产氢模式，使产氢提前，这可能是因为磷酸盐有一定的缓冲能力，使反应体系的生境适合光合细菌的生长代谢。当初始 pH 为 7 时，磷酸盐浓度为 0～8mmol/L 的累积产氢量分别是 $(247.04\pm4.16)$mL、$(278.33\pm3.30)$mL、$(297.60\pm4.04)$mL、$(256.58\pm2.47)$mL 和 $(234.73\pm2.57)$mL。磷酸盐浓度为 0～8mmol/L 的产氢速率在 0～24h 逐渐增大，并都在 24h 达到最大，分别是 $(12.43\pm0.36)$mL/(g·h)、$(15.63\pm0.22)$mL/(g·h)、$(16.98\pm0.64)$mL/(g·h)、$(14.64\pm0.62)$mL/(g·h) 和 $(12.68\pm0.23)$mL/(g·h)；在 24～60h 产氢速率逐渐减小；之后在 60～96h 产氢速率逐渐趋近于零。光合细菌产氢模式并没有随着磷酸盐的加入而发生改变。当初始 pH 为 8 时，磷酸盐浓度为 0～8mmol/L 的累积产氢量分别是 $(225.91\pm1.75)$mL、$(235.87\pm3.22)$mL、$(282.00\pm3.26)$mL、$(255.22\pm6.90)$mL 和 $(196.76\pm5.95)$mL。磷酸盐浓度为 0～8mmol/L 的产氢速率在 0～24h 逐渐增大，都在 36h 达到最大产氢速率，分别是 $(13.00\pm0.66)$mL/(g·h)、$(14.45\pm0.62)$mL/(g·h)、$(17.00\pm1.07)$mL/(g·h)、$(15.65\pm0.58)$mL/(g·h) 和 $(11.67\pm0.57)$mL/(g·h)；在 24～60h 产氢速率逐渐减小；之后在 60～96h 产氢速率逐渐趋近于零。

### 3.4.1.2 磷酸盐浓度对氢气产率的影响

如图 3-49 所示，当初始 pH 为 6 时，磷酸盐浓度为 0～8mmol/L 的氢气产率分别是 $(43.23\pm0.67)$mL/g、$(60.21\pm0.74)$mL/g、$(63.09\pm0.38)$mL/g、$(59.04\pm0.11)$mL/g 和 $(50.93\pm1.35)$mL/g（TS）。磷酸盐浓度为 2～8mmol/L 的氢气产率分别比对照组显著提高了 39.28%、45.94%、36.57% 和 17.81%（$P<0.05$）。不同浓度的磷酸盐之间氢气产率也呈显著性差异（$P<0.05$），在磷酸盐浓度为 4mmol/L 时得到最大的氢气产率，是 $(63.09\pm0.38)$mL/g（TS），分别比磷酸盐浓度为 0mmol/L、2mmol/L、6mmol/L 和 8mmol/L 的氢气产率显著提高了 45.94%、4.78%、6.86% 和 23.87%（$P<0.05$）。

当初始 pH 为 7 时，磷酸盐浓度为 0～8mmol/L 的氢气产率分别是

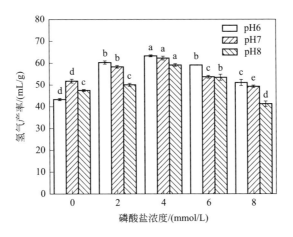

图 3-49 不同初始 pH 下磷酸盐浓度对氢气产率的影响

柱形图上的不同小写字母表示不同处理间差异显著（$P<0.05$）

（$51.66\pm0.87$）mL/g、（$58.20\pm0.69$）mL/g、（$62.23\pm0.84$）mL/g、（$53.65\pm0.52$）mL/g 和（$49.08\pm0.54$）mL/g（TS）。磷酸盐浓度为 $2\sim6$mmol/L 的氢气产率分别比对照组显著提高了 $12.66\%$、$20.46\%$ 和 $3.85\%$（$P<0.05$）。而磷酸盐浓度为 8mmol/L 的氢气产率和对照组相比显著减少了 $4.99\%$（$P<0.05$）。磷酸盐浓度为 $0\sim8$mmol/L 的氢气产率之间也呈显著性差异（$P<0.05$），在磷酸盐浓度为 4mmol/L 时得到最大的氢气产率，是（$62.23\pm0.84$）mL/g（TS），分别比磷酸盐浓度为 0mmol/L、2mmol/L、6mmol/L 和 8mmol/L 的氢气产率显著提高了 $20.46\%$、$6.9\%$、$15.99\%$ 和 $26.79\%$（$P<0.05$）。

当初始 pH 为 8 时，磷酸盐浓度为 $0\sim8$mmol/L 的氢气产率分别是（$47.24\pm0.37$）mL/g、（$49.80\pm0.67$）mL/g、（$58.97\pm0.68$）mL/g、（$53.37\pm1.44$）mL/g 和（$41.14\pm1.24$）mL/g（TS）。磷酸盐浓度为 2mmol/L 的氢气产率和对照组相比无显著性差异（$P>0.05$），磷酸盐浓度为 $4\sim6$mmol/L 的氢气产率分别比对照组显著提高了 $24.83\%$ 和 $12.97\%$（$P<0.05$），而磷酸盐浓度为 8mmol/L 的氢气产率和对照组相比显著减少了 $5.62\%$（$P<0.05$）。在磷酸盐浓度为 4mmol/L 时得到最大的氢气产率，是 $58.97\pm0.68$mL/g（TS），分别比磷酸盐浓度为 0mmol/L、2mmol/L、6mmol/L 和 8mmol/L 的氢气产率显著提高了 $24.83\%$、$18.41\%$、$10.49\%$ 和 $43.34\%$（$P<0.05$）。

此外，在初始 pH 为 6、7 和 8 的情况下，都发现了如下规律：当磷酸盐浓度逐渐增加时，光合细菌的氢气产率先增加后减小。例如在初始 pH 为

6 的条件下，当磷酸盐浓度从 0 增加到 4mmol/L 时，氢气产率从（43.23±0.67）mL/g（TS）增加到（63.09±0.38）mL/g（TS）；然后当磷酸盐浓度从 4mmol/L 增加到 8mmol/L 时，氢气产率从（63.09±0.38）mL/g（TS）减小到（50.93±1.35）mL/g（TS）。Ding 等[60]研究 0～60mmol/L 的磷酸盐缓冲液对 *Clostridium butyricum* 和固定化的 *Rhodopseudomonas faecalis* RLD-53 共培养制氢的影响时，报道了相似的结果，当使用 50mmol/L 的磷酸盐缓冲液时，获得最大的产氢率 3.47mol/mol（$H_2$/葡萄糖）。当磷酸盐的浓度范围为 0～50mmol/L 时相似的结果也被谢天卉等[61]报道。产生这种现象的原因可能是磷是辅酶 I、辅酶 A 和各种磷酸腺苷等的组分，同时在底物磷酸化过程中起关键作用。适宜浓度的磷酸盐有利于光合细菌利用底物合成代谢，增加产氢量。但是过量的磷酸盐可能会使细胞质渗透压升高，抑制细胞生长，甚至造成菌种的衰亡[62-63]。Xu 等[64]报道了在磷酸盐浓度为 50mmol/L 时，最有利于细胞生长，氢气产量最高，一旦磷酸盐浓度超过 50mmol/L，将会抑制细胞生长和产氢。当磷酸盐浓度超过 180mmol/L 时，相似的现象也被 Oh 等[65]观察到。

总的来说，结果显示在初始 pH 为 6、7 和 8 时，最大氢气产率均在磷酸盐浓度为 4mmol/L 时得到。一些研究也表明适宜浓度的磷酸盐能够提高光合细菌的产氢能力，促进产氢，但是对每一个产氢过程来说，最优的磷酸盐浓度是不同的。Zhu 等[66]发现在初始 pH 为 6、6.5、7、7.5 和 8 条件下得到最大氢气产率时，对应最佳的磷酸盐浓度分别是 20mmol/g、15mmol/g、10mmol/g、10mmol/g 和 5mmol/g（VS）。Liu 等[67]发现当初始 pH 为 5、7 和 9 时，分别在磷酸盐浓度为 360mg/L、360mg/L 和 720mg/L 时得到最大氢气产率。最佳磷酸盐浓度的差异可能是由初始 pH、底物、菌种和温度的不同造成的。

### 3.4.1.3 磷酸盐浓度对氢气含量的影响

从图 3-50 可以看出，在初始 pH 为 6、7 和 8 的条件下，当磷酸盐浓度逐渐增加时，氢气含量先增加后减小。当初始 pH 为 6 时，最高的氢气含量出现在磷酸盐浓度为 4mmol/L 时，为（37.16±0.49）%，比对照提高了 8.03 个百分点。当初始 pH 为 7 时，最高的氢气含量出现在磷酸盐浓度为 4mmol/L 时，为（36.61±0.18）%，比对照组略高 2.99 个百分点。当初始 pH 为 8 时，最高的氢气含量出现在磷酸盐浓度为 4mmol/L 时，是（37.71±0.13）%，比对照组提高了 7.58 个百分点。以上现象说明在反应体系中添加适宜浓度的磷酸盐能够极大地提高反应体系的氢气含量。

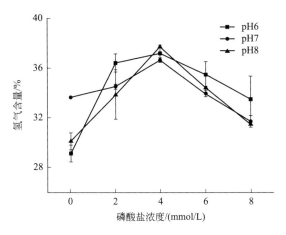

图 3-50 不同初始 pH 下磷酸盐浓度对氢气含量的影响

### 3.4.1.4 磷酸盐浓度对反应体系终 pH 的影响

在不同初始 pH 下，磷酸盐浓度对光合细菌同步糖化发酵产氢反应体系终 pH 的影响如图 3-51 所示。在初始 pH 为 6、7 和 8 的条件下，磷酸盐浓度为 2～8mmol/L 的终 pH 始终大于对照组，并且与对照组相比均呈显著性差异（$P<0.05$），说明磷酸盐的添加能有效缓冲反应体系的 pH。此外在初始 pH 为 6、7 和 8 的条件下，随着磷酸盐浓度的逐渐增加，终 pH 逐渐升高，终 pH 分别保持在 $(5.42\pm0.08)$～$(6.13\pm0.01)$、$(5.92\pm0.05)$～$(6.12\pm0.02)$ 和 $(5.34\pm0.08)$～$(6.09\pm0.05)$，这个现象的出现是磷酸盐的缓冲作用所致。Zhu 等[66] 曾报道了在初始 pH 为 7 时，未添加磷酸盐的终 pH 为 4，而添加 10mmol/g(VS) 磷酸盐的终 pH 为 6.4，有了明显的升

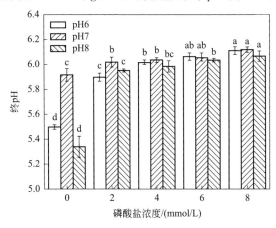

图 3-51 不同初始 pH 下磷酸盐浓度对反应体系终 pH 的影响

柱形图上的不同小写字母表示不同处理间差异显著（$P<0.05$）

高。Oh 等[65]研究磷酸盐浓度（10～300mmol/L）对 *Rhodopseudomonas Palustris* P4 发酵产氢的影响时，也观察到反应体系最终的 pH 随着磷酸盐浓度的增加而升高。在 Xu 等[56]研究磷酸盐浓度从 10mmol/L 增加到 300mmol/L 对 *Ethanoligenens harbinense* B49 发酵产氢影响时，同样观察到随着磷酸盐浓度增加，反应体系最终的 pH 逐渐升高的现象。

上述这些结果表明，磷酸盐可以在一定范围内缓冲反应体系的 pH，缓和反应体系的酸化，保证反应体系的稳定性，增强反应体系的缓冲强度，这样的结果和之前研究报道的结果一致[56,66,68]。不同的微生物生长、繁殖和代谢过程中发生的生物化学反应是酶促反应，pH 会影响酶的解离程度和电荷状况，酶促反应需要稳定合适的 pH 范围，过高或者过低的 pH 对微生物生长会产生抑制作用，不利于产氢[69-70]。因此，可以在反应体系中添加适宜浓度的磷酸盐来维持光合细菌生长、繁殖和代谢所需的生境。

### 3.4.1.5 磷酸盐浓度对反应体系 ORP 值的影响

氧化还原电位（ORP）反映细胞内还原当量的净平衡[71]，当氧化能力大于还原能力时，氧化还原作用潜在上升即氧化还原电位上升，否则，氧化还原电位下降[72]。在下面的实验中，氧化力的主要贡献者是发酵初始时引入的溶解氧，而还原力则主要归因于光合发酵过程中的糖酵解和光合细菌繁殖。

从图 3-52 上可以看出，ORP 值随时间的变化基本一致。当初始 pH 为 6 时，磷酸盐浓度为 0～8mmol/L 的初始 ORP 值较高。对照组的 ORP 值在 0～12h 迅速下降，这可能是因为光合细菌生长代谢旺盛，通过糖酵解产生大量还原力，造成还原力的累积，使 ORP 值迅速降低。这个结果和刘朋波等[73]的研究一致，他们发现菌体的快速生长可导致 ORP 值的下降，在菌体的快速生长阶段，ORP 值一直处于相对较低的水平。在 12～60h，ORP 值开始迅速上升，这可能是因为此阶段的菌种活性稳定，利用了还原力产生大量氢气。之后 ORP 值开始缓慢上升并趋于稳定，这可能是因为光合细菌在利用还原力产氢的同时，产生的代谢产物对光合细菌产生抑制作用，不能利用底物产生足够的还原力来中和氧化反应，之后随着代谢产物的累积对光合细菌产生更为严重的毒害作用，细菌进入衰亡期，细胞代谢基本停止，产氢随之结束。磷酸盐浓度为 2～8mmol/L 的 ORP 值也有相同的变化趋势，在 0～12h ORP 值迅速降低，之后不断上升，说明磷酸盐的加入不会改变 ORP 的变化趋势。当初始 pH 为 7 和 8 时，磷酸盐浓度为 0～8mmol/L 的 ORP 值变化情况和初始 pH 为 6 相似，在 0～12h 迅速下降，在 12～60h ORP 值开始迅速上升，之后 ORP 值逐渐上升趋于稳定。

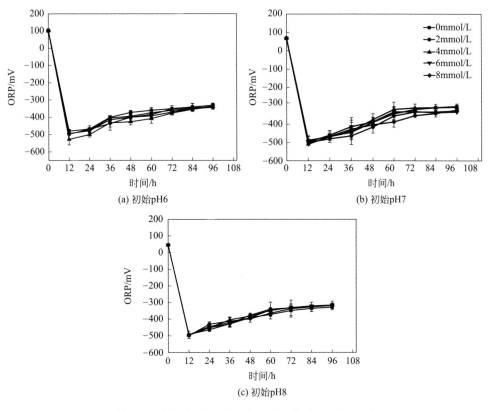

图 3-52　不同初始 pH 下磷酸盐浓度对 ORP 的影响

### 3.4.1.6　磷酸盐浓度对光生化制氢过程动力学分析

磷酸盐浓度在不同初始 pH 条件下的动力学参数如表 3-11 所示，累积产氢量和产氢速率动力学曲线如图 3-53 所示。

表 3-11　不同初始 pH 和磷酸盐浓度下的动力学参数

| 初始 pH | 磷酸盐浓度 /(mmol/L) | $P_m$ /mL | $R_m$ /[mL/(g·h)] | $\lambda$/h | $t_{max}$/h | $t_{95}$/h | $R^2$ |
|---|---|---|---|---|---|---|---|
| | 0 | 205.52 | 9.40 | 14.58 | 22.62 | 46.51 | 0.9994 |
| | 2 | 285.92 | 20.22 | 12.73 | 17.93 | 33.38 | 0.9993 |
| 6 | 4 | 298.53 | 22.66 | 11.98 | 16.83 | 31.22 | 0.9991 |
| | 6 | 277.67 | 15.84 | 13.80 | 20.25 | 39.40 | 0.9977 |
| | 8 | 239.27 | 12.30 | 14.07 | 19.31 | 42.48 | 0.9985 |
| | 0 | 244.22 | 14.25 | 13.01 | 19.31 | 38.04 | 0.9987 |
| | 2 | 273.45 | 17.96 | 12.06 | 17.66 | 34.30 | 0.9972 |
| 7 | 4 | 291.91 | 19.81 | 11.15 | 16.57 | 32.67 | 0.9969 |
| | 6 | 252.33 | 17.10 | 12.61 | 18.04 | 34.16 | 0.9972 |
| | 8 | 231.23 | 15.35 | 13.51 | 19.05 | 35.51 | 0.9989 |

| 初始 pH | 磷酸盐浓度/(mmol/L) | $P_m$/mL | $R_m$/[mL/(g·h)] | $\lambda$/h | $t_{max}$/h | $t_{95}$/h | $R^2$ |
|---|---|---|---|---|---|---|---|
| | 0 | 222.23 | 15.50 | 13.61 | 18.88 | 34.55 | 0.9964 |
| | 2 | 230.49 | 17.50 | 12.61 | 17.46 | 31.85 | 0.9951 |
| 8 | 4 | 275.98 | 20.58 | 11.89 | 16.82 | 31.48 | 0.9969 |
| | 6 | 251.35 | 19.20 | 12.31 | 17.13 | 31.43 | 0.9978 |
| | 8 | 195.06 | 15.21 | 15.21 | 18.91 | 32.92 | 0.9991 |

在初始 pH 为 6 的条件下，可以看出 $R^2$ 都在 0.9977 以上，说明 Gompertz 模型拟合效果很好。当磷酸盐浓度逐渐增加时，产氢量和最大产氢速率先增大后减小，而产氢延迟期则是先缩短后延长。当磷酸盐浓度为 4mmol/L 时，产氢量和最大产氢速率最大，分别是 298.53mL 和 22.66mL/(g·h)；而产氢延迟期最短，是 11.98h，比对照组缩短了 2.60h。Song 等[74]研究磷酸盐缓冲液浓度（0~30mmol/L）对细菌 *Bacillus* sp. FS2011 产氢影响时观察到相似的趋势。当磷酸盐缓冲液浓度为 20mmol/L 时，产氢量和最大产氢速率最大，分别是 280.8mL 和 6.7mL/(g·h)；之后当磷酸盐缓冲液浓度增加到 30mmol/L 时，产氢量和最大产氢速率逐渐减小到 153.4mL 和 4.7mL/(g·h)。对产氢延迟期来说，当磷酸盐缓冲液浓度为 15mmol/L 时，产氢延迟期最短为 52h；之后当磷酸盐缓冲液浓度增加到 30mmol/L 时，产氢延迟期逐渐增加到 92h。Pan 等[75]研究磷酸盐缓冲液浓度（0~30mmol/L）对新分离菌株 *Clostridium beijerinckii* Fanp3 产氢影响时也报道了相似的结果。当磷酸盐浓度为 0~8mmol/L 时，得到最大产氢速率对应的时间分别是 22.62h、17.93h、16.83h、20.25h 和 19.31h，这比文献 [76-77] 达到最大产氢速率的时间早；发酵分别进行到 46.51h、33.38h、31.22h、39.40h 和 42.48h 后产氢基本结束。

在初始 pH 为 7 的条件下，可以看出 $R^2$ 都在 0.9969 以上，说明 Gompertz 模型拟合效果很好。当磷酸盐浓度逐渐增加的时候，产氢量和最大产氢速率先增大后减小，而产氢延迟期则是先缩短后延长。当磷酸盐浓度为 4mmol/L 时，产氢量和最大产氢速率最大，分别是 291.91mL 和 19.81mL/(g·h)，而产氢延迟期最短，是 11.15h，比对照组缩短了 1.95h。当磷酸盐浓度为 0~8mmol/L 时，得到最大产氢速率对应的时间分别是 19.31h、17.66h、16.57h、18.04h 和 19.05h；发酵分别进行到 38.04h、34.30h、32.67h、34.16h 和 35.51h 后产氢基本结束。

在初始 pH 为 8 的条件下，可以看出 $R^2$ 都在 0.9951 以上，说明 Gompertz 模型拟合效果很好。当磷酸盐浓度逐渐增加的时候，产氢量和最大产氢

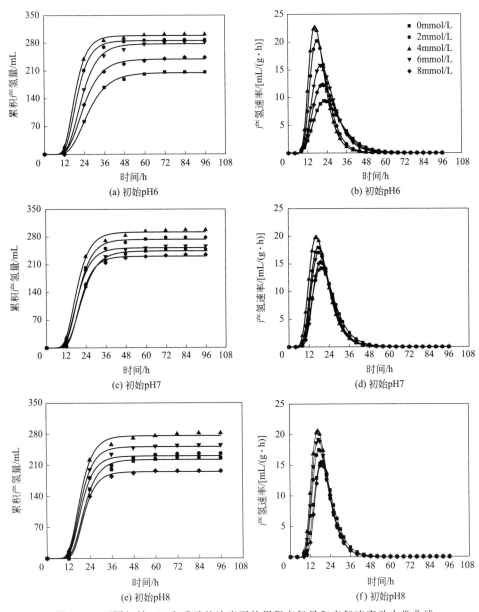

图 3-53　不同初始 pH 和磷酸盐浓度下的累积产氢量和产氢速率动力学曲线

速率先增大后减小，而产氢延迟期则是先缩短后延长。当磷酸盐浓度为 4mmol/L 时，产氢量和最大产氢速率最大，分别达到 275.98mL 和 20.58mL/(g·h)。而产氢延迟期最短，是 11.89h，比对照组缩短了 1.23h。磷酸盐浓度为 0～8mmol/L 时，得到最大产氢速率对应的时间分别是 18.88h、17.46h、16.82h、17.13h 和 18.91h；发酵分别进行到 34.55h、31.85h、31.48h、31.43h 和 32.92h 后产氢基本结束。

### 3.4.1.7 磷酸盐浓度对光生化制氢过程液相末端产物的影响

图 3-53 为不同初始 pH 下磷酸盐浓度对液相末端产物主要成分的影响。在所有的测试中，主要的液相末端产物是乙醇、乙酸和丁酸，这个结果表明反应属于混合发酵类型。当初始 pH 为 6 时，光合发酵主要的液相末端产物是乙醇和丁酸。当磷酸盐浓度从 0 增加到 4mmol/L 时，丁酸浓度从 $(148.86\pm29.20)$mg/L 逐渐减小到 $(84.32\pm3.31)$mg/L，之后随着磷酸盐浓度的增加，浓度逐渐增大。对于乙醇，它的浓度范围为 $[(296.37\pm9.67)\sim(384.96\pm14.51)]$mg/L。当初始 pH 为 7 时，主要的液相末端产物是乙醇，接下来是丁酸，然后是乙酸。丁酸和乙酸的浓度都随着磷酸盐浓度从 0 增加到 4mmol/L 而减小，之后随着磷酸盐浓度的增加，浓度逐渐增大，乙醇的浓度从 $(476.93\pm22.81)$mg/L 到 $(635.66\pm21.66)$mg/L。当初始 pH 为 8 时，此时主要的液相末端产物是乙醇和丁酸，有少量的乙酸产生。磷酸盐浓度从 0 增加到 8mmol/L 时，丁酸和乙酸的变化趋势相似，乙醇的浓度从 $(430.24\pm6.55)$mg/L 到 $(564.21\pm59.41)$mg/L。

从图 3-54 上可以看出，在各初始 pH 条件下，所有磷酸盐浓度下的丁酸和乙酸的浓度都低于乙醇的浓度，这可能是因为光合细菌能利用玉米秸秆光发酵过程中累积的丁酸和乙酸产生氢气。Uyar 等[78] 报道了 *R.sphaeroides* O.U.001 能通过转化乙酸和丁酸产生氢气，乙酸和丁酸的转化效率分别是 33% 和 14%。Sagir 等[79] 也报道了在甜菜糖蜜光发酵过程结束时，*R.capsulatus* DSM1710 能完全消耗反应过程中累积的乙酸。事实上，比较高的氢气产率和比较低的乙酸和丁酸浓度有关，说明在这些试验中乙酸和丁酸的消耗反应是很活跃的。

### 3.4.1.8 磷酸盐浓度对光生化制氢过程能量转化效率分析

能量转化效率公式：

$$E=\frac{V_{H_2}\times Q_{H_2}}{Q_c\times m}\times100\%  \tag{3-2}$$

式中，$V_{H_2}$ 表示实验产生的氢气体积（mL）；$Q_{H_2}$ 表示氢气的热值，为 12.86J/mL；$Q_c$ 表示玉米秸秆的热值，为 $18.61\times10^3$J/g；$m$ 表示实验使用玉米秸秆的质量（g）；$E$ 表示能量转化效率（%）。

通过公式(3-2)和相关的数据，对玉米秸秆发酵制氢的能量转化效率进行了计算，结果如图 3-55 所示。在初始 pH 为 6、7 和 8 的条件下，当磷酸盐浓度逐渐增加时，能量转化效率先增加后减小，最高的能量转化效率都在磷酸盐浓度为 4mmol/L 时得到，分别是 $(4.14\pm0.02)$%、$(4.08\pm0.06)$% 和 $(3.87\pm0.04)$%。这一结果说明磷酸盐的加入提高了能量转化效

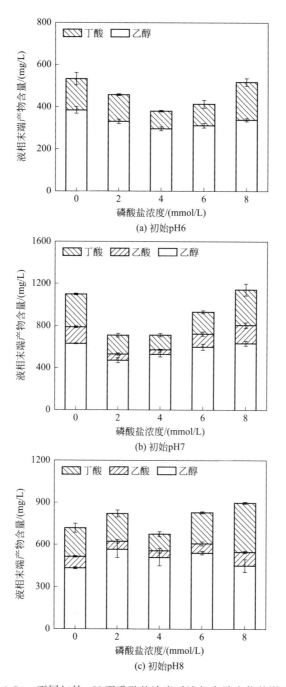

图 3-54  不同初始 pH 下磷酸盐浓度对液相末端产物的影响

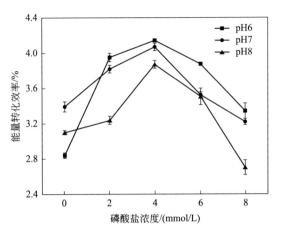

图 3-55　不同初始 pH 下磷酸盐浓度对能量转化效率的影响

率。除此之外，当初始 pH 为 6 和磷酸盐浓度为 4mmol/L 时，通过玉米秸秆光发酵得到最高的能量转化效率（4.14±0.02)%，低于 Zhang 等[80]利用三球悬铃木树叶进行光合发酵产氢得到的能量转化效率 5.1%，这可能是由底物和预处理方式的不同造成的。

### 3.4.2　碳酸盐添加物对光生化制氢的影响

#### 3.4.2.1　碳酸盐浓度对累积产氢量和产氢速率的影响

如图 3-56 所示，当初始 pH 为 6 时，碳酸盐浓度为 0～8mmol/L 的累积产氢量分别是（206.77±2.43)mL、(233.67±3.58)mL、(265.14±1.96)mL、(298.22±10.81)mL 和（280.92±5.60)mL。累积产氢量的增幅可以用产氢速率进行反映，当碳酸盐浓度为 0 时，产氢速率在 0～36h 逐渐增大，即产氢量的增幅随时间的延长而增大，并在 36h 达到最大产氢速率（7.17±0.11)mL/(g·h)；在 36～60h 产氢速率逐渐减小；之后在 60～96h 产氢速率逐渐趋近于零。而碳酸盐浓度为 2～8mmol/L 的产氢速率的变化情况与碳酸盐浓度为 0 的产氢速率有所不同。碳酸盐浓度为 2～8mmol/L 的产氢速率在 0～24h 逐渐增大，都在 24h 达到最大产氢速率，分别是（11.41±0.36)mL/(g·h)、(12.90±1.50)mL/(g·h)、(15.04±0.73)mL/(g·h)和（11.40±1.58)mL/(g·h)；在 24～60h 产氢速率逐渐减小；之后在 60～96h 产氢速率逐渐趋近于零。这个结果说明碳酸盐的加入改变了光合细菌产氢模式，使产氢提前，这可能是因为碳酸盐有一定的缓冲能力，使反应体系的生境适合光合细菌的生长代谢。类似的先快后慢的产氢模式也被 Liu 等[81]和 Yang 等[82]报道过。

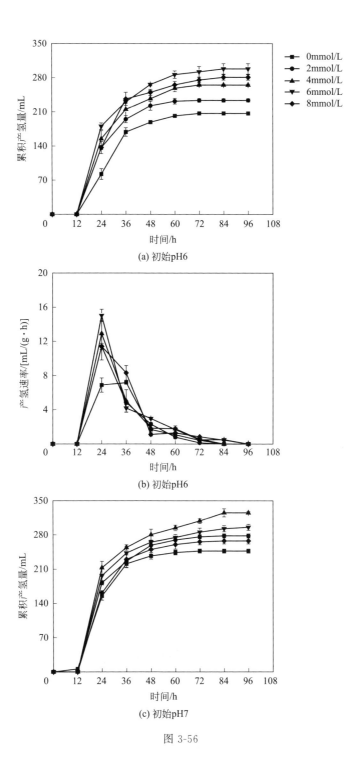

图 3-56

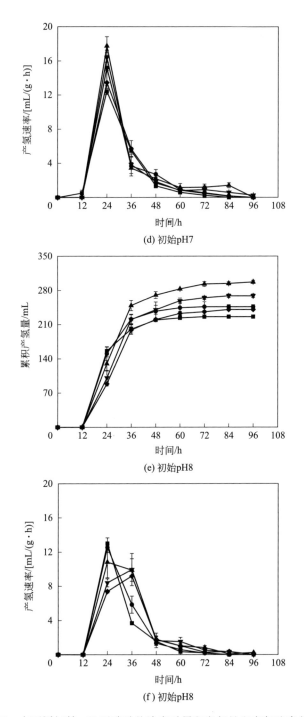

(d) 初始pH7

(e) 初始pH8

(f) 初始pH8

图 3-56　在不同初始 pH 下碳酸盐浓度对累积产氢量和产氢速率的影响

初始 pH 为 7 时，碳酸盐浓度为 0～8mmol/L 的累积产氢量分别是 (247.04±4.16)mL、(278.13±4.01)mL、(325.37±3.46)mL、(295.57±6.17)mL 和 (267.73±2.30)mL。碳酸盐浓度为 0～8mmol/L 的产氢速率在 0～24h 逐渐增大，都在 24h 达到最大产氢速率，分别是 (12.43±0.36)mL/(g·h)、(15.19±2.07)mL/(g·h)、(17.75±1.09)mL/(g·h)、(16.40±0.57)mL/(g·h) 和 (13.46±1.41)mL/(g·h)；在 24～60h 产氢速率逐渐减小；之后在 60～96h 产氢速率逐渐趋近于零。说明光合细菌的产氢模式并没有随着碳酸盐的加入而发生改变。

当初始 pH 为 8 时，碳酸盐浓度为 0～8mmol/L 的累积产氢量分别是 (225.91±1.75)mL、(235.87±3.22)mL、(282.00±3.26)mL、(255.22±6.90)mL 和 (196.76±5.95)mL。碳酸盐浓度为 0～4mmol/L 的产氢速率在 0～24h 逐渐增大，都在 24h 达到最大产氢速率，分别是 (13.00±0.66)mL/(g·h)、(12.55±0.59)mL/(g·h) 和 (10.83±1.85)mL/(g·h)；在 24～60h 产氢速率逐渐减小；之后在 60～96h 产氢速率逐渐趋近于零。而碳酸盐浓度为 6～8mmol/L 的产氢速率在 0～36h 呈逐渐增大的趋势，都在 36h 达到最大产氢速率，分别是 (9.96±1.89)mL/(g·h) 和 (9.19±0.09)mL/(g·h)；在 36～60h 产氢速率逐渐减小；之后在 60～96h 产氢速率逐渐趋近于零。以上的结果说明过量碳酸盐的加入改变了光合细菌产氢模式，使产氢有所延迟，这可能是因为过量的碳酸盐会使反应体系的 pH 偏高，对光合细菌生长代谢有所抑制。

### 3.4.2.2 碳酸盐浓度对氢气产率的影响

在不同初始 pH 下，碳酸盐浓度对光合细菌氢气产率的影响如图 3-57 所示。当初始 pH 为 6 时，碳酸盐浓度为 0～8mmol/L 的氢气产率分别是 (43.23±0.67)mL/g、(48.86±0.75)mL/g、(55.44±0.41)mL/g、(62.36±2.26)mL/g 和 (58.74±1.17)mL/g（以总固体计，下同）。碳酸盐浓度为 2～8mmol/L 的氢气产率分别比对照组显著提高了 13.02%、28.24%、44.25% 和 35.88%（$P<0.05$）。不同碳酸盐浓度之间的氢气产率也呈显著性差异（$P<0.05$），在碳酸盐浓度为 6mmol/L 的时候得到最大的氢气产率，是 (62.36±2.26)mL/g，分别比碳酸盐浓度为 0、2mmol/L、4mmol/L 和 8mmol/L 的氢气产率显著提高了 44.25%、27.63%、12.48% 和 6.16%（$P<0.05$）。

当初始 pH 为 7 时，碳酸盐浓度为 0～8mmol/L 的氢气产率分别是 (51.66±0.87)mL/g、(57.30±0.84)mL/g、(67.20±0.72)mL/g、(61.80±1.29)mL/g 和 (56.01±1.28)mL/g（TS）。碳酸盐浓度为 2～8mmol/L 的

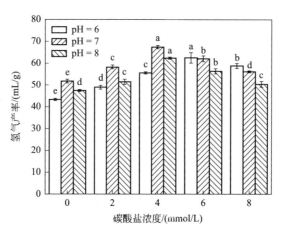

图 3-57 不同初始 pH 下碳酸盐浓度对氢气产率的影响

柱形图上的不同小写字母表示不同处理间差异显著（$P<0.05$）

氢气产率分别比对照组显著提高了 10.92％、30.08％、19.62％和 8.42％（$P<0.05$），不同碳酸盐浓度之间的氢气产率也呈显著性差异（$P<0.05$），并且在碳酸盐浓度为 4mmol/L 时得到最大的氢气产率，是（67.20±0.72）mL/g（TS），分别比碳酸盐浓度为 0、2mmol/L、6mmol/L 和 8mmol/L 的氢气产率显著提高了 30.08％、17.28％、8.74％和 19.98％（$P<0.05$）。

当初始 pH 为 8 时，碳酸盐浓度为 0～8mmol/L 的氢气产率分别是（47.24±0.37）mL/g、（51.48±1.14）mL/g、（62.15±0.49）mL/g、（56.24±1.19）mL/g 和（50.29±1.38）mL/g（TS）。碳酸盐浓度为 2～8mmol/L 的氢气产率分别比对照组显著提高了 8.98％、31.56％、19.05％和 6.45％（$P<0.05$）。碳酸盐浓度为 2mmol/L 的氢气产率和 6mmol/L 的氢气产率之间无显著性差异（$P>0.05$），其余浓度之间的氢气产率均呈显著性差异（$P<0.05$）。在碳酸盐浓度为 4mmol/L 时得到最大的氢气产率，是（62.15±0.49）mL/g（TS），分别比碳酸盐浓度为 0、2mmol/L、6mmol/L 和 8mmol/L 的氢气产率显著提高了 31.56％、20.73％、10.51％和 23.58％（$P<0.05$）。

在初始 pH 为 6、7 和 8 的情况下都发现如下的规律：当碳酸盐浓度逐渐增加时，光合细菌的氢气产率先增加后减小。初始 pH 为 6 的条件下，当碳酸盐浓度从 0 增加到 6mmol/L 时，氢气产率从（43.23±0.67）mL/g（TS）增加到（62.36±2.26）mL/g（TS）；然后当碳酸盐浓度从 6mmol/L 增加到 8mmol/L 时，氢气产率从（62.36±2.26）mL/g（TS）减小到（58.74±1.17）mL/g（TS）。王家卓等[70]在研究碳酸盐（NaHCO₃）对厌氧发酵生物产氢的影响时，也观察到类似的现象，当碳酸盐浓度从 0 增加到 4g/L 时，氢气产率从 0.44mol/mol（H₂/葡萄糖）增加到 1.68mol/mol（H₂/葡萄糖），之后随着碳酸盐浓度的进一步增加氢气产率开始下降。这种现象说明光合细菌产氢受碳酸盐浓度的影响很大，这可能是因为适宜浓度的碳酸盐可以为反应系统提供一个相对稳定的 pH，有利于光合产氢细菌的生长以及提高酶的活性，有效促进光合细菌产氢，而过量的碳酸盐则会极大地抑制光合细菌的生长，降低光合细菌氢气产率。

总的来说，在初始 pH 为 6、7 和 8 的情况下，最大氢气产率分别在碳酸盐浓度 6mmol/L、4mmol/L 和 4mmol/L 时得到，分别为 (62.36 ± 2.26)mL/g、(67.20 ± 0.72)mL/g 和 (62.15 ± 0.49)mL/g，分别比对照组显著提高了 44.25%、30.08% 和 31.56%（$P < 0.05$）。

### 3.4.2.3　碳酸盐浓度对氢气含量的影响

从图 3-58 可以看出，在初始 pH 为 6、7 和 8 的条件下，当碳酸盐浓度逐渐增加的时候，氢气含量先增加后减小。当初始 pH 为 6 时，最高的氢气含量出现在碳酸盐浓度为 6mmol/L 时，为 (43.72 ± 0.89)%，比对照组提高了 14.59%。当初始 pH 为 7 时，最高的氢气含量出现在碳酸盐浓度为 4mmol/L 时，是 (43.24 ± 0.37)%，比对照组提高了 9.62%。当初始 pH 为 8 时，最高的氢气含量出现在碳酸盐浓度为 4mmol/L 时，是 (43.11 ± 1.08)%，比对照组提高了 12.98%。以上现象说明在反应体系中添加适宜浓度的碳酸盐能够极大地提高反应体系的氢气含量。

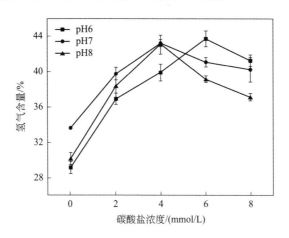

图 3-58　不同初始 pH 下碳酸盐浓度对氢气含量的影响

### 3.4.2.4　碳酸盐浓度对反应体系终 pH 的影响

从图 3-59 可以看出，在初始 pH 为 6、7 和 8 的条件下，碳酸盐浓度为

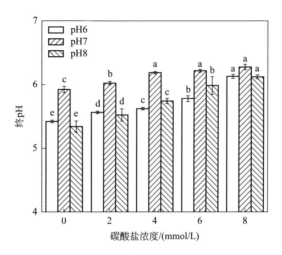

图 3-59　不同初始 pH 下碳酸盐浓度对反应体系终 pH 的影响

柱形图上的不同小写字母表示不同处理间差异显著（$P<0.05$）

2～8mmol/L 的终 pH 始终大于对照组，并且与对照组相比均呈显著性差异（$P<0.05$），说明碳酸盐的添加能有效缓冲反应体系的 pH。此外在初始 pH 为 6、7 和 8 的条件下，随着碳酸盐浓度的逐渐增加，终 pH 逐渐升高，终 pH 分别保持在 （5.42±0.08）～（6.12±0.03）、（5.92±0.05）～（6.27±0.04）和（5.34±0.08）～（6.12±0.04），这个现象的出现是碳酸盐的缓冲调节作用所致。因为 $NaHCO_3$ 在反应液中形成 $CO_2$-$HCO_3^-$ 共轭对，增强了对光发酵产氢体系的抗酸碱冲击性，降低了反应体系 pH 下降的速度，一定程度上缓解了反应体系的酸化。王家卓等[58]在研究缓冲体系对厌氧发酵生物产氢的影响时，观察到产氢结束时培养液的 pH 随着碳酸盐（$NaHCO_3$）浓度的增大而升高。马晶伟[83]通过在进水中投加碳酸盐（$NaHCO_3$）来缓解因产生挥发性脂肪酸而导致的 pH 下降，从而加强系统运行的稳定性。Abdulkarim 等[84]在研究 $NaHCO_3$ 和废弃物类型对固体高温厌氧消化的影响时，发现通常添加 $NaHCO_3$ 的系统能显示出更高的 pH 稳定性。

上述结果表明，碳酸盐可以在一定范围内缓冲反应体系的 pH，缓和反应体系的酸化，增强反应体系的稳定性。因此可以在反应体系中添加适宜浓度的碳酸盐来维持光合细菌的生长、繁殖和代谢所需的生境，来保持高浓度的光合细菌以及提高酶活性。

### 3.4.2.5　碳酸盐浓度对反应体系 ORP 值的影响

氧化还原电位（ORP）值是反应介质的一个重要指标[85]。近年来，在优化和放大发酵工艺时，ORP 值已经成为一个重要的表征参数。如刘黎阳

等[86]通过控制氧化还原电位来进行乙醇发酵，Yin 等[87]发现 ORP 值在
−100～−200mV 时，厌氧污泥发酵食物废弃物能得到最大挥发性脂肪酸
（VFA）量。

如图 3-60 所示，当初始 pH 为 6 和 7 时，碳酸盐浓度为 0～8mmol/L
的 ORP 值变化情况类似。反应开始时，碳酸盐浓度为 0～8mmol/L 的初始
ORP 值较高；在 0～12h，ORP 值快速降低，在 12～60h，ORP 值开始迅
速上升，之后 ORP 值缓慢上升并趋于稳定。当初始 pH 为 8 时，对照组的
ORP 值在 0～12h 迅速下降，在 12～60h，ORP 值开始迅速上升，之后
ORP 值缓慢上升并趋于稳定；而碳酸盐浓度为 2～8mmol/L 的 ORP 值在
0～24h 不断下降，在 24～60h 开始迅速上升，之后 ORP 值缓慢上升并趋于
稳定，这可能是因为在碱性条件下，碳酸盐对光合细菌有抑制作用，延迟了
光合细菌对累积还原力的利用。在发酵过程中 ORP 值始终处于较低的值，
是因为一方面在产氢过程中，较低 ORP 值有利于产氢细菌的生长发育以及

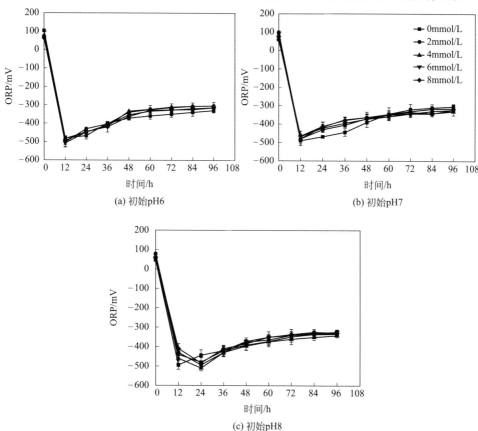

(a) 初始pH6　　　　　　　　　　　　　　(b) 初始pH7

(c) 初始pH8

图 3-60　不同初始 pH 下碳酸盐浓度对 ORP 值的影响

代谢[88]，另一方面生物产氢与氢酶和 NAD$^+$/NADH 的活性有关，而氢酶和 NAD$^+$/NADH 在较低的 ORP 值下活性较高[89]。

### 3.4.2.6 碳酸盐浓度对光生化制氢的动力学分析

累积产氢量和产氢速率的动力学模拟曲线见图 3-61。碳酸盐浓度在不

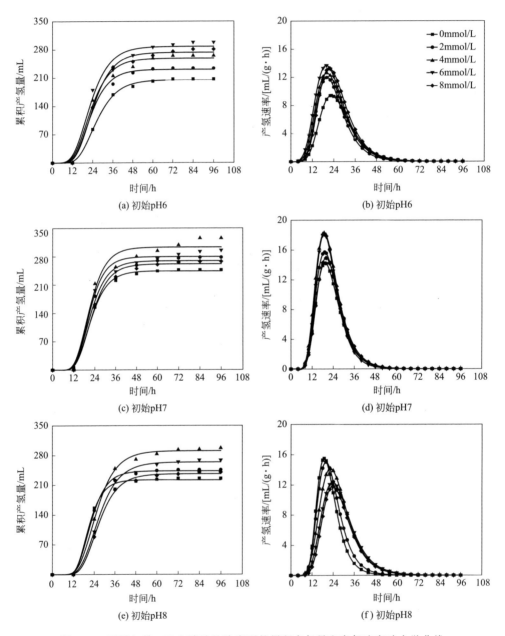

图 3-61 不同初始 pH 和碳酸盐浓度下的累积产氢量和产氢速率动力学曲线

同初始 pH 条件下对动力学参数的影响如表 3-12 所示。初始 pH 为 6，$R^2$ 都在 0.9862 以上，说明 Gompertz 模型拟合效果很好。碳酸盐浓度逐渐增加，产氢潜能和最大产氢速率先增大后减小，而产氢延迟期则是先缩短后延长。当碳酸盐浓度为 6mmol/L 时，产氢量和最大产氢速率最大，分别是 287.89mL 和 13.71mL/(g·h)，而产氢延迟期最短，是 12.06h，比对照组缩短了 2.52h。当碳酸盐浓度为 0~8mmol/L 时，得到最大产氢速率对应的时间分别是 22.62h、20.16h、20.10h、19.78h 和 21.49h；发酵分别进行到 46.51h、41.23h、42.49h、42.73h 和 43.95h 后产氢基本结束。

表 3-12　不同初始 pH 和碳酸盐浓度下的动力学参数

| 初始 pH | 碳酸盐浓度 /(mmol/L) | $P_m$ /mL | $R_m$ /[mL/(g·h)] | $\lambda$/h | $t_{max}$/h | $t_{95}$/h | $R^2$ |
|---|---|---|---|---|---|---|---|
| | 0 | 205.52 | 9.40 | 14.58 | 22.62 | 46.51 | 0.9989 |
| | 2 | 230.81 | 11.97 | 13.07 | 20.16 | 41.23 | 0.9957 |
| 6 | 4 | 258.61 | 12.62 | 12.56 | 20.10 | 42.49 | 0.9912 |
| | 6 | 287.89 | 13.71 | 12.06 | 19.78 | 42.73 | 0.9862 |
| | 8 | 273.13 | 13.29 | 13.93 | 21.49 | 43.95 | 0.9941 |
| | 0 | 244.22 | 14.25 | 13.01 | 19.31 | 38.04 | 0.9986 |
| | 2 | 269.46 | 15.72 | 12.78 | 19.09 | 37.82 | 0.9892 |
| 7 | 4 | 303.19 | 18.29 | 12.67 | 18.77 | 36.88 | 0.9791 |
| | 6 | 279.70 | 18.17 | 13.11 | 18.77 | 35.60 | 0.9883 |
| | 8 | 261.84 | 14.92 | 13.37 | 19.83 | 39.00 | 0.9961 |
| | 0 | 223.23 | 15.50 | 13.61 | 18.88 | 34.55 | 0.9964 |
| | 2 | 243.59 | 15.02 | 13.92 | 19.89 | 37.61 | 0.9986 |
| 8 | 4 | 290.74 | 14.14 | 14.88 | 22.44 | 44.91 | 0.9981 |
| | 6 | 264.31 | 12.36 | 15.79 | 23.66 | 47.02 | 0.9976 |
| | 8 | 236.78 | 11.80 | 16.44 | 23.82 | 45.74 | 0.9987 |

在初始 pH 为 7 的条件下，可以看出 $R^2$ 都在 0.9791 以上，说明 Gompertz 模型拟合效果很好。当碳酸盐浓度逐渐增加时，产氢量和最大产氢速率先增大后减小，而产氢延迟期则是先缩短后延长。当碳酸盐浓度为 4mmol/L 时，产氢量和最大产氢速率最大，分别达到 303.19mL 和 18.29mL/(g·h)。而产氢延迟期最短，是 12.67h，比对照组缩短了 0.34h。当碳酸盐浓度为 0~8mmol/L 时，得到最大产氢速率对应的时间分别是 19.31h、19.09h、18.77h、18.77h 和 19.83h；发酵分别进行到 38.04h、37.82h、36.88h、

35.60h 和 39.00h 后产氢基本结束。在初始 pH 为 8 的条件下，可以看出 $R^2$ 都在 0.9964 以上，说明 Gompertz 模型拟合效果很好。当碳酸盐浓度逐渐增加的时候，产氢量先增大后减小，而最大产氢速率一直减小，产氢延迟期则是一直延长。当碳酸盐浓度为 4mmol/L 时，产氢量最大，是 290.74mL。当碳酸盐浓度从 0 增加到 8mmol/L 时，最大产氢速率从 15.50mL/(g·h) 逐渐减小到 11.80mL/(g·h)，而产氢延迟期则从 13.61h 逐渐增大到 16.44h，此时的产氢延迟期最长，比对照组延迟了 2.83h，这可能是因为初始 pH 过高以及碳酸盐浓度过大对光合细菌产氢产生一定的抑制作用，使产氢延迟。碳酸盐浓度为 0～8mmol/L 时，得到最大产氢速率对应的时间分别是 18.88h、19.89h、22.44h、23.66h 和 23.82h；发酵分别进行到 34.55h、37.61h、44.91h、47.02h 和 45.74h 后产氢基本结束。

### 3.4.2.7　碳酸盐浓度对光生化制氢的液相末端产物的影响

图 3-62 为不同初始 pH 下碳酸盐浓度对液相末端代谢产物主要成分的影响。主要的液相末端代谢产物是乙醇、乙酸和丁酸，这个结果表明反应属

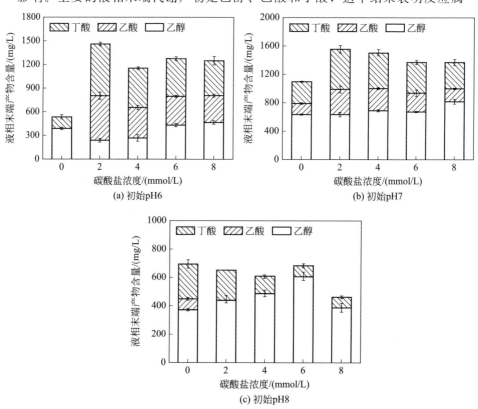

图 3-62　不同初始 pH 下碳酸盐浓度对液相末端产物的影响

于混合发酵类型。

从图中可以看出，当初始 pH 为 6 时，未添加碳酸盐时的主要代谢产物是乙醇和丁酸，而添加碳酸盐的主要代谢产物是丁酸、乙酸和乙醇，说明碳酸盐的添加改变了光合细菌的发酵代谢产物。当碳酸盐浓度从 2mmol/L 增加到 8mmol/L 的时候，丁酸和乙酸呈下降的趋势，在碳酸盐浓度为 8mmol/L 的时候，乙酸和丁酸的含量最小，分别为（337.59±16.42）mg/L 和（441.61±53.43）mg/L。当初始 pH 为 7 时，主要的代谢产物是乙醇，接下来是丁酸和乙酸，碳酸盐的加入并没有引起乙醇、丁酸和乙酸含量的剧烈变化。当碳酸盐浓度从 0 增加到 8mmol/L 的时候，丁酸和乙酸呈下降的趋势，在碳酸盐浓度为 8mmol/L 时，乙酸和丁酸的含量最小，分别为（185.56±7.42）mg/L 和（368.81±42.44）mg/L。当初始 pH 为 8 时，未添加碳酸盐的主要代谢产物是乙醇、丁酸和乙酸，而添加碳酸盐的代谢产物是乙醇和少量的丁酸，说明碳酸盐的添加改变了光合细菌的发酵代谢产物。当碳酸盐浓度从 2mmol/L 增加到 8mmol/L 时，丁酸呈下降的趋势，在碳酸盐浓度为 8mmol/L 时，此时丁酸的含量最小，为（68.98±4.45）mg/L。

### 3.4.2.8 碳酸盐浓度对光生化制氢的能量转化效率分析

对玉米秸秆发酵制氢的能量转化效率进行了计算，如图 3-63 所示，在初始 pH 为 6、7 和 8 的条件下，当碳酸盐浓度逐渐增加时，能量转化效率先增加后减小。在初始 pH 为 6、7 和 8 的条件下，最高的能量转化效率分别在碳酸盐浓度为 6mmol/L、4mmol/L 和 4mmol/L 时得到，分别是（4.09±0.15）%、（4.41±0.05）% 和（4.09±0.03）%。这些结果都说明碳酸盐的加入提高了能量转化效率。当初始 pH 为 7 和碳酸盐浓度为 4mmol/L 时，通

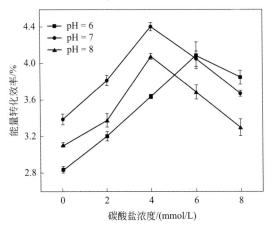

图 3-63　碳酸盐浓度对能量转化效率的影响

过玉米秸秆光发酵得到最高的能量转化效率（4.41±0.05)%，这个结果低于 Su 等人的研究，他们以葡萄糖（40g/L）为底物，*Rhodopseudomonas palustris* 为接种细菌进行光合发酵产氢，得到的能量转化效率为 5.5%[90]，这可能是由底物和菌种以及反应条件的不同造成的。

# 3.5 氨基酸类添加物对光生化制氢过程的影响

氨基酸是构成细菌营养所需蛋白质的基本物质[91]。研究发现氨基酸可以通过耦合的氧化-还原反应被降解以产生氢，这些反应称为斯提柯兰氏反应，它为细胞内的相关反应提供了一定的能量[92]。一些中间体在还原反应中充当电子受体[93]。在斯提柯兰氏反应中，一个氨基酸作为电子供体，而另一个氨基酸作为电子受体[94-95]。然而，某些氨基酸，如亮氨酸，既能作为电子受体又能作为供体。斯提柯兰氏反应是最简单的氨基酸发酵反应，它可以为发酵细菌细胞提供所需的能量[96]。为了提高生物制氢的产量，人们采用了几种方法，如底物预处理、中温厌氧消化和嗜热厌氧消化等，除此之外，优化发酵条件也非常重要[97-98]。微生物在厌氧消化池中对培养条件很敏感[99]，培养基中的营养物质对微生物生长至关重要。氮是发酵过程的重要限制因子，在发酵过程中，氨基酸充当可同化氮源的角色，不仅细胞内各物质的代谢需要其参与，而且还可以将细胞内的渗透压调节至细胞所适应的范围，同时消除发酵反应产生乙醇带来的毒性[100-102]。在厌氧消化中，氮主要以尿素、蛋白质和氨基酸的形式加入，各种微生物通过嘌呤、嘧啶碱和细胞外蛋白酶对蛋白质降解得到的氨基酸进行发酵[103]。一些氨基酸可以用作唯一的氮源或碳源，吴轩浩等人研究发现，没有氮的培养基表现出低产氢量和低培养基利用率[104]。许多先前的研究已经表明，底物中适当的蛋白质含量可以提高氢的产生[105-107]。陈火晴等[108]研究了分批培养 L-半胱氨酸浓度对肠杆菌细菌 M580 产氢的影响，实验结果表明，L-半胱氨酸浓度小于 500mg/L 能增强细胞的生长，提高产氢速率和产氢量，但浓度高于 500mg/L 会有负面影响。曲媛媛等[109]利用连续流暗发酵生物制氢的方式，研究了 L-半胱氨酸对暗发酵生物制氢的影响，研究表明 L-半胱氨酸能够降低整个制氢系统的氧化还原电位，从而形成有利于暗发酵细菌生长代谢的环境，最终提高产氢系统的氢气产量。虽然光合生物制氢已经取得了十分重大的突破，但对于如何提高光合生物的产氢能力，国内外许多专家学者仍在不断地进行研究。

许多研究发现，光照强度、酸碱度、温度、接种量等因素对光合生物制氢均有重要的影响，但氨基酸作为重要的可同化氮源对光合生物制氢的影响却鲜有报道，同时研究发现蛋白质水解的氨基酸不易被产氢细菌利用。因此，以玉米秸秆为产氢原料，HAU-M1光合菌群为产氢细菌，研究分别添加不同浓度的L-半胱氨酸、L-丙氨酸、L-亮氨酸、L-丝氨酸、L-苏氨酸五种氨基酸对光合生物制氢的影响，以获得最佳的产氢条件，为优化光合生物制氢工艺提供科学参考和依据。

### 3.5.1 氨基酸类添加物对产氢量的影响

取容积为150mL的锥形瓶，每个锥形瓶中加入5g玉米秸秆、一定比例的产氢培养基即100mL柠檬酸-柠檬酸钠缓冲液和0.75g纤维素酶（酶负荷150mg/g），适当摇晃使其充分溶解，温度为30℃，光照度为3000lx，pH为7。

不同氨基酸浓度对光生化制氢过程中比产氢量的影响如图3-64所示，光生化制氢过程基本保持96h为一个周期，虽然添加的氨基酸不同，但光生化制氢过程中的比产氢量变化趋势基本一致。在0～12h区间时，此时处于光生化制氢初期，光合细菌需要适应反应液中的环境，比产氢量增加十分缓慢，且在12h时比产氢量基本都保持在10mL以下；在12～60h区间时，光生化制氢过程进入产氢高峰期，光合细菌逐渐适应了发酵环境，利用玉米秸秆酶解得到的小分子酸产出大量的氢气，比产氢量快速增加；在60～96h区间时，大量光合细菌开始衰亡，并且玉米秸秆酶解得到的小分子酸也被利用完毕，光合细菌逐渐停止产氢，光生化制氢过程进入末期，比产氢量基本维持不变。

添加不同浓度的L-半胱氨酸对光生化制氢过程中的比产氢量有较大的影响。总体来说，随着添加L-半胱氨酸浓度的增加，比产氢量呈现出先增大后减小的趋势。在没有添加任何氨基酸时，光生化制氢过程中的比产氢量为37.4mL/g，L-半胱氨酸的浓度为0.3g/L、0.6g/L、0.9g/L时，光生化制氢过程中的比产氢量均高于对照组，当L-半胱氨酸浓度为0.6g/L时，光生化制氢达到最大的比产氢量54.4mL/g，比对照组提高了45.45%，但当L-半胱氨酸浓度为1.2g/L时，比产氢量低于对照组为32.4mL/g。由此看来，在光生化制氢过程中添加一定浓度的L-半胱氨酸可以增加比产氢量，提高光合细菌的产氢能力。原因可能是L-半胱氨酸是铁氧还原蛋白的组成成分，分子氢的产生需要氢化酶的参与，而氢化酶中的电子载体就是铁氧还原蛋白，当添加适量的L-半胱氨酸时，营造了适合光生化制氢的环境，并且

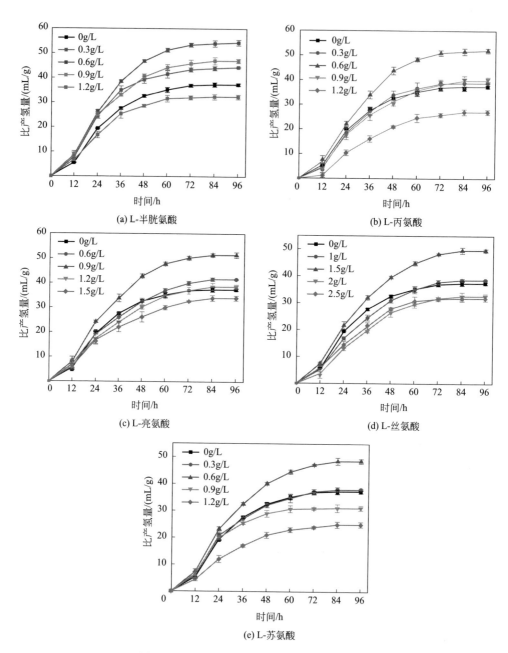

图 3-64　不同氨基酸浓度对比产氢量的影响

提高了光合细菌的产氢活性，从而提高了比产氢量。所以对于 HAU-M1 光合细菌产氢，最适的 L-半胱氨酸浓度为 0.6g/L，此时的比产氢量为（54.4±0.75）mL/g[110]。

不同浓度的 L-丙氨酸对光生化制氢有一定的影响。当 L-丙氨酸的浓度为

0、0.3g/L、0.6g/L、0.9g/L、1.2g/L 时，比产氢量分别为（37.4±0.32）
mL/g、(38.8±0.64)mL/g、(52±0.61)mL/g、(39.8±0.56)mL/g、(27±
0.65)mL/g。随着 L-丙氨酸浓度的增加，比产氢量呈现出先增加后减小的趋
势，当添加 L-丙氨酸的浓度为 0.6g/L 时，光生化制氢过程中的比产氢量达
到最大值，此时比产氢量比对照组提高了 39.04%。当添加 L-亮氨酸的浓度
为 0.6g/L、0.9g/L、1.2g/L、1.5g/L 时，比产氢量分别是（41.6±0.54）
mL/g、(51.4±0.65)mL/g、(38.6±0.56)mL/g、(34±0.65)mL/g，可以
看出添加 0.9g/L 的 L-亮氨酸为光生化制氢过程中的最佳浓度，比对照组提
高了 37.43%。当 L-丝氨酸的浓度为 1g/L、1.5g/L、2g/L、2.5g/L 时，光
生化制氢过程中的比产氢量分别为（38.6±0.44)mL/g、(49.6±0.39)mL/
g、(32.6±0.56)mL/g、(31.8±0.64)mL/g；当 L-苏氨酸浓度为 0.3g/L、
0.6g/L、0.9g/L、1.2g/L 时，比产氢量分别为（38±0.35)mL/g、(48.6±0.55)
mL/g、(31.2±0.56)mL/g、(25±0.65)mL/g。当添加 L-丝氨酸或 L-苏氨
酸的浓度分别为 1.5g/L、0.6g/L 时，对光生化制氢过程的促进效果最好，
分别比对照组提高了 32.62% 和 29.95%。

　　总体看来，适宜浓度的 L-半胱氨酸、L-丙氨酸、L-亮氨酸、L-丝氨酸、
L-苏氨酸下，光生化制氢过程中的比产氢量均有不同程度的提高。这是由于
在光生化制氢过程中，氨基酸可以通过耦合的氧化还原反应被降解以产生氢
气，同时氨基酸也可以作为氮源，改善光合细菌的生长以及生物活性。不同
的氨基酸由于其分子结构有所区别，对光生化制氢过程中比产氢量的影响也
会有一定的差别，可以看出，L-半胱氨酸对光生化制氢的促进效果最好。但
是，当添加的氨基酸超过一定浓度时，对光生化制氢过程均会产生抑制
作用[111]。

### 3.5.2　氨基酸类添加物对产氢速率的影响

　　不同氨基酸浓度对产氢速率的影响如图 3-65 所示。添加不同浓度的氨
基酸对产氢速率有一定的影响，并且产氢速率的变化趋势基本一致，在 0～
24h 阶段，产氢速率快速增加，并在 24h 达到峰值，可以得到在 24h 左右为
光生化制氢过程中的产氢高峰期，此时的产氢速率最快，产出的氢气量也最
多；在 24～96h 阶段，产氢速率逐渐降低，在 72h 以后，产氢速率降至
10mL/(h·L) 以下，光合细菌基本停止产氢，并在 96h 完全停止产氢，说
明氨基酸的添加并没有改变光合细菌的产氢模式，只是对光合细菌的产氢能
力产生了影响。

　　在整个光生化制氢阶段，添加 L-半胱氨酸浓度为 0.3g/L、0.6g/L、

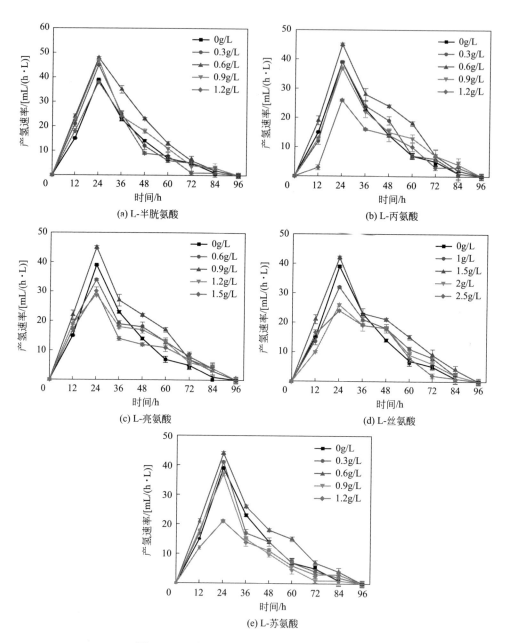

图 3-65 不同氨基酸浓度对产氢速率的影响

0.9g/L 的产氢速率几乎均高于对照组，因此产氢量也有一定的提高[112]。在 24h 时，产氢速率达到最大值，当 L-半胱氨酸的浓度为 0、0.3g/L、0.6g/L、0.9g/L、1.2g/L 时，产氢速率分别为（39±0.13）mL/(h·L)、（45±0.21）mL/(h·L)、（48±0.23）mL/(h·L)、（47±0.17）mL/(h·L)、

（38±0.25）mL/（h·L）。其中，当 L-半胱氨酸浓度为 0.6g/L 时，产氢速率达到最大值。在光合生物制氢 24h 时，L-丙氨酸浓度为 0.3g/L、0.6g/L、0.9g/L、1.2g/L 的产氢速率最大值分别是（39±0.23）mL/（h·L）、（45±0.33）mL/（h·L）、（37±0.23）mL/（h·L）、（26±0.25）mL/（h·L）。添加 L-亮氨酸的浓度为 0.6g/L、0.9g/L、1.2g/L、1.5g/L 时，产氢速率在 24h 的最大值分别是（34±0.21）mL/（h·L）、（45±0.32）mL/（h·L）、（29±0.26）mL/（h·L）、（30±0.35）mL/（h·L）。添加 L-丝氨酸浓度为 1g/L、1.5g/L、2g/L、2.5g/L 的最大产氢速率分别为（32±0.23）mL/（h·L）、（42±0.35）mL/（h·L）、（26±0.31）mL/（h·L）、（24±0.28）mL/（h·L）。添加 L-亮氨酸和 L-丝氨酸时，除产氢速率最大对应的浓度外，其他浓度的产氢速率最大值均低于对照组。当添加 L-苏氨酸的浓度是 0.3g/L、0.6g/L、0.9g/L、1.2g/L 时，产氢速率分别为（41±0.21）mL/（h·L）、（45±0.32）mL/（h·L）、（37±0.43）mL/（h·L）、（21±0.35）mL/（h·L）。当 L-苏氨酸浓度为 1.2g/L 时，其产氢速率明显低于其他四组[113-114]。

产氢速率反映了产氢量的增长幅度，产氢速率越大，产氢量的增长速度越快。总体看来，氨基酸类添加物对光合生物制氢的产氢速率有一定的影响，适宜浓度的氨基酸可以提高其产氢速率，但添加氨基酸的浓度过大或过小都可能使产氢速率降低。

### 3.5.3 氨基酸类添加物对光生化制氢液相末端产物的影响

光合生物制氢过程中随着玉米秸秆的降解会产生挥发性脂肪酸，不同氨基酸浓度对光生化制氢过程液相末端代谢产物的影响如图 3-66 所示[115-116]。光生化制氢过程中的液相末端产物主要有乙酸、丙酸、丁酸，并且乙酸和丁酸的含量明显高于丙酸，在未添加任何氨基酸时，乙酸、丙酸、丁酸的含量分别是（0.97±0.03）g/L、（0.48±0.04）g/L、（1.08±0.04）g/L。

随着 L-半胱氨酸浓度的增大，乙酸、丙酸、丁酸的含量均在不同程度上出现先增加后减少的趋势，其中乙酸变化最大，当添加 L-半胱氨酸浓度为 0.6g/L 时，发酵液产生的乙酸含量最大，为（1.93±0.02）g/L，然而，丙酸和丁酸含量的增加并不明显，与对照组差别不大。乙酸、丙酸、丁酸的含量随着 L-丙氨酸浓度的增大先增加再减小，不同 L-丙氨酸的浓度使丙酸和丁酸的变化不明显，但对乙酸影响较大，在 L-丙氨酸浓度为 0.6g/L 时，乙酸含量达到最大值为（1.68±0.02）g/L。当添加的氨基酸为 L-亮氨酸时，乙酸的含量随添加 L-亮氨酸的浓度先增加再减小，当 L-亮氨酸浓度为

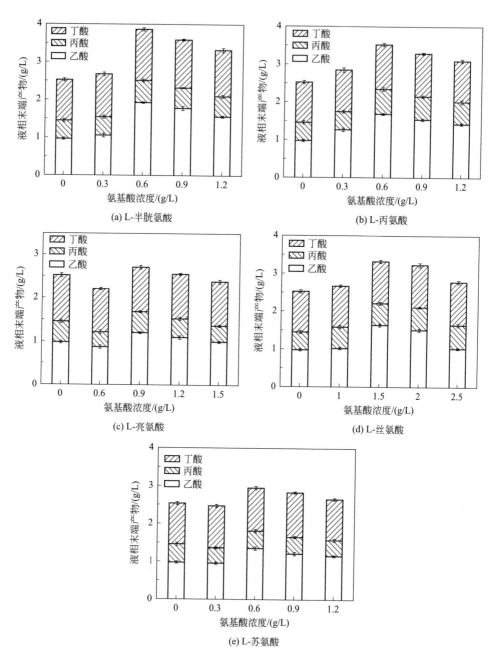

图 3-66　不同氨基酸浓度对液相末端产物的影响

0.9g/L 时，发酵液中乙酸含量最高，为 (1.63±0.04)g/L。L-丝氨酸和 L-苏氨酸较其他三种氨基酸对代谢产物乙酸、丙酸、丁酸的影响并不明显，乙酸、丙酸、丁酸的含量分别随着 L-丝氨酸和 L-苏氨酸的浓度先增大后减小，在 L-丝氨酸浓度为 1.5g/L 时，发酵液中乙酸、丙酸、丁酸的含量最大，分别是 (1.2±0.02)g/L、(0.48±0.02)g/L、(1.04±0.04)g/L；当添加 L-苏氨酸的浓度为 0.6g/L 时，乙酸、丙酸的含量最大，分别是 (1.34±0.04)g/L、(0.46±0.04)g/L，丙酸含量最大值在 L-苏氨酸浓度为 0.9g/L 时，为 (1.18±0.02)g/L。

综上所述，五种氨基酸对光生化制氢过程中液相末端产物具有不同程度的影响，其中 L-半胱氨酸、L-丙氨酸、L-亮氨酸较 L-丝氨酸和 L-苏氨酸对挥发性脂肪酸有更加明显的影响。

### 3.5.4 氨基酸类添加物对光生化制氢能量转化效率的影响

对各组能量转化效率进行计算，得出氨基酸类添加物对光合生物制氢能量转化效率的影响[117-118]。图 3-67 中，横坐标 1~5 分别表示五种氨基酸从小到大的添加浓度。能量转化效率随添加氨基酸浓度的增大而先增大后减小，当 L-半胱氨酸、L-丙氨酸、L-苏氨酸浓度为 0.6g/L，L-亮氨酸为 0.9g/L，L-丝氨酸为 1.5g/L 时，添加各氨基酸产氢实验的能量转化效率均达到最大值，分别为 (3.76±0.04)%、(3.59±0.04)%、(3.55±0.05)%、(3.43±0.03)%、(3.36±0.07)%，其中添加 L-半胱氨酸在大部分浓度下能量转化效率都高于其他四种氨基酸。当添加氨基酸的浓度过大时，能量转化效率会急剧降低，均低于未添加氨基酸时的能量转化效率。总体看来，光生化制氢过程中，适宜浓度氨基酸的加入可以增大能量转换效率，但当添加氨基酸浓度过高时，反而会降低其能量转化效率。

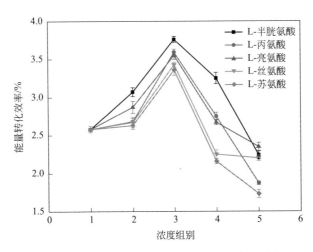

图 3-67　不同氨基酸浓度对能量转化效率的影响

## 参 考 文 献

[1] 张立宏，周俊虎，陈明，等 . 活性污泥分离混合菌的光合产氢特性分析［J］. 太阳能学报，2008，29（2）：145-151.

[2] 钱一帆，郑广宏，康铸慧，等 . 不产氧光合细菌 *Rhodobacter sphaeroides* 产氢影响因子研究［J］. 工业微生物，2007，37（5）：6-11.

[3] 徐向阳，俞秀娥，郑平，等 . 固定化光合细菌利用有机物产氢的研究［J］. 生物工程学报，1994，10（4）：362-368.

[4] Feiten P V，Zürrer H，Bachofen R. Production of molecular hydrogen with immobilized cells of *Rhodospirillum rubrum*［J］. Applied Microbiology and Biotechnology，1985，23（1）：15-20.

[5] 杨素萍，赵春贵，刘瑞田 . 沼泽红假单胞菌乙酸光合放氢研究［J］. 生物工程学报，2002，18（4）：486-491.

[6] 杨素萍，曲音波 . 光合细菌生物制氢［J］. 现代化工，2003，23（9）：17-22.

[7] Boran E，Özgür E，Burg J V D，et al. Biological hydrogen production by *Rhodobacter capsulatus* in solar tubular photo bioreactor［J］. Journal of cleaner production，2010（18）：S29-S35.

[8] Xie G J，Liu B F，Xing D F，et al. The kinetic characterization of photofermentative bacterium *Rhodopseudomonas faecalis* RLD-53 and its application for enhancing continuous hydrogen production［J］. International Journal of Hydrogen Energy，2012，37：13718-13724.

[9] Eroglu I，Tabanoglu A，Guenduez U，et al. Hydrogen production by *Rhodobacter sphaeroides* o. u. 001 in a flat plate solar bioreactor［J］. International Journal of Hydrogen Energy，2008，33（2）：531-541.

[10] 廖强，王永忠，朱恂，等 . 初始底物浓度对序批式培养光合细菌产氢动力学影响［J］. 中国生物工程杂志，2007，27（11）：51-56.

[11] 万伟，王建龙 . 利用动力学模型探讨底物浓度对生物产氢的影响［J］. 中国科学，2008，38（8）：715-720.

[12] 蒲贵兵，吕波，孙可伟，等 . 初始 pH 对泔脚发酵产氢余物甲烷化的强化研究［J］. 环境工程学报，2010，4（3）：633-638.

[13] 刘瑞光，马海乐，王振斌，等 . 初始 pH 对醋糟厌氧发酵产氢的影响［J］. 中国酿造，2009（2）：71-73，178.

[14] 王永忠，廖强，朱恂，等 . 序批式培养沼泽红假单胞菌光照产氢的能量分析［J］. 太阳能学报，2009，30（3）：390-396.

[15] 王素兰，张全国，周雪花 . 光合生物制氢过程中系统温度变化实验研究［J］. 太阳能学报，2007，28（11）：1253-1255.

[16] 蒲贵兵，王胜军，孙可伟 . 接种量对泔脚发酵产氢余物甲烷化的强化研究［J］. 中山大学学报（自然科学版），2009，48（1）：87-92，97.

[17] 高美玲，袁成志，魏晓明，等 . 不同瓠色西瓜功能成分比较［J］. 北方园艺，2012（24）：9-11.

[18] 康铸慧 . 光合生物产氢实验研究［D］. 上海：同济大学，2006.

[19] 张全国，王素兰，尤希凤 . 光合菌群产氢量影响因素的研究［J］. 农业工程学报，2006，22（10）：182-185.

[20] 安立超，高瑾，张胜田．红色非硫光合细菌的生长特性研究［J］．环境污染治理技术与设备，2004，5（12）：35-37．

[21] 朱核光，赵琦琳，史家樑．光合细菌 *Rhodopseudomonas* 产氢的影响因子试验研究［J］．应用生态学报，1997，8（2）：194-198．

[22] Benemann J R，Berenson J A，Kaplan N O，et al．Hydrogen evolution by a chloroplast-hydrogenase system［J］．Proceedings of the National Academy of Sciences，1993，70（5）：2317-2320．

[23] Wakayama T，Asada Y，Miyake J．Effect of light/dark cycle on bacterial hydrogen production by *Rhodobacter sphaeroides* RV from hour to second range［J］．Appiled Biochemical Biotechnology，2000，84-86：431-440．

[24] Carlozzi P，Pushparaj B，Degl'Innocenti A，et al．Growth characteristics of *Rhodopseudomonas palustris* cultured outdoors，in an underwater tubular photobioreactor，and investigation on photosynthetic efficiency［J］．Apply Microbiology Biotechnology，2006，73：789-795．

[25] In-Beom K，Tatsuya N．Influence of algae on hydrogen production by photosynthetic bacterium and control of algal growth［J］．Journal of Japan Society on Water Environment，2002，25：409-415．

[26] Takabatake H，Suzuki K，Ko I B，et al．Characteristics of anaerobic ammonia removal by a mixed culture of hyrogen producing photosynthetic bacteria［J］．Bioresource Technology，2004，95（2）：151-158．

[27] 张全国，师玉忠，张军合，等．太阳光谱对光合细菌生长及产氢特性的影响研究［J］．太阳能学报，2007，28（10）：1135-1138．

[28] 刘如林，刁虎欣，梁凤来，等．光合细菌及其应用［M］．北京：中国农业科技出版社，1991：99-104．

[29] 朱章玉，俞吉安，林志新，等．光合细菌的研究及其应用［M］．上海交通大学出版社，1991：183-186．

[30] 杨素萍，赵春贵，李建波，等．高效选育产氢光合细菌的研究［J］．山东大学学报，2002，37（4）：353-358．

[31] Miller D N，Varel V H．An invitro study of manure composition on the biochemical origins，composition，and accumulation of odorous compounds in cattle feedlots［J］．Journal of Animal Science，2002，80（9）：2214-2222．

[32] Wilson N G，Bradley G．A study of a bacterial immobilization substratum for use in the bioremediation of crude oil in a saltwater system［J］．Journal of Applied Microbiology，1997，23：524-530．

[33] 江月松，李亮，钟余．光电信息技术基础［M］．北京：北京航空航天大学出版社，2005，12：172．

[34] 王庆有，蓝天，胡颖，等．光电技术［M］．北京：电子工业出版社，2006．

[35] Green B E．Energetic efficiency of hydrogen photo evolution by algal water splitting［J］．Biophysical Journal，1998，54（2）：365-368．

[36] Zhu H，Suzuki T，Anatoly．Hydrogen production from tofo wastewater by rhodobacter spheroids immobilized in gargles［J］．International Journal of Hydrogen Energy，1999，24（4）：

305-310.

[37] Miyake J，Miyake M，Asada Y. Biotechnological hydrogen production：research for efficient light energy conversion [J]. Progress in Industrial Microbiology，1998，70：89-101.

[38] Ormerod J G，Ormerod K S，Gest H. Light dependent utilization of organic compounds and photoproduction of molecular hydrogen by photosynthetic bacteria，relationship with nitrogen metabolism [J]. Archives of Biochemistry and Biophysics，1961，94（3）：449-463.

[39] 张全国，李刚. 生物制氢技术现状及其发展潜力 [J]. 农业工程技术（新能源产业），2007（4）：32-38.

[40] 郑先君，张占晓，孙永旭，等. 光合细菌产氢及其影响因素 [J]. 郑州轻工业学院学报，2006，21（4）：12-15.

[41] 师玉忠. 光合细菌连续制氢工艺及相关机理研究 [D]. 郑州：河南农业大学，2007.

[42] 许进香，颜立成. 光合细菌规模生产工艺研究 [J]. 微生物学杂志，2009，20（3）：25-30.

[43] 曹东福，黄兵，等. Fe 对厌氧发酵生物制氢的影响研究 [J]. 江西农业学报，2007，19（4）：86-88.

[44] Hawkes F R，Dinsdale R，Hawkesb D L，et al. Sustainable fermentative hydrogen production：change for process optimization [J]. International journal of hydrogen energy，2002，27：1339-1347.

[45] Volbeda A，Charon M H，Piras C，et al. Crystal structure of the nickel-iron hydrogenase from *Desulfovibrio gigas* [J]. Nature，1995，372：580-587.

[46] Peters J W，Lanzolotta W N，Lemon B J，et al. X-ray crystal structure of the Fe-only hydrogenase（CpI）from *Clostridium pasteurianum* to 1.8 angstrom resolution [J]. Science，1998，282（5395）：1853-1858.

[47] Tommasi I，Aresta M，Giannoccaro P，et al. Bioinorganic chemistry of nickel and carbon dioxide：an Ni complex behaving as a model system for carbon monoxide dehydrogenase enzyme [J]. Inorganica Chimica Acta，1988，272（1）：38-42.

[48] 朱章玉，俞吉安，林志新，等. 光合细菌的研究及其应用 [M]. 上海：上海交通大学出版社，1991：141-162.

[49] 杨大庆. 镍在浑球红假单胞菌氢酶合成中的作用 [J]. 植物生理学通讯，1990，6：36-38.

[50] 朱长喜，陈秉俭，宋鸿遇. 镍对荚膜红假单胞菌氢酶和固氮酶活性的促进作用 [J]. 微生物学报，1987，27（1）：52-56.

[51] 杨素萍，赵春贵，曲普波，等. 铁和镍对光合细菌生长和产氢的影响 [J]. 微生物学报，2003，43（2）：257-263.

[52] 林明，任南琪，王爱杰，等. 几种金属离子对高效产氢细菌产氢能力的促进作用 [J]. 哈尔滨工业大学学报，2003，35（2）：147-151.

[53] 陈明，程军，张立宏，等. 二价铁系离子对混合菌种光合产氢的影响 [J]. 太阳能学报，2009，30（7）：972-978.

[54] 刘雪梅，任南琪，宋福南. 微生物发酵生物制氢研究进展 [J]. 太阳能学报，2008，29（5）：544-549.

[55] 曹东福，黄兵，张续春. Fe 对厌氧发酵生物制氢的影响研究 [J]. 江西农业学报，2007，19（4）：86-88.

[56] Xu L Y，Ren N Q，Wang X Z，et al. Biohydrogen production by *Ethanoligenens harbinense* B49：nutrient optimization [J]. International Journal of Hydrogen Energy，2008，33（23）：6962-6967.

[57] Zhang J N，Li Y H，Zheng H Q，et al. Direct degradation of cellulosic biomass to biohydrogen from a newly isolated strain *Clostridium sartagoforme* FZ11 [J]. Bioresource Technology，2015，192：60-67.

[58] 王家卓，王建龙. 缓冲体系对厌氧发酵生物产氢的影响 [J]. 环境科学学报，2008，28（6）：1136-1140.

[59] 胡建军，周雪花，郭婕，等. 微细秸秆酶解光合细菌制氢中光照度效应研究 [J]. 太阳能学报，2014，35（7）：1231-1236.

[60] Ding J，Liu B F，Ren N Q，et al. Hydrogen production from glucose by co-culture of *Clostridium Butyricum* and immobilized *Rhodopseudomonas faecalis* RLD-53 [J]. International Journal of Hydrogen Energy，2009，34（9）：3647-3652.

[61] 谢天卉，任南琪，邢德峰，等. 磷酸盐浓度对产氢细菌 *Ethanoligenens harbinense* YUAN-3 生长和产氢的影响 [J]. 太阳能学报，2009，30（6）：846-849.

[62] 李永峰，陈红，韩伟，等. 磷酸盐对高效产氢菌种 *Biohydrogenbaeterium* R3 sp. nov. 发酵产氢性能的影响和调控 [J]. 黑龙江科学，2011，2（1）：1-5.

[63] Nath K，Das D. Modeling and optimization of fermentative hydrogen production [J]. Biresourse Technology，2011，102（18）：8569-8581.

[64] Xu J F，Mi Y T，Ren N Q. Buffering action of acetate on hydrogen production by *Ethanoligenens harbinense* B49 [J]. Electronic Journal of Biotechnology，2016，23（C）：7-11.

[65] Oh Y K，Seol E H，Kim J R，et al. Fermentative biohydrogen production by a new chemoheterotrophic bacterium *Citrobacter* sp. Y19 [J]. International Journal of Hydrogen Energy，2003，28（12）：1353-1359.

[66] Zhu H G，Parker W，Basnar R，et al. Buffer requirements for enhanced hydrogen production in acidogenic digestion of food wastes [J]. Bioresource Technology，2009，100（21）：5097-5102.

[67] Liu Q，Chen W，Zhang X L，et al. Phosphate enhancing fermentative hydrogen production from substrate with municipal solid waste composting leachate as a nutrient [J]. Bioresource Technology，2015，190：431-437.

[68] Oh Y K，Seol E H，Lee E Y，et al. Fermentative hydrogen production by a new chemoheterotrophic bacterium *Rhodopseudomonas Palustris* P4 [J]. International Journal of Hydrogen Energy，2002，27（11）：1373-1379.

[69] 刘常青，张江山，牛冬杰，等. 初始 pH 对酸性预处理污泥厌氧发酵产氢的影响 [J]. 环境科学学报，2008，29（9）：2628-2632.

[70] Kjaergaard L. The redox potential：its use and control in biotechnology [J]. Advances in Biochemical Engineering，1977，7：131-150.

[71] Graef M R D，Alexeeva S，Snoep J L，et al. The steadystate internal redox state（NADH/NAD）reflects the external redox state and is correlated with catabolic adaptation in *Escherichia coli* [J]. Journal of Bacteriology，1998，181（8）：2351-2357.

[72] Liu C G，Lin Y H，Bai F W. Development of redox potential-controlled schemes for very-high-gravity ethanol fermentation [J]. Journal of Biotechnology，2011，153 (1/2)：42-47.

[73] 刘朋波，徐佳杰，付水林.1,3-丙二醇发酵中氧化还原电位的变化与控制 [J]. 化学与生物工程，2008，25（3）：45-48.

[74] Song Z X，Li W W，Li X H，et al. Isolation and characterization of a new hydrogen-producing strain *Bacillus* sp. FS2011 [J]. International Journal of Hydrogen Energy，2013，38 (8)：3206-3212.

[75] Pan C M，Fan Y T，Zhao P，et al. Fermentative hydrogen production by the newly isolated *Clostridium beijerinckii* Fanp3 [J]. International Journal of Hydrogen Energy，2008，33 (20)：5383-5391.

[76] 蒋丹萍，张洋，路朝阳，等.秸秆类生物质酶解动力学与光合生物产氢特性研究 [J].农业机械学报，2015，46（5）：196-201.

[77] 张立宏.混合菌种生物技术（MCB）光合产氢实验研究 [D].重庆：重庆大学，2008.

[78] Uyar B，Eroglu I，Yücel M，et al. Photofermentative hydrogen production from volatile fatty acids present in dark fermentation effluents [J]. International Journal of Hydrogen Energy，2009，34 (10)：4517-4523.

[79] Sagir E，Ozgu E，Gunduz U，et al. Single-stage photofermentative biohydrogen production from sugar beet molasses by different purple non-sulfur bacteria [J]. Bioprocess and Biosystems Engineering，2017，40：1589-1601.

[80] Zhang Z P，Li Y M，Zhang H，et al. Potential use and the energy conversion efficiency analysis of fermentation effluents from photo and dark fermentative bio-hydrogen production [J]. Bioresource Technology，2017，245：884-889.

[81] Liu X Y，Li R Y，Ji M，et al. Hydrogen and methane production by codigestion of waste activated sludge and food waste in the two-stage fermentation process：substrate conversion and energy yield [J]. Bioresource Technology，2013，146 (10)：317-323.

[82] Yang G，Wang J L. Co-fermentation of sewage sludge with ryegrass for enhancing hydrogen production：performance evaluation and kinetic analysis [J]. Bioresource Technology，2017，243：1027-1036.

[83] 马晶伟.糖类废弃物厌氧发酵生物制氢试验研究 [D].湖南：湖南大学，2007.

[84] Abdulkarim B I，Abdullahi M E. Effect of buffer（NaHCO$_3$）and waste type in high solid thermophilic anaerobic digestion [J]. International Journal of Chemtech Research，2012，2 (2)：980-984.

[85] 洪妍，郭秋梅，董铁有，等.ORP 的测量及数显 ORP 标定的原理 [J]. 河南科技大学学报，2006，27（1）：18-20.

[86] 刘黎阳，刘晨光，白凤武.氧化还原电位控制的自絮凝酵母自动重复批次发酵 [J].化工学报，2013，64（11）：4181-4186.

[87] Yin J，Yu X Q，Zhang Y E，et al. Enhancement of acidogenic fermentation for volatile fatty acid production from food waste：effect of redox potential and inoculum [J]. Bioresource Technology，2016，216：996-1003.

[88] 李宁，王兵，高苗，等.连续流生物制氢反应器中有机负荷对产氢的影响 [J].太阳能学报，

2014，35（8）：1541-1545.

［89］ Chen H J，Ma X X，Fan D D，et al. Influence of L-Cysteine concentration on oxidation-reduction potential and biohydrogen production ［J］. Chinese Journal of Chemical Engineering，2010，18（4）：681-686.

［90］ Su H B，Cheng J，Zhou J H，et al. Combination of dark- and photo-fermentation to enhance hydrogen production and energy conversion efficiency ［J］. International Journal of Hydrogen Energy，2009，34（21）：8846-8853.

［91］ Chen Y，Xiao N，Zhao Y，et al. Enhancement of hydrogen production during waste activated sludge anaerobic fermentation by carbohydrate substrate addition and pH control ［J］. Biore-source technology，2012，114：349-356.

［92］ Nagase M，Matsuo T. Interactions between amino-acid-degrading bacteria and methanogenic bacteria in anaerobic digestion ［J］. Biotechnology and Bioengineering，1982，24（10）：2227-2239.

［93］ Yoshida H，Tokumoto H，Ishii K，et al. Efficient，high-speed methane fermentation for sew-age sludge using subcritical water hydrolysis as pretreatment ［J］. Bioresource technology，2009，100（12）：2933-2939.

［94］ Guo L，Li X M，Bo X，et al. Impacts of sterilization，microwave and ultrasonication pretreat-ment on hydrogen producing using waste sludge ［J］. Bioresource Technology，2008，99（9）：3651-3658.

［95］ Scherer P A. Mikrobiologie der Vergärung von festen Abfallstoffen ［M］//Biologische Behand-lung organischer Abfälle. Heidelberg：Springer Verlag，2001：45-80.

［96］ Yang G，Wang J L. Co-fermentation of sewage sludge with ryegrass for enhancing hydrogen production：performance evaluation and kinetic analysis ［J］. Bioresource Technology，2017，243：1027-1036.

［97］ 尤龙，张艳玲，邵光伟，等. 国内氨基酸的应用研究进展 ［J］. 山东化工，2016，45（23）：65-67.

［98］ 孔燕云. L-半胱氨酸和辅酶 A 在纳米 CdSe/ZnO 电极上的光致电化学响应及应用的研究 ［D］. 青岛：青岛科技大学，2017.

［99］ Uyar B，Eroglu I，Yücel M，et al. Photofermentative hydrogen production from volatile fatty acids present in dark fermentation effluents ［J］. International Journal of Hydrogen Energy，2009，34（10）：4517-4523.

［100］ 殷海松，范栩嘉，汤卫华，等. 氨基酸对出芽短梗霉发酵生产聚苹果酸的影响 ［J］. 食品工业科技，2016，37（8）：242-246，267.

［101］ Kontur W S，Ziegelhoffer E C，Spero M A，et al. Pathways involved in reductant distribution during photobiological $H_2$ production by *Rhodobacter sphaeroides* ［J］. Appl. Environ. Microbiol.，2011，77（20）：7425-7429.

［102］ 段纪甫. 氨基酸对大肠杆菌 BL21 生长及重组蛋白合成影响研究 ［D］. 上海：华东理工大学，2013.

［103］ Liu C G，Lin Y H，Bai F W. Development of redox potential-controlled schemes for very-high-gravity ethanol fermentation ［J］. Journal of Biotechnology，2011，153：42-47.

[104] 吴轩浩，高佳逸，严杨蔚，等.无机氮和有机氮对铜绿微囊藻生长和产毒影响的比较 [J].
环境科学学报，2015，35 (3)：677-683.

[105] Kim O，Rakesh B，Eugene L I. Redox potential in aceton-butanol fermentations [J]. Applied
Biochemistry and Biotechnology，1988，18 (1)：175-186.

[106] 王毅，周雪花，张志萍，等.光合细菌产氢过程中氮源利用实验 [J].农业机械学报，2014，
45 (10)：194-199.

[107] Cheng J，Ding L，Xia A，et al. Hydrogen production using amino acids obtained by protein
degradation in waste biomass by combined dark-and photo-fermentation [J]. Bioresource tech-
nology，2015，179：13-19.

[108] 陈火晴，马晓轩，范代娣，等.L-半胱氨酸浓度对氧化还原电位和生物产氢过程的影响（英
文）[J]. Chinese Journal of Chemical Engineering，2010，18 (4)：681-686.

[109] 曲媛媛，任南琪.L-半胱氨酸对连续流发酵生物制氢的促进作用 [J].哈尔滨工程大学学报，
2012，33 (12)：1559-1563.

[110] Cheng C L，Lo Y C，Lee K S，et al. Biohydrogen production from lignocellulosic feedstock
[J]. Bioresource technology，2011，102 (18)：8514-8523. .

[111] Junghare M，Subudhi S，Lal B. Improvement of hydrogen production under decreased partial
pressure by newly isolated alkaline tolerant anaerobe，*Clostridium butyricum* TM-9A：opti-
mization of process parameters [J]. International Journal of Hydrogen Energy，2012，37
(4)：3160-3168.

[112] 陈蕾，王毅，胡建军，等.铁离子对光合细菌产氢过程的影响 [J].太阳能学报，2013，34
(2)：353-356.

[113] Lazaro C Z，Varesche M B A，Silva E L. Effect of inoculum concentration，pH，light inten-
sity and lighting regime on hydrogen production by phototrophic microbial consortium [J].
Renewable Energy，2015，75：1-7.

[114] 黄金，徐庆阳，温廷益，等.不同溶氧条件下L-苏氨酸生物合成菌株的代谢流量分析 [J].
微生物学报，2008 (8)：1056-1060.

[115] Hädicke O，Grammel H，Klamt S. Metabolic network modeling of redox balancing and bio-
hydrogen production in purple nonsulfur bacteria [J]. BMC systems biology，2011，5
(1)：150.

[116] 王家卓，王建龙.缓冲体系对厌氧发酵生物产氢的影响 [J].环境科学学报，2008 (6)：
1136-1140.

[117] Rey F E，Heiniger E K，Harwood C S. Redirection of metabolism for biological hydrogen pro-
duction [J]. Appl Environ Microbiol 2007，73 (5)：1665-1671.

[118] 王洪荣，徐爱秋，王梦芝，等.氨基酸对体外培养瘤胃微生物生长及发酵的影响 [J].畜牧
兽医学报，2010，41 (9)：1109-1116.

# 第4章

# 光生化制氢过程热效应的特性与影响因素

## 4.1 光生化制氢过程的热量传输特性分析

微生物利用基质中的碳源进行生长代谢的过程中，会释放出大量能量。其中部分用来合成高能物质，满足自身生长繁殖和代谢活动的需要，部分用来合成产物，其余的能量则以热的形式散发出来，有氧气参与的氧化代谢比无氧参与的代谢产生更多的热能。光合细菌产氢的代谢过程虽然为无氧参与的氧化代谢，应比有氧气参与的氧化代谢产生的热量少得多，但光合细菌的放氢过程涉及固氮作用、光合作用、氢代谢、碳和氮代谢等多个功能和步骤，且反应所需的光子能量还有很大一部分以热或荧光的形式散发到环境中，因此光合细菌产氢过程中细胞活动释放的热量不容忽视。同时微生物的代谢活动过程普遍具有放热的特点，加之生化反应过程对温度敏感，因此反应器中热量的输出，或对反应液加热保温时热量的补充输入是反应器必须具备的功能，于是热交换器的设置和温度的控制成为反应器设计中必要的环节。反应器热量传输性能的好坏直接关系到微生物细胞的生长和代谢活动，传输性能可由反应器中反应液温度波动情况来体现。具有好的热量传输性能的反应器能对反应液温度的变化及时进行调整，保持反应在适宜的温度范围内进行。

# 4.2 光生化制氢过程热效应理论

## 4.2.1 光生化制氢过程热效应研究现状

自然界中所发生的物理变化、化学反应和生物代谢过程通常都伴随着能量的变化，其中一部分以热效应的形式表现出来。对这些热效应进行精密测定和研究，就成为物理化学的一个重要分支——热化学。随着人们认识自然和改造自然的不断深入，经典"静态"热化学的局限性日益明显，因为这种"静态"研究不能提供变化过程的细节。现代科学技术的发展，特别是材料科学和电子学的飞速发展为"动态"热化学的诞生提供了必需的实验条件。于是高灵敏度、高自动化的微热量计不断涌现，从而使量热从过去的"静态"到现在的"动态"得以实现，一门旨在研究热焓变化动态过程并融热化学与化学动力学于一体的新分支学科——热动力学在 20 世纪初应运而生[1]。所谓热动力学，是根据变化过程的放（吸）热速率研究过程动力学规律的分支学科，它建立在量热学、化学热力学和化学动力学的基础上，通过自动热量计连续、准确地监测和记录一个变化过程的量热曲线，同时提供热力学和动力学信息。由于热动力学方法对反应体系的溶剂性质、光谱性质和电学性质等没有任何限制条件，即具有非特异性的独特优势，而且操作简便，可以随时改变条件，模拟工艺过程，它正成为化学反应、生化过程与化学工程中一种有效的研究方法，并已在物理化学、生物化学、有机化学和无机化学等众多领域中展示出广阔的应用前景。

生物体的代谢过程都伴随着一定的热效应，若使用足够灵敏的微量热计对热效应进行探测，就可提供一种研究活细胞代谢过程及有关特性的新方法。用热动力学的方法对热谱进行分析，可获得细菌生长代谢的热力学和动力学信息。热动力学的研究方法有多种，一般量热法是热动力学研究中的一种重要方法。量热计用于微生物研究已有 90 年的历史，早在 1911 年 Hill 就利用量热法研究酵母细胞对蔗糖的作用，然而近 30 年由于现代实验技术的发展，研制出自动化和高灵敏的微量热仪器后，才为量热法在细胞水平上的研究奠定了基础。量热法用于生命科学研究仍有许多优点[2]：

（1）研究体系的广泛性　生命过程的基本特征之一是新陈代谢，包括物质代谢和能量代谢，二者密不可分。生物过程是一个不可逆过程，热力学第二定律表明，对于不可逆过程，系统与环境熵的总和是不断增加的，在这一过程中，必然有部分能量转变为分子无序的热运动，用热量计以代谢热的形式检测到。

（2）非特异性　量热法测定的是反应体系的总热效应，可直接检测生物个体、离体的组织和悬浮液等复杂体系。

（3）非破坏性　量热法不引入干扰生命体系正常活动的因素，其结果是原位、真实的。

（4）连续性　量热法可以自动地、连续地、动态地跟踪整个反应过程，原位、在线、不干扰地监测生化反应的进行，使得它可用于生物化学反应，如利用细菌生长制取药物等反应的实时控制。

（5）定量（半定量）性　量热法测得的结果是定量的，从而能定量评价复杂反应体系中未知或未预料过程的新现象和规律。

微量热法用于生物体系代谢过程的热量测量有许多独到之处，它在测量中不用添加任何试剂就能直接检测生物体系所固有的代谢热，所以不会干扰生物体系的正常活动和代谢[3]。微量热法对生物系统可进行静态连续测定，对研究体系不作特殊要求，进行研究时对研究对象没有影响，还可以补充必要的后续分析，得到热功率-时间曲线（简称热谱图），用热动力学的方法对热谱图进行分析，可获得生物体系生长代谢的热力学和动力学信息[4]。

## 4.2.2 光生化制氢过程产氢微生物的生长动力学特性

细菌的生长代谢是一个极其复杂的过程，可用多种数学模型来描述，其中比较简单的是非限制条件下的 Multhus 方程（指数生长方程）、限制条件下的 Logistic 方程和线性方程。

### 4.2.2.1 Multhus 方程

在均匀的液体培养条件下，如果营养物质的供应和环境条件都能满足微生物群体所有成员的需要，而代谢产物的抑制作用又可忽略不计，则微生物群体的生长是在非限制条件下进行的[5]。Calvet 等[6]利用 Monod 方程拟合了细菌在营养条件不受限制的情况下的动力学模型，其数学表达式见式（4-1）。

$$N_t = N_0 e^{k(t-t_0)} \tag{4-1}$$

式中，$N_0$ 和 $N_t$ 分别是细菌在 $t_0$ 和 $t$ 时刻的数目；$k$ 是细菌的生长速率常数。

对于某一菌种而言，$k$ 为常数，种群的数量是随时间的增加而呈指数增长的，所以将此方程称为指数生长方程，即 Multhus 方程。这是一种最简单的细菌生长动力学模型，属于确定性模型，方程中的参数 $N_0$ 和 $k$ 值在保持不变的情况下，在给定的时间内，种群数目就可确定。

### 4.2.2.2　Logistic 方程

微生物在一有限的环境下生长时，由于各种原因：①营养物质的供应不足；②生存空间受到限制；③代谢产物积累造成对生长的抑制等，微生物群体的比生长速率就会逐渐减小，趋近于零，甚至为负值。比利时数学家在20 世纪就推导出描述限制性条件下微生物群体增殖规律的 Logistic 方程[5]，见式（4-2）。

$$\frac{\mathrm{d}N}{\mathrm{d}t} = \mu N - \beta N^2 \tag{4-2}$$

式中，$\mu$ 为群体增长速率常数；$\beta$ 为群体衰减速率常数；$N$ 为微生物群体数日。

$\beta N^2$ 为负值，且 $N^2$ 比 $N$ 具有较高的阶，则群体总数不会无限增大，这与实验测得的热谱曲线是一致的。

### 4.2.2.3　线性方程

在某些条件下细菌生长遵循的线性方程如式(4-3) 所示。

$$\frac{\mathrm{d}N}{\mathrm{d}t} = C \tag{4-3}$$

式中，$N$ 为群体数目；$t$ 为时间；$C$ 为常数。

## 4.2.3　光生化制氢过程产氢微生物的热动力学特性

### 4.2.3.1　细菌指数生长动力学模型的应用

指数式生长是一种理想的、非限制性的生长模式，在某些情况下，细菌生长符合 Multhus 方程，文献中大多用指数模型对细菌生长的热谱进行处理[7-9]。武汉大学的谢昌礼等[10]用 LKB-2277 型热导式生物活性量热计测得了细菌生长的完整热谱，并从细菌生长的放热功率正比于细菌数目这一假定出发，应用"热流法"，导出了细菌指数生长的热动力学方程。其推导方法为：

令每个细菌在生长时单位时间所放出的热为 $P$（即热功率），则有

$$Pn_t = Pn_0 \mathrm{e}^{k(t-t_0)} \tag{4-4}$$

即

$$P_t = P_0 \mathrm{e}^{k(t-t_0)} \tag{4-5}$$

式中，$P_t$ 为时间 $t$ 时所测得的细菌总热功率；$P_0$ 为 $t_0$ 时所测得的细菌总热功率。

对式（4-5）两边取对数得式（4-6）。

$$\ln P_t = \ln\left[P_0 \mathrm{e}^{k(t-t_0)}\right] \tag{4-6}$$

由式(4-6) 即可求出细菌指数生长的热动力学方程，表示为式(4-7)。

$$\ln P_t = \ln P_0 + k(t-t_0) \tag{4-7}$$

即 $\ln P_t\text{-}t$ 呈线性关系，按照实验热谱图上的 $P_t$、$t$ 数据，作图成一直线，其斜率即为细菌指数生长的速率常数 $k$，根据阿累尼乌斯公式：

$$\ln k = -\frac{E}{RT} + C \tag{4-8}$$

式中，$E$ 为活化能，kJ/mol；$R$ 为气体常数 [8.314J/(K·mol)]；$T$ 为热力学温度，K；$C$ 为常数。根据式(4-8)，可求得细菌生长的活化能。同时根据公式 (4-9)：

$$G = \frac{\ln 2}{k} \tag{4-9}$$

求得细菌生长的传代时间（细菌数目增加一倍的时间）。谢昌礼等[10]用此方法对大肠杆菌在37℃的生长热谱进行剖析，得出的生长速率常数 $k$ 为 $0.03913\text{min}^{-1}$，将此数据代入传代时间公式求出传代时间 $G$ 为 17.7min，与用经典微生物学方法测得的大肠杆菌的传代时间相当吻合。不过这种非限制性生长只有少数细菌或在较短的时间内符合，多数细菌在限制性条件下生长符合 Logistic 方程[11]。

#### 4.2.3.2　细菌生长的 Logistic 方程的应用

Logistic 模型经常用于细菌生长的模拟，张洪林教授等报道了细菌生长的热动力学方程[9]。

对式(4-2) 积分得：

$$N = \frac{K}{1 + \left(\dfrac{K - N_0}{N_0}\right)e^{-kt}} \tag{4-10}$$

式中，$N$ 为细菌群体数目；$N_0$ 是细菌生长开始时刻的数目；$K = \mu/\beta$，代表在该实验条件下细菌的最大数目。

令 $\dfrac{K - N_0}{N_0} = M$，$M$ 表示在该试验条件下细菌数量增加的最大倍数，具有明确的物理意义。

式(4-10) 变为：

$$N = \frac{K}{1 + Me^{-kt}} \tag{4-11}$$

又由于 $P(t) = P_0 N(t)$，$P(t)$ 是细菌在 $t$ 时刻的放热功率，$P_0$ 是单个细菌的放热功率，则

$$P_{\mathrm{m}} = P_0 K \tag{4-12}$$

式中，$P_{\mathrm{m}}$ 是细菌生长的最大放热功率。

由式(4-11)、式(4-12) 得

$$\ln\left[\frac{P_{\mathrm{m}}}{P(t)}-1\right]=\ln M-kt \tag{4-13}$$

式(4-13)是细菌生长代谢过程的热动力学方程，是一种线性方程。用 $\ln\left[\dfrac{P_{\mathrm{m}}}{P(t)}-1\right]$ 对时间 $t$ 进行线性拟合，可求得 $k$ 和 $M$，由 $M$ 和式(4-12)可求得 $K$ 和 $P$。

四川大学化学系的南照东等[12-13]在限制性条件下研究了枯草芽孢杆菌（*Bacillus subtilis*）、表皮葡萄球菌（*Staphylococcus epidermidis*）和铜绿假单胞菌（*Pseudomonas aeruginosa*）等细菌的生长，应用限制性条件下细菌生长的 Logistic 模型对热谱进行处理，得到了非线性的细菌生长的热动力学方程，求得了细菌生长的速率常数。并且测定了拟态弧菌和麦氏弧菌的生长热谱，应用限制性条件下细菌生长的 Logistic 模型，建立了现行的细菌生长的热动力学方程，求得了细菌生长的参数，借用化学反应中分子碰撞理论，计算了细菌生长的活化能，借助化学动力学的过渡状态理论，求得了细菌生长代谢的生化反应的活化参数[14]。

### 4.2.3.3　细菌线性生长动力学模型的应用

由细菌线性生长动力学模型，结合式(4-4)，可求出细菌线性生长的热动力学方程：

$$P_t=P_0+k_{\mathrm{m}}t \tag{4-14}$$

式中，$k_{\mathrm{m}}=CW$。$k_{\mathrm{m}}$ 是细菌生长速率常数；$C=\dfrac{\mathrm{d}N}{\mathrm{d}t}$；$W$ 是单个细菌的放热功率。

### 4.2.3.4　非理想生长热动力学模型

经典的指数模型描述细菌在无限制理想条件下的生长过程，经典的 Logistic 模型描述细菌在理想条件下呈"S"型生长的过程，此时生长曲线的拐点应在 $N_{\mathrm{m}}/2$ 处。但在有些实验中，所测得的细菌生长曲线则是不规则的"S"型，属非理想条件下的生长过程，其热动力学模型[15-17]为：

$$\frac{\mathrm{d}N}{\mathrm{d}t}=\frac{kN\left(1-\dfrac{N}{N_{\mathrm{m}}}\right)}{1-\dfrac{N}{N_{\mathrm{m}}'}} \tag{4-15}$$

式中，$N$ 为 $t$ 时刻的细菌数；$N_{\mathrm{m}}$ 为生长过程中最大的细菌数；$N_{\mathrm{m}}'$ 为培养基中营养物被完全利用所能达到的细菌数。

### 4.2.3.5　有限生长模型

在有限的生长空间和营养条件下，细菌是无法实现无限生长的。这种情况符合限制性生长的三个特征，即：①有一个生长极限值；②有一个初始生长速率 $b$；③有一个生长速率常数。对理论有限生长曲线，可设计三个方程，其数学特征见表 4-1[18-19]。

表 4-1    三种有限生长方程及其特征

| 类型 | 表达式 | $N_t$ | |
| --- | --- | --- | --- |
| | | $t=0$ | $t=\infty$ |
| 单分子型 | $N_t = N_m(1-be^{-kt})$ | $N_m(1-b)$ | $N_m$ |
| 自催化型 | $N_t = \dfrac{N_m}{(1+be^{-kt})}$ | $\dfrac{N_m}{(1+b)}$ | $N_m$ |
| Gompertz 方程 | $N_t = a\exp(-be^{-kt})$ | $N_m e^{-b}$ | $N_m$ |

#### 4.2.3.6　代谢产物抑制模型

分批培养是研究微生物生长所用的传统培养方法。少量的微生物接种于培养基，随着培养时间的增加，营养物逐渐消耗，代谢产物累积起来，从而抑制微生物生长，使生长速率降低[19]。此过程可用下式表示：

$$\frac{\mathrm{d}N_t}{\mathrm{d}t} = kN_t(1-ai) \tag{4-16}$$

式中，$i$ 为抑制剂浓度；$a$ 是一个常数，$a=0$ 时，式（4-16）变为指数模型。

假设抑制剂增加的速率与细胞增殖速率成正比，则：

$$\frac{\mathrm{d}i}{\mathrm{d}t} = b\,\frac{\mathrm{d}N_t}{\mathrm{d}t} \tag{4-17}$$

式中，$b$ 是常数；$t=0$ 时，$i$ 也为 0。将式（4-17）积分并代入式（4-16），则：

$$\frac{\mathrm{d}P}{\mathrm{d}t} = k_0 P\left(\frac{1-P}{P_{st}}\right) \tag{4-18}$$

式中，$k_0 = k(1+adN_0)$；$P_{st} = \dfrac{1+abN_0}{ab}$，下标"st"表示微生物生长的稳定期。利用边界条件，将 $t=0$，$P=P_0$ 代入式（4-18），得代谢产物抑制的生长热动力学模型为：

$$\ln\left(\frac{1}{\beta P_t}-1\right) = \ln\left(\frac{1}{\beta P_0}-1\right) - k_0 t \tag{4-19}$$

应用微热量计，可以测得微生物的完整生长热谱（称为"指纹图"），它包含着微生物生长代谢过程的丰富信息并具有特异性，因而可用来鉴定微生物，对此类热谱的研究具有重要的学术价值和应用意义。自 20 世纪 70 年代以来，这方面的研究已成为十分活跃的领域。各个细菌因种属的不同，其生长代谢方式也不相同，因而其热曲线也各不相同。1973 年，Boling 等[5]进行了细菌生长热谱的研究，并指出用微量热法对细菌鉴别的可行性，但是必须严格控制条件，即只有严格选择并控制测量方法、培养基、培养温度、接种量等才能得到具有良好重现性的热谱。细菌的生长过程可分为停滞期、指数生长期、稳定期和衰亡期，但测定的细菌生长热谱中常常看不到停滞期，指数生长期也不完整。谢昌礼、Jin S 等[10,20-21]用微量热法对细菌生长热谱图进行研究，测得的热谱图中停滞期和指数生长期都十分完整，并与培养过程的各个阶段能很好地吻合。近几年的研究表明，微量热法可用于鉴别细菌的变异株。倪尧志等[22]利用微量热法对细菌的变异株进行了鉴定，并研究了 L-型细菌的生长及其返祖现象。

武汉大学热化学课题组在这方面进行了大量的研究，应用 LKB-2277 型生物活性检测系统先后研究了细菌有限生长过程、细菌产物抑制生长过程、细菌算术级数式（线性）生长过程和细菌非理想生长过程的热动力学规律[23]。西班牙的 Nunez 等[24]应用 Thermometric AB2277 型热活性检测系统研究了土壤微生物降解葡萄糖的动力学规律，在 Monod 动力学模型的基础上建立了微生物生长的热动力学模型，并计算了相关的 Monod 底物常数和微生物最大生长速率常数。日本的 Hölzel 等[25]应用 LKB-10700 型流动热量计研究了假单胞杆菌在苯酚和其他芳香族化合物上生长的热动力学规律，在 Michaelis-Menten 动力学和 Haldane 底物抑制动力学的基础上建立了微生物生长的数学模型，实验结果验证了该模型的可靠性，并详细讨论了间歇和流动两种类型热量计应用于研究微生物生长的优缺点。孙海涛等[26]也利用热活性检测仪测定了 5 种弧菌在 4 个温度下完整的生长热谱图，并根据这些热谱图所反映出的变化规律研究了它们在各个温度下的生长速率常数、活化能和传代时间。曲阜师范大学生物热动力学研究室在细菌热谱图的测定中做了大量工作，用热活性检测仪在指定培养基及 37℃下，测定了对人体有害的几十种细菌如大肠杆菌、吉氏类杆菌、葡萄球菌、弧菌等菌种代谢的热谱图，并用建立的新实验模型处理细菌生长期的曲线，得到了生长速率常数，并且获得了最佳生长温度和最佳生长酸度，从而为细菌代谢规律的研究提供了丰富的热动力学信息[27]。刘义等[28]分别研究了含不同质粒和不同基因的无晶体突变株、无质粒以及含不同杀虫蛋白基因的苏云金芽孢杆菌的生长代谢热动力学变化，结果表明：含有质粒的野生菌株的生长代谢热比无晶体且含质粒的突变株和无晶体、无质粒突变株低；引入杀虫晶体蛋白基因的工程菌的生长代谢热明显比受体菌低，因此可推断，质粒形成是一个能耗过程；当在受体菌中转入杀虫晶体蛋白基因后，工程菌与受体菌相比，放热大幅度减少，表明基因编码杀虫晶体蛋白也是一个能耗过程。

自 20 世纪 70 年代以来，许多学者用自动热量计研究酶促反应动力学，并对酶促反应的热动力学研究法进行了积极的探索。这方面的研究成果，可以为酶催化机理、失活机制以及活性中心结构的探讨提供有力的证据。使用热动力学法在测量中不需添加任何试剂，不会干扰酶促反应的正常进行，而且量热实验完毕的样品未遭破坏，还可以后续进行生化分析。尽管热动力学法缺乏特异性，但由于酶促反应本身具有特异性，这种非特异性方法有时可以得到用特异性方法得不到的结果[29]。汤传义、张群[30]对酶促反应动力学方程式进行了推导。刘劲松等[31]导出了单底物酶促反应的热动力学变换方程组，建立了单底物酶促反应动力学的对比进度方程和热动力学的数学模型，根据此模型，可由一次反应的热谱曲线同时解析出动力学参数（$K_m$、$V_m$）和摩尔反应焓（$\Delta H$）。熊亚、吴鼎泉、梁毅等[32-35]采用 LKB-2107 型 Batch 微量热系统先后研究了漆酶催化氧化氢醌类化合物、过氧化氢酶催化分解过氧化氢和黄嘌呤氧化酶催化氧化黄嘌呤等反应体系，提出了一个适合各类可逆性抑制的热动力学方程，并根据各量之间的关系提出了可逆竞争性抑制、非竞争性抑制、反竞争性抑制的热动力学数据以及计算出表观米氏常数 $K_m$ 和抑制常数 $K_i$ 等酶促反应生化常数的热动力学公式。谢修银等[36]利用热动力学方法研究了在 37℃、pH 7.4～9.4、40mmol/L 的巴比妥钠-HCl 缓冲体系中，NaF 对精氨酸酶催化 L-精氨酸水解反应的抑制作用。结果表明，NaF 对精氨酸酶反应的抑制作用，属于非竞争性可逆抑制，其抑制率依赖于反应体系的 pH，底物 L-精氨酸和外源 $Mn^{2+}$ 对相对抑制率和抑制常数的影响不显著。在 pH 为 7.4，外源 $Mn^{2+}$ 浓度分别为 0 和 0.167mmol/L 时的抑制常数分别为 1.48 和 1.84。$F^-$ 对精氨酸酶的抑制不是与底物 L-精氨酸竞争酶的活性位，而是影响了水分子与双核锰簇的桥式配位作用，使反应过程中作为亲核试剂进攻 L-精氨酸胍基碳的羟基离子难以生成或使其浓度减小，从而降低了酶反应活性。德国的 Kolb 等[37]设计了一种酶热敏电阻，并应用它研究了固定化 $\alpha$-淀粉酶催化环状糊精的水解反应，为环糊精的生化分析提供了一种有效方法。德国的 Oehlschläger 等[38]应用 LKB-8700 型等温外壳式热量计，结合热动力学初始速率法先后研究了葡萄糖氧化酶催化氧化葡萄糖和尿酶催化水解尿素等反应体系，并研究了 $Cd^{2+}$ 等重金属离子对尿酶催化反应的非竞争性可逆抑制作用的热动力学，测定了米氏常数、抑制常数、最大反应速率和摩尔反应焓等热动力学参数，为定量测定微量重金属离子的含量提供新的方法。葡萄牙的 Aureliano 等[39] 应用生物活性检测仪 LKB-2277 研究了肌球蛋白磷酸化作用对 ATP 酶活性的影响。捷克的 Beran 等[40] 利用 LKB-2277 型热活性检测仪采用流动混合方式并结合热动力学初始速率法研究了纤维素酶催化纤维素和纤维二糖等的连串水解反应，测定了米氏常数和最大产热速率，并讨论了末端产物葡萄糖对纤维素酶的反馈抑制作用。意大利的 Salieri 等[41] 利用 LKB-2107 型间歇微热量计研究了 $\alpha$-淀粉酶催化淀粉水解反应的热动力学，测定了不同 pH 以及多种重金属离子存在时该酶的活性。

# 4.3 光生化制氢系统热效应的影响因素

光合细菌的产氢反应属于放热反应，在产氢过程中生物体的新陈代谢也会释放一定的热量，从而引起反应系统温度、细菌生长及产氢能力、酶活性等发生一定的变化。

### 4.3.1 初始温度对光生化制氢系统热效应的影响

在进行温度对光合细菌产氢系统温度和产热速率变化的影响的单因素实验时，光照强度选择 2000lx，接种量为 10%，pH 为 7.0，接种物选择培养 48h、OD 值为 0.4～0.6 处于对数生长期的光合细菌，以 30g/L 葡萄糖溶液为产氢基质，初始环境温度分别设定为 24℃、27℃、30℃、33℃。得出光合细菌产氢在不同初始温度下系统温度的变化如图 4-1 所示，不同初始温度的产热速率如图 4-2 所示。

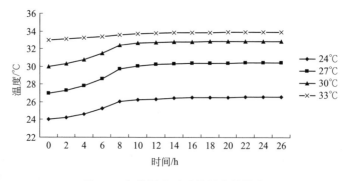

图 4-1　初始温度对系统温度的影响

从图 4-1 可以看出，不同初始温度下光合细菌进行产氢实验时，系统温

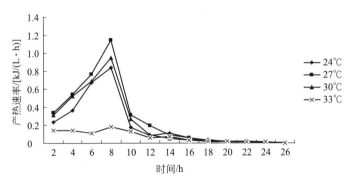

图 4-2　初始温度对产热速率的影响

度会发生不同程度的提高。产氢 12h 以前不同初始温度下，光合细菌产氢的系统温度都有较大程度的提高，12～20h 系统温度上升缓慢，20h 以后，基本保持不变。其中初始温度为 27℃时，系统温度上升最多，达到 30.43℃，温度变化率为 0.132，并且 6h 以前的温度变化率低于 6～10h 的变化率；初始温度为 30℃时，系统温度变化较 27℃时小，温度达到 33.32℃，温度变化率为 0.128，并且 10h 以前温度变化率比较均匀；初始温度为 24℃时，系统温度变化较小，但仍然明显，温度上升到 26.56℃，变化率为 0.098；而初始温度为 33℃时，系统温度变化最小，温度上升到 33.89℃，温度变化率仅为 0.028。即不同初始温度下光合细菌进行产氢实验，系统温度都会发生不同程度的变化，系统温度变化大小顺序依次为 27℃、30℃、24℃、33℃，但系统温度的变化率并不随初始温度的增加或减少而呈现规律性的变化。

　　由图 4-2 可知，光合细菌产氢时系统产生大量的热，初始温度不同，产热速率和速率变化趋势也有所不同，但产热速率变化的大体方向是产热速率随时间的延长呈先增加后减小的趋势，直到系统达到热平衡为止。由图可知，在产热的第 2h，初始温度为 27℃的系统的产热速率最大，其次是初始温度为 30℃的系统，然后是初始温度为 24℃的系统，而初始温度为 33℃的系统产热速率最小。2～8h 各系统产热速率快速增大，8h 初始温度为 24℃、27℃、30℃、33℃的系统都达到最大的产热速率，分别是 0.84kJ/(L·h)、1.14kJ/(L·h)、0.95kJ/(L·h)、0.18kJ/(L·h)。8h 之后各系统的产热速率开始快速下降，27℃的系统下降速率最大，其次是 30℃的系统，然后是 24℃的系统。14～20h 产热速率下降趋势明显减缓，直到 26h 产热速率基本为零。初始温度为 33℃的系统在整个过程中产热速率一直处于最低的水平，初始温度为 27℃的系统最大产热速率最大，其次是初始温度为 30℃的系统，然后是初始温度为 24℃的系统。产热速率的大小顺序和系统温度变化的大小顺序一致。

### 4.3.2 光照强度对光生化制氢系统热效应的影响

光合细菌产氢需要合适的光照强度，光照强度的大小影响光合细菌捕获光子的数量，影响 ATP 的形成及质子梯度，在光合细菌产氢中起着十分重要的作用。设定光照强度在 500lx、1000lx、2000lx 和 3000lx 4 个水平下进行，其余条件分别设定为温度 27℃，接种量 10%，pH 7.0，接种物选择培养 48h、OD 值为 0.4～0.6 处于对数生长期的光合细菌，以 30g/L 葡萄糖溶液为产氢基质。产氢时不同光照强度对光生化制氢系统温度的影响如图 4-3 所示。

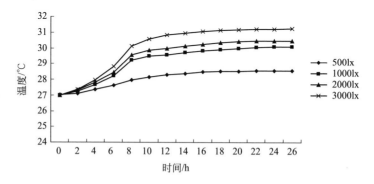

图 4-3　光照强度对光生化制氢系统温度的影响

从图 4-3 中可以看出，光合细菌产氢时，不同光照强度对光生化制氢系统温度变化的影响非常显著。在光照强度为 500lx、1000lx、2000lx 和 3000lx 时，系统温度都呈增加趋势，而且随光照强度增加系统温度也增加，其中光照强度为 500lx 时温度变化最小。温度变化速率也随时间逐渐减小，达到平衡时系统温度为 28.57℃，温度变化率为 0.021。光照强度为 1000lx、2000lx 和 3000lx 时，温度变化曲线比较接近，系统温度变化幅度明显，且变化速率较大。光照强度为 1000lx 和 2000lx 时，0～6h 温度变化速率较小，6～8h 温度变化速率迅速增加，12h 以后温度升高缓慢，平衡时系统温度分别为 30.10℃ 和 30.47℃，温度变化率为 0.115 和 0.129。光照强度为 3000lx 时，整个过程系统温度变化最大，0～12h 温度变化较快，温度变化速率也呈增加趋势，12h 以后温度升高缓慢，温度变化率为 0.157，26h 系统温度为 31.23℃。

不同光照强度下光合细菌产氢，光生化制氢系统的产热速率如图 4-4 所示。2～8h 光照强度为 1000lx、2000lx 和 3000lx 的系统产热速率快速增加，光照强度为500lx的系统产热速率增加最慢，8h以后光照强度为1000lx、2000lx和3000lx的系统产热速率开始下降，并且速率降低的幅度很大，14h产热速率下降幅度开始减小，22h之后产热速率变化幅度很小，直到26h产热速率基本为零，而光照强度为500lx的系统产热速率在8h以后下降幅度一直很小。不同光照强度各系统均在8h出现最大产热速率，光照强度为3000lx系统产热速率最大为1.32kJ/（L·h），其次是光照强度为2000lx的系统为1.12kJ/（L·h），光照强度为1000lx的系统最大产热速率为1.03kJ/（L·h），而光照强度为500lx的系统最大产热速率最小，为0.34kJ/（L·h）。光照强度为3000lx的系统最大产热速率最大，分别是光照强度为500lx、1000lx、2000lx的3.88、1.28、1.18倍。说明光照强度越大，系统温度升高得越多，累积的热量越多，最大产热速率也越大。

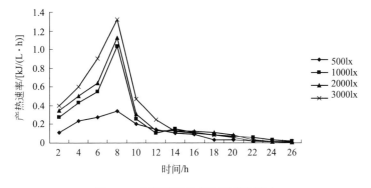

图4-4　光照强度对产热速率的影响

### 4.3.3　接种量对光生化制氢系统热效应的影响

合适的接种量对光合细菌的产氢是尤为重要的，细菌的浓度过低，底物不能被充分分解、利用，有机物质的转化效率低下，影响产氢反应的高效进行和有机废弃物的重新再利用；细菌浓度过高，能够被利用的有机物数量相对较少，光合细菌开始竞争有机物，反应系统中一部分光合细菌的产氢活性不能正常发挥，浪费菌种和产氢容积，同时也降低了产氢效率。实验选用处于对数生长期的光合细菌，经测定其初始OD值为0.48，接种量按体积分数分别设置为5%、10%、20%、50%，其他条件分别设定为温度27℃、光照强度2000lx、pH7.0，以30g/L葡萄糖溶液为产氢基质，记录在不同接种量的条件下，系统温度的变化情况和产热速率的变化情况。

图4-5表明接种量对产氢系统温度变化有较大的影响。接种量为10%和20%的系统温度变化较大，在0～12h，温度变化速率一直呈增加趋势，接

种量为20％的系统在12～18h，系统温度仍然有明显的上升趋势，而接种量为10％的系统在12～18h，系统温度变化缓慢，18h接种量为20％的系统温度超过了接种量为10％的系统温度，在26h系统温度基本达到稳定时，10％和20％接种量的系统温度分别为30.43℃和30.80℃，温度变化率分别为0.127和0.141。接种量5％和50％在0～4h的系统温度与20％接种量十分相近，4h以后5％和50％接种量的系统温度均小于10％和20％接种量的系统温度，而且在整个过程中，50％接种量的系统温度一直大于5％接种量的系统温度，26h系统温度基本不再上升时，5％和50％接种量的系统温度分别为29.56℃和30.19℃，温度变化率为0.09和0.118。

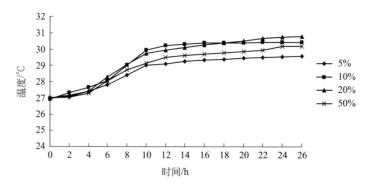

图 4-5　接种量对系统温度的影响

分析图4-6可知，在产热的第2h，10％接种量的光合细菌产氢系统的产热速率在该实验中最大，其次是20％接种量，而5％和50％接种量的系统产热速率相差不大。2h以后各接种量的产热速率都呈增加的趋势，并且增大的幅度较大；20％和50％接种量的系统在6h达到最大产热速率，分别是0.90kJ/(L·h) 和0.82kJ/(L·h)；6～10h，20％和50％接种量的系统继续维持较大的产热速率；10～20h这两个系统的产热速率快速下降，并且20％和50％接种量的系统分别在22h和24h出现小幅度的增加趋势，后又继续下降直到产热速率为零。可能是因为接种量过大时，受底物限制性的影响，或者是光的通透性受阻，部分细菌在前期的新陈代谢活动较弱，释放的热量相对较少，而后期竞争效应的结果使部分光合细菌的活性继续发挥，从而使产热速率出现了小幅度的增加。10％接种量的光合细菌在6h产热速率急剧增大，8h达到最大产热速率为1.01kJ/(L·h)，并持续到10h，10h后产热速率快速下降，24h产热速率基本为零。接种量为5％的系统，其产热速率的变化趋势和10％接种量的趋势相似，其最大产热速率也出现在8h，为0.62kJ/(L·h)。即10％接种量的最大产热速率最大，其次是20％，随后是50%，5%接种量的最小，10%接种量的最大产热速率分别是20%、50%、5%接种量的1.12、1.23、1.63倍。20%和50%接种量的系统最大产热速率出现的时间早于5%和10%接种量的系统，可能是因为前期接种量大的系统细菌数量大放热多。

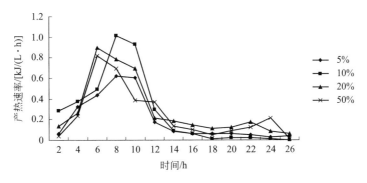

图4-6　接种量对产热速率的影响

### 4.3.4　碳源对光生化制氢系统热效应的影响

光合细菌能够利用葡萄糖、蔗糖、乳酸、乙酸等作为碳源生长，也能利用它们作为产氢的原始供氢体，不同的光合细菌所能利用的碳源不同，即使对于同一种群，所能利用的生长碳源和作为产氢电子供体的碳源也不一定相同。在研究不同碳源对光合细菌产热的影响时，分别选择葡萄糖、蔗糖、乳酸和乙酸为碳源，研究其系统温度变化和产热速率的变化情况，其中葡萄糖20g/L，蔗糖20.7g/L，乳酸19.9mL/L，乙酸用无水乙酸钠代替为36.4g（即使所加入的物质中的氢原子数相同）。设置温度27℃、光照强度2000lx、接种量10%，选择处于对数生长期、初始OD值为0.43的光合细菌，乳酸溶液的pH用NaOH滴定至7.0。

利用不同碳源光合细菌进行产氢时，碳源对系统温度变化的影响较大，在开始的26h系统温度都随时间的延长而升高，以后系统温度维持不变，如图4-7所示。从曲线图可知，在整个温度变化过程中，以蔗糖和乳酸为碳源的温度变化曲线十分相似，0~16h系统温度迅速升高，温度变化速率也呈增加趋势，16~26h系统温度继续增加，但变化幅度较缓。整个过程中以蔗糖为碳源的系统，其温度一直高于以乳酸为碳源的系统。以乙酸为碳源时，系统温度几乎一直处于最高水平，温度变化速率最大，0~9h以葡萄糖为碳源的系统温度和以乙酸为碳源的系统温度相近，9h以后以葡萄糖为碳源的系统温度继续增加，但增加幅度较小，不但小于以乙酸为碳源的系统，而且小于以蔗糖为碳源的系统，接近以乳酸为碳源的系统。系统温度稳定后，以葡萄糖、蔗糖、乳酸和乙酸为碳源的系统温度分别为 30.56℃、30.74℃、30.60℃ 和 31.07℃，系统温度变化率分别为 0.132、0.139、0.133 和 0.151，即以乙酸为碳源的温度变化率最大，其次是蔗糖，乳酸随后，葡萄糖最小。

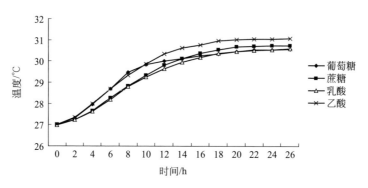

图 4-7　碳源对光生化制氢系统温度的影响

由图 4-8 可知，0～6h 光合细菌利用葡萄糖、蔗糖、乳酸和乙酸作为碳源的产热速率都呈增加的趋势，而且增加的幅度很大，并且在 6h 以蔗糖、乙酸为碳源的产热速率达到最大值，分别是 0.64kJ/(L·h)、0.73kJ/(L·h)，以葡萄糖和乳酸为碳源的产热速率在 8h 增加到最大值为 0.80kJ/(L·h)、0.63kJ/(L·h)。8h 以前以葡萄糖和乙酸为碳源的产热速率一直处于较高的水平，而且两者的变化趋势相似，其次是以蔗糖为碳源的产热速率，以乳酸为碳源的产热速率最小。8h 以后，各系统的产热速率开始减小，其中以葡萄糖为碳源的系统的产热速率降低幅度最大，10h 以后产热速率低于其他系统，到产热结束。以蔗糖、乳酸和乙酸为碳源的产热速率下降幅度较小。26h 各个系统基本不产热，产热速率几乎为零。说明不同碳源对产热速率有一定的影响，以葡萄糖为碳源的最大产热速率是蔗糖、乳酸和乙酸为碳源的最大产热速率的 1.25、1.27、1.10 倍。以蔗糖、乙酸为碳源的最大产热速率出现在 6h，早于以葡萄糖和乳酸为碳源的产热速率，可能与碳源的种类有关。

### 4.3.5　底物浓度对光生化制氢系统热效应的影响

光合细菌必须以葡萄糖、果糖、苹果酸等物质作为碳源生长，以它们作为产氢的供氢体，使产氢反应顺利进行，而葡萄糖是光合细菌产氢反应中最常用到的碳源，因此对光生化制氢过程中不同葡萄糖浓度对系统温度变化和

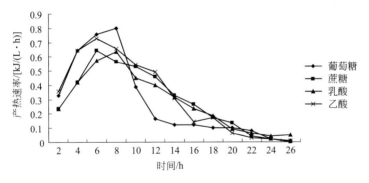

图 4-8　碳源对产热速率的影响

产热速率的影响进行研究。设置温度 27℃、光照强度 2000lx、接种量 10%、pH 为 7.0，选择培养了 48h、处于对数生长期、初始 OD 值为 0.42 的光合细菌，实验共设五个水平即葡萄糖浓度为 0.5%、1.0%、2.0%、3.0% 和 4.0%，也就是说每升反应液中加入 5g、10g、20g、30g、40g 葡萄糖。不同葡萄糖浓度对光生化制氢系统温度变化的影响如图 4-9 所示。

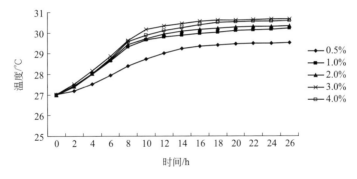

图 4-9　葡萄糖浓度对系统温度的影响

从系统温度变化曲线图可知，葡萄糖浓度对系统温度变化有较大的影响，各浓度下系统温度都随时间呈现上升的趋势。葡萄糖浓度为 0.5% 时，在 0~14h 系统温度升高较快，14h 后虽然系统温度仍然处于不断上升的状态，但变化速率很慢，很快不再增加。0~6h 1.0%、2.0%、3.0% 和 4.0% 的浓度下，系统温度升高速率都比较大，其中浓度为 3.0% 的温度最高，1.0%、2.0% 和 4.0% 的系统温度比较接近。6~20h，浓度为 3.0% 的系统温度仍然最高，其次是浓度为 4.0% 的系统，而葡萄糖浓度为 1.0% 和 2.0% 的系统，其温度一直高于浓度为 0.5% 的系统，但低于其他两种浓度。0.5%、1.0%、2.0%、3.0% 和 4.0% 浓度的系统温度最大值分别是 29.51℃、30.22℃、30.32℃、30.66℃ 和 30.57℃，温度变化率分别是

0.109、0.119、0.123、0.136 和 0.132，最大变化率仅是最小变化率的
1.248 倍。

由图 4-10 不同葡萄糖浓度产热速率的变化曲线可知，葡萄糖浓度不同
对光生化制氢系统产热速率的变化有一定的影响。在葡萄糖浓度为 0.5%
时，相对于其他浓度，产热量较少，速率较低，8h 达到最大产热速率为
0.45kJ/(L·h)，以后产热速率开始降低，下降幅度相对较小，14h 时以后
产热量继续增加但产热速率迅速减小，整个过程中 0.5% 浓度的产热量最
小。在 8h 以前，葡萄糖浓度为 1.0%、2.0%、3.0%、4.0% 的系统产热速
率很接近，并且 3.0% 的产热速率大于 1.0% 和 2.0% 的产热速率，而葡萄
糖浓度为 4.0% 的系统，产热速率增加较快，在 0~8h 内迅速赶上 1.0% 和
2.0% 的系统并超过了 3.0% 的产热速率，8h 时葡萄糖浓度为 1.0%、
2.0%、3.0%、4.0% 的系统产热速率都达到了最大，分别是 0.69kJ/(L·h)、
0.74kJ/(L·h)、0.78kJ/(L·h)、0.82kJ/(L·h)，葡萄糖浓度为 4.0% 的
系统的最大产热速率最大，分别是其他浓度的 1.82、1.19、1.11、1.05 倍。
8h 以后，各个系统的产热量继续缓慢增加，直至 26h，累积热基本不变，
而产热速率在 8~20h 迅速减小，20h 以后速率变化趋势明显减缓，直到
26h 产热速率基本为零。

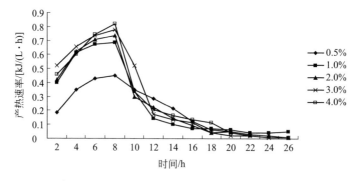

图 4-10　葡萄糖浓度对产热速率的影响

### 4.3.6　底物接入时间对光生化制氢系统热效应的影响

葡萄糖是光合细菌生长的重要的小分子有机碳源，也是重要的产氢电子
供体，但葡萄糖接入培养基之后，溶液立刻变酸，而且程度比较严重。为了
给以葡萄糖为产氢基质的光合细菌产氢一个比较好的接入时间，对不同葡萄
糖接入时间对产氢的影响进行研究。其中不同的葡萄糖接入时间下系统温度
变化和产热速率变化如图 4-11 和图 4-12 所示。主要参数设置为温度 27℃、

光照强度2000lx、接种量10%、pH 为 7.0，选择培养了 48h、处于对数生长期、初始 OD 值为 0.41 的光合细菌，产氢基质葡萄糖的接入时间共设三个水平，分别是光合细菌接入 36h、48h 和 60h 之后。

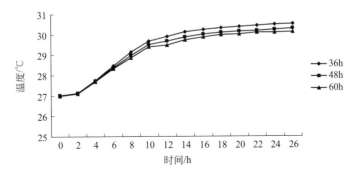

图 4-11　葡萄糖接入时间对系统温度的影响

在接入葡萄糖之前，光合细菌不产氢，系统内的光合细菌主要以生长为主。由系统温度变化曲线图可知，36h、48h 和 60h 之后接入葡萄糖，系统温度的变化情况相似，12h 以前系统温度升高迅速，温度变化速率较大，12～22h，系统温度继续升高，但温度变化速率减缓了很多，直到 26h，温度变化速率几乎为零，系统温度基本稳定。36h 条件下，系统温度变化最快，稳定时系统温度最高为 30.53℃，48h 与 60h 系统温度特别接近，系统稳定时 48h 的温度达到 30.29℃，60h 的系统温度变化最小，温度达到30.13℃，最高系统温度与最低系统温度仅相差 0.4℃。36h、48h 和 60h 之后接入葡萄糖，其温度变化率分别是 0.131、0.122 和 0.116。

由图 4-12 可知，葡萄糖接入时间不同，对系统产热速率有一定的影响。在 36h 后接入葡萄糖的系统产热量最大，而且在整个过程中产热速率也最大，48h 后接入葡萄糖系统产热速率大于 60h，但小于 36h，以 60h 之后接入葡萄糖产热速率最小。36h、48h 和 60h 之后接入葡萄糖的系统在产氢反应过程中，6h 以前产热速率一直呈增加的趋势，在 6h 达到最大产热速率分别是 0.75kJ/(L·h)、0.69kJ/(L·h)、0.66kJ/(L·h)，6～18h 产热速率迅速下降，18h 以后产热速率变化幅度较小，26h 以后基本维持不变。说明在光合细菌接入基质之后的不同时间接入葡萄糖，系统的产热速率不同。

### 4.3.7　$NH_4^+$ 浓度对光生化制氢系统热效应的影响

光合细菌的产氢反应需要合适的氮，尤其在光合细菌的生长过程中，氮是光合细菌生长合成固氮酶的重要原料，同时氮的浓度对固氮酶的活性有影响，氮浓度过高，固氮酶活性受阻，产氢减弱。相同产氢基质中加入

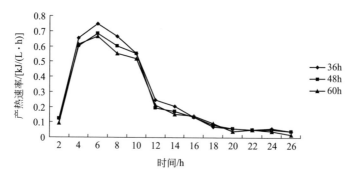

图 4-12　葡萄糖接入时间对产热速率的影响

NH₄Cl 供氮，研究 $NH_4^+$ 浓度大小对系统温度的影响和产热速率的变化情况。主要参数设置为温度 27℃，光照强度 2000lx，接种量 10%，pH 7.0，接种物选择培养 48h、OD 值为 0.4～0.6 处于对数生长期的光合细菌，以 30g/L 葡萄糖溶液为产氢基质，$NH_4^+$ 浓度选择 0.2g/L、0.4g/L、0.6g/L 和 0.8g/L 四个水平，即每升溶液加入 0.2g、0.4g、0.6g 和 0.8g NH₄Cl。不同 $NH_4^+$ 浓度下系统温度变化曲线如图 4-13 所示。

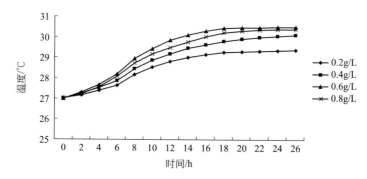

图 4-13　$NH_4^+$ 浓度对系统温度的影响

从图 4-13 中可以看出，在 $NH_4^+$ 浓度为 0.6g/L 时，系统温度变化最大，系统稳定时温度为 30.49℃，温度变化率为 0.129。$NH_4^+$ 浓度为 0.8g/L 时，系统温度变化虽然小于 0.6g/L，但变化趋势非常相似，达到平衡时系统温度为 30.38℃，温度变化率为 0.125。$NH_4^+$ 浓度为 0.4g/L 时，系统温度小于浓度为 0.6g/L 和 0.8g/L 的温度，但大于 $NH_4^+$ 浓度为 0.2g/L 的系统，系统温度为 30.10℃，温度变化率为 0.115。$NH_4^+$ 浓度为 0.2g/L 的系统温度最低，为 29.36℃，温度变化率为 0.087。各 $NH_4^+$ 浓度条件下，系统温度变化趋势相似，0～18h 温度升高较快，温度变化速率较大，18～26h 系统温度仍然升高，但变化速率减小，26h 后系统温度基本恒定。

不同 $NH_4^+$ 浓度下光合细菌产氢过程产热速率变化情况如图 4-14 所示。浓度为 0.6g/L 的系统产热量最大,产热速率在 0~12h 一直最大。浓度为 0.8g/L 的产热速率在 12h 以前小于浓度为 0.6g/L 的系统,但 12h 以后产热速率超过了浓度为 0.6g/L 的系统。$NH_4^+$ 浓度为 0.4g/L 的产热速率在 12h 以前小于 $NH_4^+$ 浓度为 0.6g/L 和 0.8g/L 的系统,大于 $NH_4^+$ 浓度为 0.2g/L 的系统,之后产热速率迅速下降。12h 以后,$NH_4^+$ 浓度为 0.8g/L 的系统产热速率变化幅度仍然较大,直到产热速率为零,其他各系统的产热速率曲线在 12h 以后十分接近。$NH_4^+$ 浓度为 0.2g/L、0.4g/L、0.6g/L 和 0.8g/L 在 26h 系统产热达到平衡时,$NH_4^+$ 浓度为 0.6g/L 的产热速率最大,为 0.75kJ/(L·h),其次是 $NH_4^+$ 浓度 0.4g/L 和 0.8g/L 的系统,分别为 0.61kJ/(L·h) 和 0.64kJ/(L·h),而 0.2g/L 的系统的最大产热速率最小,为 0.55kJ/(L·h),最大产热速率是最小产热速率的 1.36 倍。

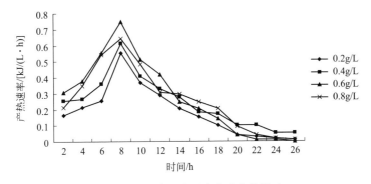

图 4-14    $NH_4^+$ 浓度对产热速率的影响

# 4.4 热效应理论与光生化制氢过程的耦合特性

### 4.4.1 光生化制氢热效应对光合细菌产氢能力的影响

产氢能力是光合细菌产氢研究的重点,也是目前制约产氢发展的关键,光合细菌产氢放热直接影响产氢能力,所以研究热效应对产氢能力的影响具有十分重要的意义。实验设定在有热效应影响和无热效应影响两个条件下进行,分别比较同一条件下受热效应影响和不受热效应影响时光合细菌产氢能力的变化。实验设计中以Ⅰ表示有热效应影响时的产氢能力,Ⅱ表示不受热效应影响时的产氢能力。

#### 4.4.1.1 初始温度热效应对光合细菌产氢能力的影响

研究不同初始温度热效应对光合细菌产氢能力的影响时，参数分别选择光照强度2000lx，接种量为10%，pH为7.0，接种物选择培养48h、OD值为0.4～0.6处于对数生长期的光合细菌，以30g/L葡萄糖溶液为产氢基质，温度分别设定为24℃、27℃、30℃、33℃。

（1）初始温度热效应对光合细菌产氢量的影响　从图4-15可以看出，不同初始温度下不论光合细菌产氢是否受热效应的影响，产氢量都随时间的延长呈增加趋势，而且在96h以前产氢量增加较快，96h以后产氢量增加缓慢，直至产氢终止。

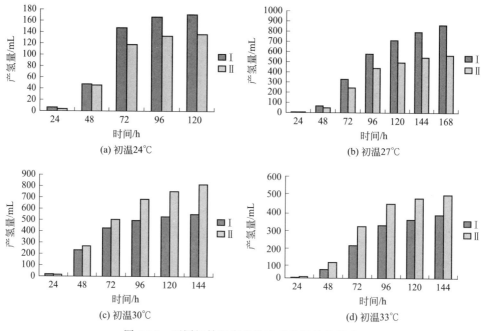

图 4-15　不同初始温度热效应对产氢量的影响

由图4-15（a）可知，初始温度为24℃时在整个产氢过程中，受热效应影响的光合细菌产氢量大于不受热效应影响的光合细菌产氢量。在48h以前，受热效应影响的系统和不受热效应影响的系统，产氢量相差不大，48～96h两系统的产氢量都迅速增加，但受热效应影响的系统增加速度大于不受热效应影响的系统，96～120h两系统的产氢量增加缓慢，直到120h，产氢量几乎不再增加。整个产氢反应过程，无论是否受热效应的影响，其产氢持续时间都较短，尽管有热效应影响的光合细菌的产氢量大于不受热效应影响的光合细菌的产氢量，但总的产氢量仍然较低，产氢终止时有热效应影响的光合细菌的产氢量为171mL，无热效应影响的光合细菌的产氢量为136mL。

由图 4-15(b) 可知，初始温度为 27℃时热效应对产氢量的影响和初始温度为 24℃时热效应对产氢量的影响趋势基本一致。在 48h 以前，受热效应影响的系统和不受热效应影响的系统，产氢量相差不大，48~120h 两系统的产氢量都迅速增加，120h 以后受热效应影响的系统产氢量继续以较大的速度增加，而不受热效应影响的系统产氢量基本不再变化。在整个产氢过程中，受热效应影响的光合细菌产氢量大于不受热效应影响的光合细菌产氢量，产氢终止时两系统产氢量分别是 865mL 和 562mL。

初始温度为 30℃和初始温度为 33℃时，热效应对产氢量的影响趋势相似。从图 4-15(c) 和图 4-15(d) 可知，在 30℃、33℃时，受热效应影响的系统产氢量反而没有不受热效应影响的系统产氢量高。30℃时受热效应影响的系统和不受热效应影响的系统产氢量分别是 546mL 和 806mL，33℃时两系统的产氢量分别是 374mL 和 496mL。受热效应影响，初始温度为 27℃的产氢量最大，其次是初始温度为 30℃的系统，初始温度为 33℃的系统产氢量相对较小，初始温度为 24℃的最小。

(2) 初始温度热效应对光合细菌产氢速率的影响　从图 4-16 可以看出，不论光合细菌产氢是否受热效应的影响，产氢速率都随时间的延长呈先增大后减小的趋势。初温为 24℃、27℃、30℃、33℃的系统受热效应影响，最

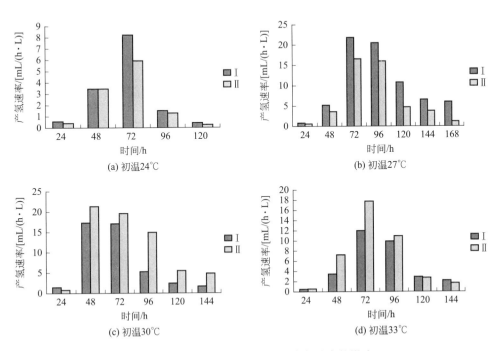

图 4-16　不同初始温度热效应对产氢速率的影响

大产氢速率分别是 8.23mL/(h·L)、21.88mL/(h·L)、17.33mL/(h·L)和 11.91mL/(h·L)。

初温为 24℃和 27℃时，光合细菌受热效应影响的产氢速率大于无热效应影响的产氢速率，并且 72h 以前有热效应影响的产氢速率的增加速度也大于无热效应影响的产氢速率的增加速度，72h 以后产氢速率开始降低。初温为 24℃的系统无热效应影响时的最大产氢速率为 5.98mL/(h·L)，有热效应影响时的最大产氢速率为 8.23mL/(h·L)，是无热效应影响时的最大产氢速率的 1.376 倍。初温为 27℃的系统无热效应影响时的最大产氢速率为 16.55mL/(h·L)，有热效应影响时的最大产氢速率为 21.88mL/(h·L)，是无热效应影响时的最大产氢速率的 1.322 倍。初温为 24℃的系统在 120h 基本停止产氢，而初温为 27℃有热效应影响的系统，其产氢速率可以持续到 168h。初温为 30℃和 33℃时，有热效应影响的系统的产氢速率小于无热效应影响的系统，并且初温为 30℃时，48h 以前产氢速率迅猛增加，48～72h 产氢速率基本不变，72h 以后产氢速率开始降低，并且有热效应影响的系统的产氢速率降低幅度大于无热效应影响的系统。但初温为 33℃时，72h 以前产氢速率增加幅度较小，72h 以后产氢速率减小幅度也较小，并且有热效应影响的系统的产氢速率的增加或减小幅度都小于无热效应影响的系统，可能是因为初温较高时，有大量累积热的存在，产氢光合细菌的产氢酶活性受阻，而不能稳定产氢。

### 4.4.1.2 光照强度热效应对光合细菌产氢能力的影响

设定光合产氢实验分别在光照强度为 500lx、1000lx、2000lx 和 3000lx 4 个水平下进行，其余条件分别设定为温度 27℃，接种量 10%，pH 7.0，接种物选择培养 48h、OD 值为 0.4～0.6 处于对数生长期的光合细菌，以 30g/L 葡萄糖溶液为产氢基质。

（1）光照强度热效应对光合细菌产氢量的影响　由图 4-17 可知，在不同的光照强度下，无论光合细菌产氢反应系统是否有累积热量，在整个光合反应阶段总产氢量都随时间的延长不断增加，并且有热效应影响的系统的产氢量大于无热效应影响的系统。

光照强度为 500lx 时，有热效应影响的系统的产氢量大于无热效应影响的系统，但两者相差不大，产氢总量都很低，分别是 408mL 和 338mL。光照强度为 1000lx 时，有热效应影响的系统产氢量增加速度较快，大于无热效应影响的系统，产氢总量相对较高，Ⅰ、Ⅱ 两系统的产氢量分别是 728mL 和 512mL。光照强度为 2000lx 时，有热效应影响的系统的产氢量大于无热效应影响的系统，并且两者产氢量都比较大，产氢量增加速度也都比

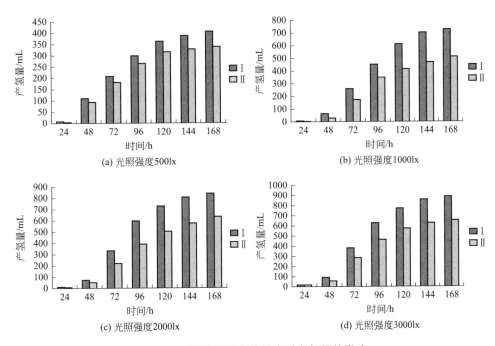

图 4-17　不同光照强度热效应对产氢量的影响

较快，产氢量分别是 837mL 和 629mL。光照强度为 3000lx 时，热效应对产氢量的影响与光照强度为 2000lx 时相似，但光照强度为 3000lx 的系统产氢总量大于光照强度为 2000lx 的系统，光照强度为 3000lx 时光合细菌产氢反应有、无热效应影响的产氢量分别是 894mL 和 652mL，与光照强度为 2000lx 时相差不是很大。

不同光照强度下，光合细菌产氢各系统都受热效应影响时，光照强度为 500lx 时产氢量最小，1000lx 时产氢量大于 500lx 小于 2000lx 和 3000lx 时的产氢量，光合细菌产氢各阶段 3000lx 时产氢量最大，2000lx 和 3000lx 的产氢量相差甚微，因此从节能和经济角度考虑，一般实验选择光照强度为 2000lx。结果表明，不同光照强度下，光合细菌进行新陈代谢等一系列的活动，造成热量累积，系统温度升高，都有助于产氢量的增加，并且随光照强度增加，在热效应的影响下，系统的产氢量也呈增加趋势。

（2）光照强度热效应对光合细菌产氢速率的影响　由图 4-18 可知，在有热效应影响和无热效应影响两种情况下，无论光照强度多少，24h 时产氢速率都很小，以后产氢速率不断增大，最大产氢速率一般出现在 72～96h，96h 以后产氢速率开始下降直到产氢结束。

光照强度 500lx 时有热效应影响的系统，产氢速率大于无热效应影响的

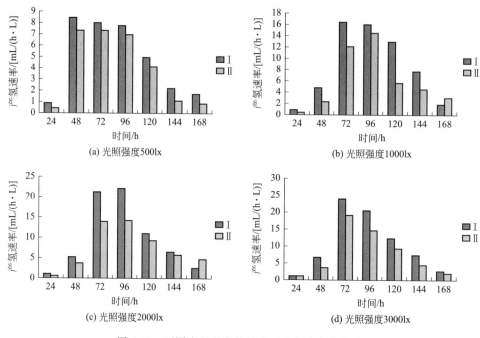

图 4-18　不同光照强度热效应对产氢速率的影响

系统，但两者相差不大，产氢速率都很低，最大产氢速率分别是 8.45mL/(h·L) 和 7.37mL/(h·L)，而且 24～48h 产氢速率变化幅度较大。光照强度 1000lx 时，整个反应过程有热效应影响的系统产氢速率大于无热效应影响的系统，并且有热效应影响的系统中，48～72h 产氢速率增大幅度较大，在 72h 达到最大产氢速率 16.47mL/(h·L)，而且 72～120h 一直维持较高的产氢速率；而光照强度 1000lx 无热效应影响的系统中，48～96h 产氢速率不断增加，最大产氢速率出现在 96h，为 14.52mL/(h·L)，96h 以后产氢速率急剧下降，即 1000lx 光照时，有热效应影响的系统，其最大产氢速率出现较早并且高产氢速率持续的时间也比无热效应影响的系统要久，产氢比较集中稳定。光照强度 2000lx 时，有热效应影响的系统在产氢方面显示出了明显的优越性，其最大产氢速率出现在 72～96h 为 22.32mL/(h·L)，在此时间段内产氢量剧增，产氢特别集中而且量大，而对于 2000lx 无热效应影响的系统，产氢持续时间较长，而且产氢速率较低，产氢不集中，不利于高效产氢的进行。光照强度 3000lx 时，有热效应影响的系统产氢速率大于无热效应影响的系统，两种系统都在 72h 达到最大产氢速率，分别是 23.92mL/(h·L) 和 19.07mL/(h·L)，但有热效应影响的系统产氢速率变化幅度较大。

#### 4.4.1.3　接种量热效应对光合细菌产氢能力的影响

选用初始 OD 值为 0.48 的处于对数生长期的光合细菌，接种量按体积分数分别设置为 5%、10%、20%、50%，其他条件分别设定为温度 27℃、光照强度 2000lx、pH7.0，以 30g/L 葡萄糖溶液为产氢基质，记录不同接种量下光合细菌产氢能力的变化。

（1）接种量热效应对光合细菌产氢量的影响　由图 4-19 可知，接种量5% 时，有热效应影响系统的产氢量大于无热效应影响的系统，并且两种系统的产氢量都随时间的延长呈增长趋势，但可能因为活菌数目较少，葡萄糖不能被充分利用，产氢量相对较少，Ⅰ、Ⅱ 的产氢量分别是 419mL、326mL。10% 接种量和 20% 接种量时，有热效应影响的系统产氢量大于无热效应影响的系统，产氢量都随时间的延长呈增长趋势，而且都大于 5% 接种量的产氢量，10% 接种量和 20% 接种量有热效应影响的系统产氢量分别是 808mL、848mL，无热效应影响的系统产氢量分别是 719mL、745mL。50% 接种量时，有热效应影响的系统最终的产氢量大于无热效应影响的系统，Ⅰ、Ⅱ 的产氢量分别是 714mL、683mL，但在整个产氢过程中有热效应影响的系统的产氢量并不是一直大于无热效应影响的系统。

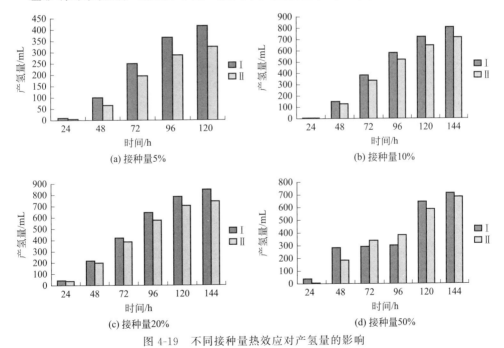

图 4-19　不同接种量热效应对产氢量的影响

有热效应影响时，除 50% 接种量外，其余各接种量条件下，有热效应影响的系统产氢量在整个产氢过程都大于无热效应影响的系统，并且各系统的产氢量都随时间的延长不断增加。5%接种量时产氢总量最少，10%、20%接种量时产氢量比较接近，其中20%接种量时的产氢量最大，其次是10%接种量，50%接种量相对较少。可能是因为接种量过低时，产氢细菌不足以利用所提供的产氢基质，转化率较低，产氢量较少；接种量高时，反应容器内的浓度较大，产氢体系颜色较深，从而使光线的穿透率下降，导致光合细菌酶活性降低。

（2）接种量热效应对光合细菌产氢速率的影响　由图4-20可知，在5%、10%和20%接种量时，热效应对光合细菌产氢速率的影响比较相似，受热效应影响的系统产氢速率都大于无热效应影响的系统，并且产氢速率都随时间的延长呈先增加后减小的趋势。

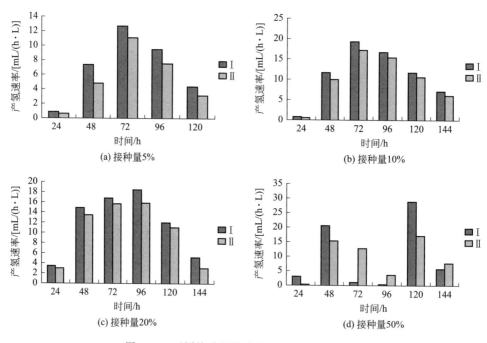

图 4-20　不同接种量热效应对产氢速率的影响

5%、10%和20%接种量时，72h以前产氢速率都不断增大，受热效应影响的系统产氢速率增加幅度大于无热效应影响的系统，并且5%、10%接种量都在72h达到最大产氢速率，5%接种量时有、无热量累积的系统最大产氢速率分别是12.78mL/(h·L)、11.14mL/(h·L)，10%接种量时有、无热量累积的系统最大产氢速率分别是19.28mL/(h·L)、17.14mL/(h·L)，而20%接种量时，在72~96h产氢速率继续增大，其最大产氢速率出现在96h，有、无热量累积的系统最大产氢速率分别是18.50mL/(h·L)、

15.82mL/(h·L)，而且 10％和 20％接种量时，有热效应影响时高产氢速率持续时间较长。50％接种量时，0～48h 产氢速率迅速增大，受热效应影响的系统产氢速率增加幅度大于无热效应影响的系统，48h 以后产氢速率出现下降的趋势，受热效应影响的系统产氢速率下降幅度大于无热效应影响的系统，96h 无热量累积的系统产氢速率为 3.68mL/(h·L)，受热效应影响的系统，产氢速率几乎为零，而 96h 以后产氢速率又出现了飞速增长，并在 120h 出现第二次产氢高峰，有、无热效应影响的系统的产氢速率分别为 28.82mL/(h·L)、17.12mL/(h·L)。

50％接种量时，有热效应影响的系统在 72～96h 产氢速率几乎为零，96h 以后又出现二次产氢现象，可能是因为接种量过高，虽然产氢体系累积热量较多，但细菌浓度较高，光线的通透性较差，而且光合细菌的生理活动受有限底物的影响出现竞争效应，因为光合细菌的产氢反应机理在于先利用葡萄糖产氢，后利用小分子酸产氢，在葡萄糖被大量分解而小分子酸不能充分用于产氢反应时，就可能出现二次产氢现象。

#### 4.4.1.4 碳源热效应对光合细菌产氢能力的影响

设置温度 27℃、光照强度 2000lx、接种量 10％，选择处于对数生长期、初始 OD 值为 0.43 的光合细菌，碳源选择葡萄糖、蔗糖、乳酸、乙酸。

（1）碳源热效应对光合细菌产氢量的影响　由图 4-21 可知，光合细菌

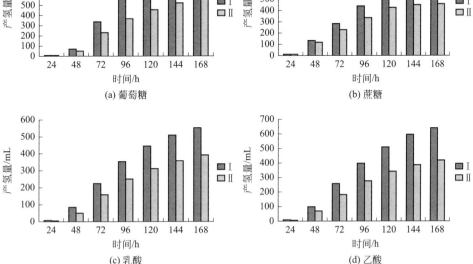

图 4-21　不同碳源热效应对产氢量的影响

利用不同碳源进行产氢时，有、无热效应影响产氢量都随时间的延长呈增加趋势，有热效应影响的系统在整个产氢过程中，产氢量大于无热效应影响的系统。在实验所设置的四种情况下，葡萄糖为碳源时产氢量最大，在产氢终止时有、无热效应影响的系统产氢量分别是 865mL、572mL，蔗糖的产氢量小于葡萄糖，大于乳酸和乙酸，有、无热效应影响的系统产氢量分别是 766mL、458mL，乙酸其次，有、无热效应影响的系统产氢量分别是 640mL、421mL，而乳酸的产氢量最小，有、无热效应影响的系统产氢量分别是 551mL、393mL。

有累积热量时，葡萄糖产氢量最大，蔗糖其次，乳酸最小，乙酸的产氢量小于葡萄糖和蔗糖，大于乳酸。葡萄糖累积热量较小，温度变化率小于蔗糖和乳酸，而产氢量是蔗糖的 1.129 倍，乳酸的 1.570 倍，乙酸的累积热量最大，温度变化率最大，而产氢量仅大于乳酸，说明受热效应影响时，光合细菌产氢对不同碳源的利用程度不同，而且并不是累积热量越多，系统温度变化越大，光合细菌对碳源的利用程度就越高，产氢量越多。碳源不同，热效应对产氢量的影响不同，其具体原因还有待进一步研究。

（2）碳源热效应对光合细菌产氢速率的影响　由图 4-22 可知，葡萄糖、蔗糖、乳酸、乙酸为碳源产氢时，受热效应影响的系统产氢速率都大于无热效应影响的系统，并且产氢速率都随时间的延长呈先增加后减小的趋势。以

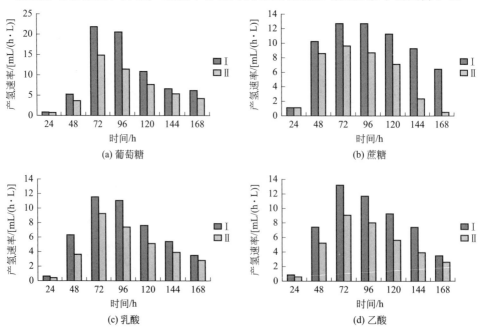

图 4-22　不同碳源热效应对产氢速率的影响

葡萄糖为碳源时，受热效应影响的系统，48h以前产氢速率较低，48～72h产氢速率快速增加，在72h达到最大产氢速率，为21.88mL/（h·L），72～96h产氢比较集中，在此期间产氢速率维持在较高水平，96h以后产氢速率不断减小；而无热效应影响的系统，在产氢过程中，产氢速率较大的时间范围比较宽，产氢持续时间相对较长，但不集中，所以以葡萄糖为碳源产氢时，有热效应影响的系统比较好。以蔗糖、乳酸、乙酸为碳源产氢时，蔗糖为碳源的系统产氢速率小于葡萄糖，但在蔗糖产氢过程中，48～144h产氢速率相对较高，受热效应影响的系统与无热效应影响的系统产氢速率最大分别是12.78mL/（h·L）、9.66mL/（h·L）；乳酸、乙酸为碳源产氢，产氢速率变化趋势相似，受热效应影响的系统产氢速率大于无热效应影响的系统，乳酸、乙酸有热效应影响的系统与无热效应影响的系统产氢速率分别是11.48mL/（h·L）、9.32mL/（h·L）、13.22mL/（h·L）、9.10mL/（h·L）。

在光生化制氢过程中，以乙酸为碳源的系统，累积热量最多，系统温度最高，蔗糖其次，乳酸和葡萄糖相对较小；而葡萄糖的产氢量和产氢速率却是四种碳源中最高的，蔗糖其次，乙酸小于葡萄糖和蔗糖，但大于乳酸。由此说明，在光合细菌产氢反应时，虽然对于同一碳源，有热量累积的系统的产氢能力大于无热量累积的系统，但不同碳源条件下，同时受热效应影响时，并不是热效应作用越强，产氢能力就越强，可能是由本课题组自己筛选的光合产氢细菌HAU-M1作用生长的碳源和作为产氢的碳源不是同一碳源，或者能够作为很好的生长碳源的物质不是很好的产氢碳源所致。

#### 4.4.1.5 葡萄糖浓度热效应对光合细菌产氢能力的影响

研究葡萄糖浓度对产氢能力的影响，以期在热效应影响下，获得最佳的葡萄糖添加量，实现高速率产氢的同时，使葡萄糖得到有效的、充分的利用。实验设置温度27℃、光照强度2000lx、接种量10%、pH为7.0，选择培养了48h、处于对数生长期、初始OD值为0.42的光合细菌，实验共设五个水平即葡萄糖浓度为0.5%、1.0%、2.0%、3.0%和4.0%。

（1）葡萄糖浓度热效应对光合细菌产氢量的影响　不同葡萄糖浓度下，产氢量变化如图4-23所示，葡萄糖浓度为0.5%，Ⅰ、Ⅱ两系统的光合细菌在产氢溶液中只发生色素变化，反应溶液的颜色由粉红色不断加深，逐渐变成深红色，并无气体生成，并且有热效应影响的系统色素变化快于无热效应影响的系统。葡萄糖浓度为1.0%、2.0%、3.0%、4.0%时，各系统均产氢，有热量累积的系统产氢量大于无热量累积的系统。葡萄糖浓度为1.0%时产氢量很低，Ⅰ、Ⅱ两系统产氢量最大值分别是278mL、211mL。葡萄糖浓度为2.0%、3.0%、4.0%的产氢量较大，2.0%的Ⅰ、Ⅱ两系统产氢量分别是 671mL、525mL，3.0% 的Ⅰ、Ⅱ两系统产氢量分别是 784mL、587mL，4.0% 的Ⅰ、Ⅱ两系统产氢量分别是 833mL、611mL。比较各浓度水平下Ⅰ、Ⅱ两系统的产氢量可以说明，不同葡萄糖浓度热效应都有助于产氢量的提高。

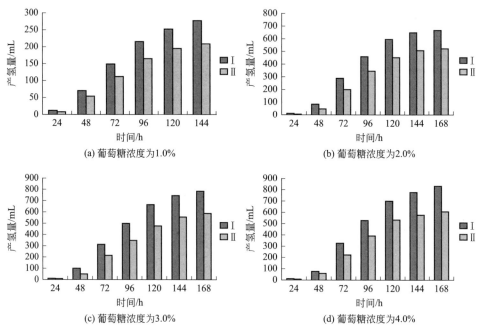

图 4-23　不同葡萄糖浓度热效应对产氢量的影响

热效应影响下，葡萄糖浓度对产氢量有较大的影响，在所设置的五种水平下，葡萄糖浓度小于 0.5% 时不产氢，浓度为 1.0% 时，虽然产氢但产氢量很小，浓度为 2.0% 的产氢量大于葡萄糖浓度为 1.0% 的系统，小于浓度为 3.0% 和 4.0% 的系统，浓度为 4.0% 的系统产氢量最大，浓度 3.0% 的系统产氢量小于 4.0% 的，但相差不多。

（2）葡萄糖浓度热效应对光合细菌产氢速率的影响　由图 4-24 可知，葡萄糖浓度对光合细菌的产氢速率也有较大的影响，各浓度条件下，有热量累积的系统在整个产氢过程中，其产氢速率都大于无热量累积的系统。24h 时，各浓度几乎不产氢，24～48h 产氢速率迅速增大，并在 72h 达到各浓度的最大产氢速率。葡萄糖浓度为 1.0% 时，产氢速率在 48～96h 维持较高水平，葡萄糖浓度为 2.0%、3.0%、4.0% 时，产氢速率在 72～120h 维持较高水平。葡萄糖浓度为 1.0% 的Ⅰ、Ⅱ两系统最大产氢速率分别是 6.50mL/(h·L)、4.77mL/(h·L)，浓度为 2.0% 的Ⅰ、Ⅱ两系统最大产氢速率分别是 16.81mL/(h·L)、12.87mL/(h·L)，浓度为 3.0% 的Ⅰ、Ⅱ两系统最大产氢速率分别是 17.51mL/(h·L)、13.61mL/(h·L)，浓度为 4.0% 的Ⅰ、Ⅱ两系统最大产氢速率分别是 20.71mL/(h·L)、13.86mL/(h·L)。

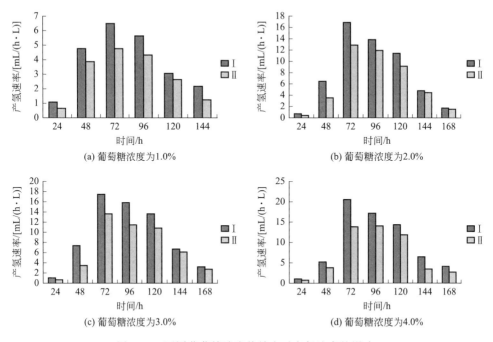

图 4-24　不同葡萄糖浓度热效应对产氢速率的影响

在热效应影响下，葡萄糖浓度为 1.0% 时，产氢速率最小，浓度为 2.0% 的产氢速率大于浓度为 1.0% 的，小于浓度为 3.0% 和 4.0% 的。浓度为 4.0% 的系统产氢速率一直大于浓度为 3.0% 的系统。说明以葡萄糖为碳源进行产氢实验时，葡萄糖浓度的大小对产氢速率有很大的影响。实验还发现，当葡萄糖浓度较大时，反应溶液的酸化程度高、速度快，葡萄糖浓度为 4.0% 的反应溶液在反应 48h 以后，pH 小于 5.0，pH 低，也不利于产氢的顺利进行，而且葡萄糖浓度为 3.0% 的系统的产氢量和浓度为 4.0% 的相差不大，所以一般选浓度为 3.0% 的葡萄糖。

### 4.4.1.6　葡萄糖接入时间热效应对光合细菌产氢能力的影响

设置参数为温度 27℃、光照强度 2000lx、接种量 10%、pH 为 7.0，选择培养了 48h、处于对数生长期、初始 OD 值为 0.41 的光合细菌，产氢基质葡萄糖的接入时间共设三个水平，分别是光合细菌接入之后 36h、48h 和 60h。

（1）葡萄糖接入时间热效应对光合细菌产氢量的影响　由图 4-25 可知，

光合细菌产氢反应过程中，在细菌接入之后的不同时间接入葡萄糖，光合细菌利用葡萄糖产氢的能力是不同的。在光合细菌接入之后 36h、48h 和 60h 接入葡萄糖，有热量累积的系统的产氢量在整个产氢过程中都大于无热量累积的系统，葡萄糖不同接入时间下，各条件的产氢变化趋势相近，说明热效应有利于产氢量的提高。在光合细菌接入之后 36h 接入葡萄糖，有、无热效应影响的系统产氢量分别是 785mL、691mL，48h 之后接入葡萄糖，有、无热效应影响的系统产氢量分别是 706mL、567mL，而 60h 之后接入葡萄糖，有、无热效应影响的系统产氢量分别是 645mL、541mL。

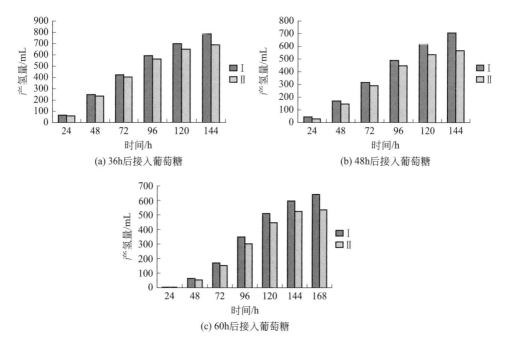

图 4-25　不同葡萄糖接入时间热效应对产氢量的影响

　　存在热效应时，葡萄糖接入时间不同，在整个产氢过程中光合细菌产氢量存在较大差异，其中 60h 之后接入葡萄糖的产氢量最小，48h 之后接入葡萄糖的产氢量大于 60h 之后接入葡萄糖的产氢量，但小于 36h 之后接入葡萄糖的产氢量，而 36h 之后接入葡萄糖的产氢量最大。36h 和 48h 之后接入葡萄糖，产氢在反应 144h 之后基本停止，而 60h 之后接入葡萄糖的系统产氢可持续到 168h。可能是因为，光合细菌在产氢反应时细菌生长的倍增周期，一般都出现在光合细菌接入之后 48h 以内，在倍增周期内接入葡萄糖，光合细菌繁殖较快，能够较早适应新环境，提高产氢酶的活性，从而提高产氢量。

（2）葡萄糖接入时间热效应对光合细菌产氢速率的影响　热效应影响下，葡萄糖接入时间不同，光合细菌产氢速率变化如图 4-26 所示。由图可知，有热量累积的系统，产氢速率在整个产氢过程中都大于无热量累积的系统，产氢速率较大的时间段为 48～96h，在此时间段内产氢速率的变化较小，高产氢速率持续时间较长。36h 后接入葡萄糖，Ⅰ、Ⅱ系统的最大产氢速率分别是 15.38mL/(h·L)、14.73mL/(h·L)，48h 后接入葡萄糖的产氢速率小于 36h 后接入葡萄糖的系统，Ⅰ、Ⅱ系统的最大产氢速率分别是 14.30mL/(h·L)、13.22mL/(h·L)，而 96h 后接入葡萄糖，Ⅰ、Ⅱ系统的最大产氢速率分别是 13.43mL/(h·L)、12.78mL/(h·L)。

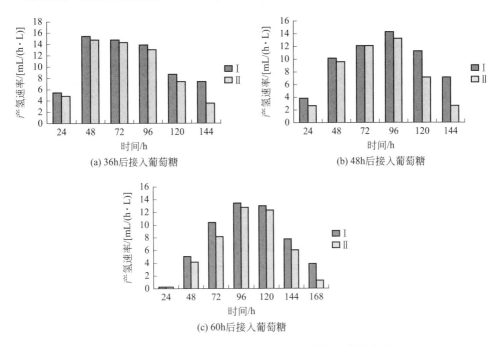

图 4-26　不同葡萄糖接入时间热效应对产氢速率的影响

### 4.4.1.7　$NH_4^+$ 浓度热效应对光合细菌产氢能力的影响

研究 $NH_4^+$ 浓度大小对光合细菌产氢能力的影响，主要参数设置为温度 27℃、光照强度 2000lx、接种量 10%、pH 7.0，接种物选择培养 48h、OD 值为 0.4～0.6、处于对数生长期的光合细菌，$NH_4^+$ 浓度选择 0.2g/L、0.4g/L、0.6g/L 和 0.8g/L 四个水平。

（1）$NH_4^+$ 浓度热效应对光合细菌产氢量的影响　由图 4-27 可知，$NH_4^+$ 浓度为 0.2g/L、0.4g/L、0.6g/L 时，有、无热效应影响的系统其产氢量都随时间的延长不断增加，直至产氢终止，并且受热效应影响的系统产

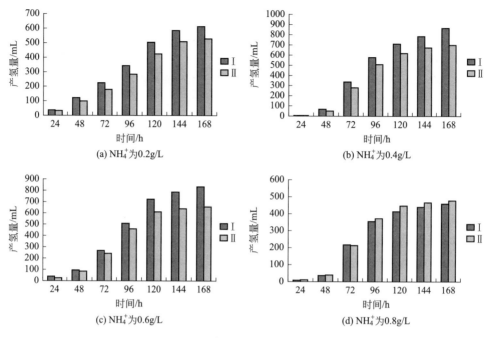

图 4-27　不同 $NH_4^+$ 浓度热效应对产氢量的影响

氢量大于无热效应影响的系统。$NH_4^+$ 浓度为 0.8g/L 时，产氢量也随时间的延长不断增加，但受热效应影响的系统产氢量小于无热效应影响的系统。48h 以前不同 $NH_4^+$ 浓度下的产氢量都较低，48h 以后产氢量快速增加。$NH_4^+$ 浓度为 0.2g/L 时，Ⅰ、Ⅱ系统产氢量分别是 614mL 和 530mL；$NH_4^+$ 浓度为 0.4g/L 时，Ⅰ、Ⅱ系统产氢量分别是 865mL 和 702mL；$NH_4^+$ 浓度为 0.6g/L 时，Ⅰ、Ⅱ系统产氢量分别是 832mL 和 660mL；$NH_4^+$ 浓度为 0.8g/L 时，Ⅰ、Ⅱ系统产氢量分别是 460mL 和 478mL。受热效应影响的各系统中 $NH_4^+$ 浓度为 0.4g/L 的产氢量最大，$NH_4^+$ 浓度为 0.6g/L 的产氢量和 0.4g/L 的相差不大，仅差 33mL，$NH_4^+$ 浓度为 0.2g/L 时产氢量小于 0.6g/L 和 0.4g/L 的产氢量，大于 0.8g/L 的产氢量，$NH_4^+$ 浓度为 0.8g/L 时产氢量最小，$NH_4^+$ 浓度为 0.4g/L 的产氢量是 $NH_4^+$ 浓度为 0.8g/L 的产氢量的 1.88 倍。说明 $NH_4^+$ 浓度较高时，不适合光合细菌反应产氢，产氢量较少。

（2）$NH_4^+$ 浓度热效应对光合细菌产氢速率的影响　由图 4-28 可知，$NH_4^+$ 浓度为 0.2g/L 时，120h 以前，有热效应的系统产氢速率大于无热效应影响的系统，120h 后产氢速率下降，在 144h，有热效应的系统产氢速率小于无热效应影响的系统，可能是因为 $NH_4^+$ 浓度过低，产氢反应一段时间后，有热效应的系统中 $NH_4^+$ 被消耗完毕，而固氮酶还需要一定量的 $NH_4^+$ 进行固氮作用，活性较弱，引起产氢速率下降幅度较大。$NH_4^+$ 浓度为 0.2g/L 的 I、II 系统最大产氢速率分别是 13.61mL/(h·L)、11.61mL/(h·L)。$NH_4^+$ 浓度为 0.4g/L 和 0.6g/L 时，有热效应的系统产氢速率大于无热效应影响的系统。浓度为 0.4g/L 的系统中，最大产氢速率出现在 72h，I、II 系统最大产氢速率分别是 21.88mL/(h·L)、19.28mL/(h·L)。浓度为 0.6g/L 的系统中，最大产氢速率出现在 96h，I、II 系统最大产氢速率分别是 20.19mL/(h·L)、17.85mL/(h·L)。$NH_4^+$ 浓度为 0.8g/L 时，72h 以前（除 24h），有热效应的系统产氢速率大于无热效应影响的系统，72h 以后，随时间延长，产氢速率下降，有热效应的系统产氢速率反而小于无热效应影响的系统，可能是因为 $NH_4^+$ 浓度相对较高时，有热效应影响的系统的温度较高，有利于细菌生长繁殖，大量的 $NH_4^+$ 被用作生长的氮源，而不利于产氢的进行，因而产氢速率大幅度下降，甚至小于无热效应影响的系统。

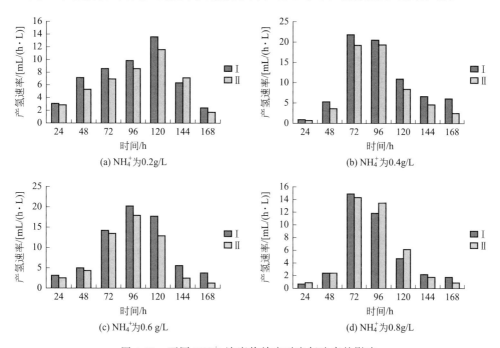

图 4-28　不同 $NH_4^+$ 浓度热效应对产氢速率的影响

## 4.4.2　光生化制氢热效应对光合细菌酶活性的影响

在光合细菌产氢过程中，产氢能力是影响光合反应的重要因素，也是决定其市场运营的关键，提高光合细菌的产氢能力是目前实验研究的重中之重，而光合细菌的产氢能力又和光合细菌的酶活性紧密相关，包括固氮酶、放氢酶、吸氢酶，尤其是固氮酶和放氢酶的活性。有研究表明，固氮酶和放氢酶在功能上是相关的，而且在遗传上也有相关性，本研究探索了热效应影响下，不同条件时，热效应对固氮酶和放氢酶的影响，及两者的相关性，以期通过研究为光合细菌产氢机制、优化及大反应器的设计提供理论依据。

### 4.4.2.1 初始温度对酶活性的影响

研究不同初始温度对课题组自己筛选的混合光合细菌的酶活性的影响，测定有累积热量和无累积热量时，四个温度水平下固氮酶活性 [nmol/(mL·h)，$C_2H_4$ 物质的量/(菌体蛋白量×反应时间)] 和放氢酶活性 [nmol/(mL·h)，$H_2$ 的物质的量/(菌体蛋白量×反应时间)]。结果如表 4-2 所示。

由表 4-2 可知，初温为 24℃、27℃时，有热量累积的反应中，固氮酶和放氢酶活性都高于无热量累积的反应；初温为 30℃、33℃时，有热量累积的反应中，固氮酶和放氢酶活性都低于无热量累积的反应；初温为 24～33℃时，有热量累积的反应中，固氮酶和放氢酶的活性随初始温度的变化呈现先增大再减小的趋势，和无热量累积的反应中固氮酶和放氢酶活性的变化趋势相同，这和热效应对光合细菌的产氢能力的影响一致，说明光合细菌的产氢能力大小与固氮酶和放氢酶的活性有密切的关联性。

表 4-2　初始温度对酶活性的影响

| 温度/℃ | 固氮酶活性 /[nmol/(mL·h)] | | 放氢酶活性 /[nmol/(mL·h)] | |
| --- | --- | --- | --- | --- |
| | I | II | I | II |
| 24 | 102 | 65 | 367 | 267 |
| 27 | 520 | 405 | 976 | 739 |
| 30 | 430 | 446 | 754 | 871 |
| 33 | 289 | 328 | 531 | 793 |

从表中还可以看出，初温为 27℃和 30℃时，I、II光合细菌有较高的固氮酶活性表达，其放氢酶活性也较高，初温为 24℃和 33℃时，I、II光合细菌的固氮酶活性较弱，其放氢酶活性也很低。有热量累积时，在上述四种初始温度下，27℃时的固氮酶活性最高，其次是 30℃，33℃时的固氮酶活性低于初温为 27℃、30℃的反应，高于初温为 24℃的，即初温为 24℃的固氮酶活性最低。有热量累积时，不同初温下放氢酶的活性也有与固氮酶相同的变化，说明固氮酶活性和放氢酶的活性呈相同的变化趋势，即在初始温

度为 24～33℃ 时，固氮酶活性越高，则放氢酶活性也越高。光合细菌产氢反应在热效应的影响下，宜选初始温度为 27℃，此时固氮酶和放氢酶的活性都比较高。

### 4.4.2.2　光照强度对酶活性的影响

研究不同光照强度对光合细菌的固氮酶、放氢酶活性的影响。设定光照强度分别为 500lx、1000lx、2000lx 和 3000lx，测定了有累积热量和无累积热量时固氮酶和放氢酶的酶活性。实验结果如表 4-3 所示。

表 4-3　光照强度对酶活性的影响

| 光照强度/lx | 固氮酶活性 /[nmol/(mL·h)] | | 放氢酶活性 /[nmol/(mL·h)] | |
| --- | --- | --- | --- | --- |
| | Ⅰ | Ⅱ | Ⅰ | Ⅱ |
| 500 | 170 | 89 | 357 | 328 |
| 1000 | 320 | 228 | 619 | 541 |
| 2000 | 495 | 370 | 952 | 735 |
| 3000 | 516 | 390 | 1068 | 851 |

从表 4-3 可以看出，在 500～3000lx 范围内，同一光照强度时，有热量累积的反应中，固氮酶活性和放氢酶活性都高于无热量累积的反应。Ⅰ、Ⅱ系统的固氮酶活性和放氢酶活性，在光照强度为 500～3000lx 时，随光照强度的增大呈增加趋势，即在一定的光照范围内，固氮酶活性和放氢酶活性与光照强度呈正相关。这与在热效应影响下，光合细菌的产氢能力与光照强度之间的关系一致。

从表中还可以看出，在 500～3000lx 范围内，无论是否有热量累积，增大光照强度对光合菌群固氮酶活性的表达都有着明显的促进作用，而且在 2000～3000lx 范围内，固氮酶活性达到了较高的水平。在 2000～3000lx 范围内，放氢酶的活性也比较高，可见在一定的范围内增大光照强度能够提高放氢酶的活性，其主要原因可能是固氮酶活性的提高。说明在一定的范围内增加光照强度，有利于固氮酶和产氢酶活性的提高，从而有利于产氢能力的提高。

### 4.4.2.3　接种量对酶活性的影响

研究接种量为 5％、10％、20％、50％ 对光合细菌的固氮酶、放氢酶活性的影响。测定了有累积热量和无累积热量时，固氮酶和放氢酶的酶活性。结果见表 4-4。

表 4-4　接种量对酶活性的影响

| 接种量/% | 固氮酶活性 /[nmol/(mL·h)] | | 放氢酶活性 /[nmol/(mL·h)] | |
|---|---|---|---|---|
| | I | II | I | II |
| 5 | 277 | 252 | 92 | 48 |
| 10 | 554 | 413 | 860 | 764 |
| 20 | 517 | 398 | 751 | 700 |
| 50 | 309 | 356 | 497 | 570 |

从表 4-4 可以看出，5%、10%、20%接种量时，有累积热量的系统中固氮酶活性和放氢酶活性都大于无累积热量的系统；50%接种量时，有累积热量的固氮酶活性和放氢酶活性都小于无累积热量的系统。说明 5%～20%接种量时，累积热量能够促进固氮酶和放氢酶活性的提高，50%接种量时，累积热量不能促进酶活性的提高。

从表中还可以看出，10%接种量的固氮酶活性最大为 554nmol/(mL·h)，与 20%接种量的固氮酶活性相差不大，而且 10%接种量的放氢酶活性最大为 860nmol/(mL·h)，同样与 20%接种量的放氢酶活性相差很少。50%接种量时，虽然固氮酶和放氢酶的活性较小，但大于 5%接种量的酶活性。说明在接种量比较小时，固氮酶和放氢酶的活性都很低，10%、20%是比较合适的接种量，能够表现出较高的固氮酶和放氢酶活性，10%接种量最优，而接种量过高时，固氮酶和放氢酶的活性都会降低，不利于产氢。

#### 4.4.2.4　碳源对酶活性的影响

研究不同碳源对固氮酶和放氢酶活性的影响。分别以蔗糖、乳酸和乙酸取代产氢培养基中的葡萄糖，并和以葡萄糖为碳源的反应比较。以乳酸为碳源时，利用碱液调节 pH 至中性后测定细菌的固氮酶和放氢酶的活性。结果如表 4-5 所示。

由表 4-5 可知，无论以蔗糖、乳酸还是乙酸为碳源，有热量累积的反应中，固氮酶和放氢酶活性都高于无热量累积的反应。葡萄糖、蔗糖、乳酸、乙酸为碳源，有热量累积时固氮酶的活性分别比无热量累积的反应增大了 32nmol/(mL·h)、247nmol/(mL·h)、184nmol/(mL·h)、277nmol/(mL·h)，放氢酶活性分别比无热量累积的反应增大了 89nmol/(mL·h)、144nmol/(mL·h)、98nmol/(mL·h)、136nmol/(mL·h)，说明不同碳源时，在合适的反应条件下，累积热量能够促进固氮酶和放氢酶活性的提高。

表 4-5  碳源对酶活性的影响

| 碳源 | 固氮酶活性 /[nmol/(mL·h)] | | 放氢酶活性 /[nmol/(mL·h)] | | pH | |
|---|---|---|---|---|---|---|
| | I | II | I | II | I | II |
| 葡萄糖 | 502 | 470 | 976 | 887 | 4.85 | 4.98 |
| 蔗糖 | 443 | 196 | 590 | 446 | 5.46 | 5.50 |
| 乳酸 | 240 | 56 | 513 | 415 | 8.24 | 8.17 |
| 乙酸 | 389 | 112 | 567 | 431 | 7.88 | 7.79 |

由表还可以看出，以葡萄糖为碳源能支持课题组自己筛选的混合光合细菌较高的固氮酶和放氢酶活性，蔗糖次之，而以乙酸和乳酸为碳源，光合细菌有比较低的固氮酶和放氢酶活性表达。固氮酶活性和放氢酶的活性呈相同的变化趋势，即固氮酶活性越高，放氢酶活性也越高。另外以葡萄糖为碳源，I、II系统其酸碱性很快由中性降低到 pH 4.85、pH 4.98；以蔗糖为碳源，I、II系统其酸碱性很快由中性降低到 pH 5.46、pH 5.50；而以乳酸为碳源，I、II系统的酸碱性由中性升高到 pH 8.24、pH 8.17；以乙酸为碳源，I、II系统的酸碱性由中性升高到 pH 7.88 和 pH 7.79。可能是由于乳酸、乙酸是以有机酸分子的形式进入光合细菌的细胞而被利用的，从而导致 pH 上升，而葡萄糖、蔗糖溶液的 pH 迅速下降，是由底物降解产酸所致。

### 4.4.2.5  葡萄糖浓度对酶活性的影响

研究葡萄糖浓度为 0.5%、1.0%、2.0%、3.0% 和 4.0% 时，对光合细菌的固氮酶、放氢酶活性的影响。测定了有累积热量和无累积热量时，固氮酶和放氢酶的酶活性。结果见表 4-6。

表 4-6  葡萄糖浓度对酶活性的影响

| 葡萄糖浓度/% | 固氮酶活性 /[nmol/(mL·h)] | | 放氢酶活性 /[nmol/(mL·h)] | |
|---|---|---|---|---|
| | I | II | I | II |
| 0.5 | 45 | 37 | 0 | 0 |
| 1.0 | 95 | 58 | 242 | 184 |
| 2.0 | 129 | 85 | 290 | 213 |
| 3.0 | 495 | 314 | 925 | 619 |
| 4.0 | 367 | 299 | 781 | 607 |

由表 4-6 可知，葡萄糖浓度为 0.5%～4.0% 范围内，除葡萄糖浓度为 0.5% 的放氢酶活性不表达外，有热量累积的反应中，固氮酶和放氢酶活性都高于无热量累积的反应。葡萄糖浓度为 3.0% 和 4.0% 的光合细菌有比较

高的固氮酶和放氢酶活性表达，葡萄糖浓度为 1.0% 和 2.0% 的光合细菌的固氮酶和放氢酶活性表达较低。葡萄糖浓度为 0.5% 的放氢酶活性不表达，固氮酶活性很低。在葡萄糖浓度为 0.5%~4.0% 范围内，浓度为 3.0% 的活性表达最高，Ⅰ、Ⅱ系统固氮酶活性分别是 495nmol/(mL·h)、314nmol/(mL·h)，Ⅰ、Ⅱ系统放氢酶活性分别是 925nmol/(mL·h)、619nmol/(mL·h)。说明葡萄糖浓度很低时，固氮酶和放氢酶的活性表达很低或者不表达，不利于产氢反应的顺利进行，因此选取葡萄糖浓度以 3.0% 为宜。

### 4.4.2.6 $NH_4^+$ 浓度对酶活性的影响

除 $O_2$ 以外，$NH_4^+$ 是固氮酶活性表达最大的抑制剂，尽管铵盐经常被作为光合细菌生长培养基中的氮源使用，但它能够抑制固氮酶的合成和活性表达。研究有累积热量和无累积热量时，不同的 $NH_4^+$ 浓度对光合细菌的固氮酶和放氢酶活性的影响，结果如表 4-7 所示。

**表 4-7  $NH_4^+$ 浓度对酶活性的影响**

| $NH_4^+$ 浓度/(g/L) | 固氮酶活性 /[nmol/(mL·h)] | | 放氢酶活性 /[nmol/(mL·h)] | |
| --- | --- | --- | --- | --- |
| | Ⅰ | Ⅱ | Ⅰ | Ⅱ |
| 0.2 | 297 | 225 | 381 | 310 |
| 0.4 | 589 | 561 | 977 | 861 |
| 0.6 | 575 | 538 | 865 | 799 |
| 0.8 | 91 | 76 | 207 | 176 |

从表 4-7 可以看出，$NH_4^+$ 浓度为 0.2g/L、0.4g/L、0.6g/L 和 0.8g/L 时在有热量累积的反应中，固氮酶和放氢酶活性都高于无热量累积的反应。$NH_4^+$ 浓度为 0.2g/L 时，Ⅰ、Ⅱ系统的固氮酶和放氢酶的活性表达很弱，仅大于 $NH_4^+$ 浓度为 0.8g/L 的；$NH_4^+$ 浓度为 0.4g/L 和 0.6g/L 时，固氮酶活性表达显著，对应的放氢酶的活性也很高；$NH_4^+$ 浓度为 0.8g/L 时，Ⅰ、Ⅱ系统光合细菌的固氮酶活性表达显著降低，放氢酶活性的降低程度也很大。说明 $NH_4^+$ 浓度为 0.2~0.4g/L 时，固氮酶和放氢酶的活性表达呈增加趋势，$NH_4^+$ 浓度为 0.4~0.8g/L 时，固氮酶和放氢酶的活性表达呈下降趋势。所以为了使光合细菌有较强的固氮酶和放氢酶活性表达，使产氢能力最佳，$NH_4^+$ 浓度选取 0.4g/L 为宜。

### 4.4.3  光生化制氢热效应对光合细菌生长代谢能力的影响

#### 4.4.3.1 初始温度对氢气浓度的影响

研究温度对氢气浓度的影响时，初始温度共设四个水平，分别测定有累积热量和无累积热量时的最高氢气浓度、最低氢气浓度和平均氢气浓度，结果见表 4-8。

表 4-8　不同初始温度对氢气浓度的影响

| 温度/℃ | 最低氢浓度/% | | 最高氢浓度/% | | 平均氢浓度/% | |
|---|---|---|---|---|---|---|
| | Ⅰ | Ⅱ | Ⅰ | Ⅱ | Ⅰ | Ⅱ |
| 24 | 36.57 | 35.99 | 48.79 | 43.23 | 45.58 | 42.07 |
| 27 | 47.90 | 38.60 | 57.89 | 49.81 | 52.57 | 47.65 |
| 30 | 49.06 | 46.82 | 60.92 | 56.90 | 55.95 | 51.65 |
| 33 | 51.45 | 48.98 | 62.16 | 58.67 | 59.25 | 56.89 |

从表 4-8 可以看出，不论初始温度多少，有热量累积的反应中，最低、最高、平均氢气浓度都大于无热量累积的系统，说明光合细菌产氢时，系统累积热量有利于提高氢气浓度。初始温度为 24～33℃时，Ⅰ、Ⅱ系统的氢气浓度都随温度的升高呈增加趋势，即氢气浓度与温度呈正相关关系。可能是因为累积热量较多，系统温度较高时，产氢反应产生的混合气体中含有的水分较少，氢气浓度增加。初始温度为 24℃、27℃、30℃、33℃时，Ⅰ系统的平均氢气浓度分别是 45.58%、52.57%、55.95%、59.25%，Ⅱ系统的平均氢气浓度分别是 42.07%、47.65%、51.65%、56.89%，27℃时有累积热量的系统与无累积热量的系统相比，氢气浓度增加最多，增加了 4.92 个百分点，这与 27℃时系统温度变化率最大一致。

### 4.4.3.2　光照强度对氢气浓度的影响

不同光照强度下分别测定有累积热量和无累积热量系统中最高氢气浓度、最低氢气浓度和平均氢气浓度，分析光照强度对氢气浓度的影响，结果见表 4-9。

表 4-9　不同光照强度对氢气浓度的影响

| 光照强度/lx | 最低氢浓度/% | | 最高氢浓度/% | | 平均氢浓度/% | |
|---|---|---|---|---|---|---|
| | Ⅰ | Ⅱ | Ⅰ | Ⅱ | Ⅰ | Ⅱ |
| 500 | 45.55 | 37.98 | 51.96 | 47.98 | 48.72 | 47.23 |
| 1000 | 46.65 | 37.81 | 55.11 | 48.02 | 52.13 | 47.56 |
| 2000 | 48.15 | 37.87 | 59.83 | 48.06 | 53.99 | 47.63 |
| 3000 | 48.94 | 37.85 | 59.98 | 48.05 | 54.21 | 47.27 |

由表 4-9 可知，在没有累积热量时，光照强度在 500～3000lx，最低氢气浓度在 37.85% 左右浮动，而且浮动范围很小，不超过 0.2%；最高氢气

浓度也比较低，没有超过 50％，最大的在光照强度为 2000lx 时，仅 48.06％；平均氢气浓度也小于 50％，最高的在光照强度为 2000lx 时，平均氢气浓度为 47.63％。光照强度在 500～3000lx，有累积热量的系统中氢气浓度相对较高，最低氢气浓度、最高氢气浓度和平均氢气浓度都大于无累积热量的系统。而且从表中还可以看出，有累积热量的系统中，增大光照强度对氢气浓度的提高有明显的促进作用，最低氢气浓度、最高氢气浓度和平均氢气浓度都随光照强度的增强而增大。光照强度为 500lx、1000lx、2000lx 和 3000lx，Ⅰ系统的平均氢气浓度分别是 48.72％、52.13％、53.99％、54.21％，Ⅱ系统的平均氢气浓度分别是 47.23％、47.56％、47.63％、47.27％，光照强度为 2000lx 和 3000lx 时有累积热量的系统与无累积热量的系统相比，氢气浓度增加较多，分别增加了 6.36、6.94 个百分点。说明受热效应的影响，光照强度在 500～3000lx 时，增大光照强度对氢气浓度的提高有明显的促进作用。

### 4.4.3.3 接种量对氢气浓度的影响

不同接种量下，分别测定了有累积热量和无累积热量时的最高氢气浓度、最低氢气浓度和平均氢气浓度，分析不同接种量对氢气浓度的影响，实验结果见表 4-10。

表 4-10 不同接种量对氢气浓度的影响

| 接种量/％ | 最低氢浓度/％ | | 最高氢浓度/％ | | 平均氢浓度/％ | |
| --- | --- | --- | --- | --- | --- | --- |
| | Ⅰ | Ⅱ | Ⅰ | Ⅱ | Ⅰ | Ⅱ |
| 5 | 41.35 | 39.02 | 53.29 | 47.28 | 48.78 | 42.87 |
| 10 | 47.90 | 38.60 | 57.89 | 46.81 | 52.01 | 44.15 |
| 20 | 46.38 | 36.88 | 58.46 | 49.56 | 51.83 | 43.95 |
| 50 | 43.68 | 39.89 | 54.29 | 51.46 | 49.96 | 44.02 |

从表 4-10 可以看出，5％～50％接种时，有热量累积的反应中，最低、最高、平均氢气浓度都大于无热量累积的系统，说明光合细菌产氢反应时，系统热量累积，温度升高，有利于氢气浓度的提高。有热量累积的反应中平均氢气浓度与无热量累积的反应相比，5％～50％接种时，平均氢气浓度分别提高了 5.91、7.86、7.88、5.94 个百分点。这与 20％接种量时产热量最大，10％接种量其次，然后是 50％，最小的是 5％的热量累积多少顺序一致。说明光合细菌产氢反应时，氢气浓度的大小虽然和接种量没有直接的关系，但接种量的多少影响了累积热量的大小，从而影响了氢气浓度的大小，即在一定的接种量范围内，氢气浓度的大小随累积热量的多少发生变化，累

积热量越多，氢气浓度越大。

#### 4.4.3.4 碳源对细菌生长的影响

不同的光合细菌利用碳源的生长情况是不同的，即使同一光合细菌能利用的生长碳源和作为产氢电子供体的碳源也不一定相同。分别以葡萄糖、蔗糖、乳酸、乙酸为碳源研究光合细菌的生长情况。以660nm处的光密度值表示，结果见表4-11。

表 4-11　不同碳源对细菌生长的影响

| $t/h$ | 葡萄糖 | | 蔗糖 | | 乳酸 | | 乙酸 | |
|---|---|---|---|---|---|---|---|---|
| | I | II | I | II | I | II | I | II |
| 0 | 0.43 | 0.43 | 0.43 | 0.43 | 0.43 | 0.43 | 0.43 | 0.43 |
| 24 | 1.02 | 0.97 | 1.68 | 0.72 | 1.26 | 1.06 | 1.47 | 0.81 |
| 48 | 1.68 | 1.35 | 2.09 | 1.58 | 1.74 | 1.65 | 1.99 | 1.63 |
| 72 | 2.25 | 1.88 | 2.32 | 1.98 | 1.99 | 1.91 | 2.18 | 1.95 |
| 96 | 2.81 | 2.35 | 2.43 | 2.04 | 2.13 | 1.96 | 2.26 | 1.98 |
| 120 | 3.01 | 2.51 | 2.45 | 2.18 | 2.17 | 1.98 | 2.28 | 2.13 |
| 144 | 2.99 | 2.51 | 2.45 | 2.18 | 2.19 | 2.08 | 2.29 | 2.13 |

由表4-11可知，葡萄糖、蔗糖、乳酸、乙酸为碳源时，I、II系统有热量累积的反应中，光合细菌生长曲线比较陡峭，对数生长期曲线的斜率较大，细菌增长速度较快，光密度最大值比无热量累积的系统大。

总体上，以蔗糖、乳酸、乙酸为碳源时，光合细菌的生长情况相差不大，生长曲线都比较平缓，对数生长期曲线的斜率较小，细菌增长速度较慢，并且光密度最大值要小于以葡萄糖为碳源的光密度值。在选定的四种碳源中，以葡萄糖为碳源，光合细菌的生长曲线最陡，对数生长期曲线的斜率最大，细菌增长速度最快，其次是蔗糖，然后是乙酸，乳酸最小。这与以葡萄糖、蔗糖、乳酸、乙酸为碳源时，固氮酶和放氢酶的活性大小及产氢能力大小顺序一致。说明葡萄糖对课题组自己筛选的混合光合细菌来说，不仅是很好的生长碳源，而且可以作为很好的产氢电子供体。

#### 4.4.3.5 葡萄糖浓度对细菌生长的影响

研究有热量累积和无热量累积时，不同葡萄糖浓度对光合细菌生长的影响，结果如表4-12所示。葡萄糖浓度为0.5%～4.0%，有热量累积的反应中，光密度 $OD_{660}$ 大于无热量累积的光密度，光合细菌生长曲线比较陡峭，对数生长期曲线的斜率较大，细菌增长速度也快于无热量累积的。葡萄糖浓度为0.5%、1.0%时，光合细菌的生长情况最差，生长曲线比较平缓，对数生长期的曲线斜率较小，细菌增长速度较慢，并且光密度值很小；葡萄糖浓度为 2.0% 的其次；葡萄糖浓度为 3.0% 和 4.0% 的生长情况相似，光密度 $OD_{660}$ 比较接近，并且两者的细菌生长迅速，对数期曲线的斜率都较大，但浓度为 3.0% 的细菌生长情况好于浓度为 4.0% 的。由此得出，葡萄糖浓度为 3.0%～4.0% 时，光合产氢细菌的生长代谢较快，光合产氢细菌的数量较多，结合产氢能力和对酶活性的影响及对经济效益的影响，葡萄糖浓度以 3.0% 为宜。

表 4-12　不同葡萄糖浓度对细菌生长的影响

| $t/h$ | 0.5% | | 1.0% | | 2.0% | | 3.0% | | 4.0% | |
|---|---|---|---|---|---|---|---|---|---|---|
| | I | II | I | II | I | II | I | II | I | II |
| 0 | 0.42 | 0.42 | 0.42 | 0.42 | 0.42 | 0.42 | 0.42 | 0.42 | 0.42 | 0.42 |
| 24 | 0.69 | 0.51 | 1.47 | 1.00 | 1.62 | 1.35 | 1.74 | 1.45 | 1.83 | 1.56 |
| 48 | 0.94 | 0.75 | 1.76 | 1.32 | 1.99 | 1.75 | 2.17 | 1.89 | 2.43 | 2.17 |
| 72 | 1.21 | 0.78 | 1.95 | 1.74 | 2.56 | 2.24 | 2.97 | 2.43 | 2.83 | 2.69 |
| 96 | 1.45 | 1.44 | 1.97 | 1.94 | 2.99 | 2.35 | 3.17 | 2.73 | 3.16 | 2.98 |
| 120 | 1.44 | 1.43 | 1.96 | 1.94 | 3.02 | 2.56 | 3.17 | 2.73 | 3.26 | 2.99 |
| 144 | 1.44 | 1.42 | 1.95 | 1.93 | 3.03 | 2.56 | 3.16 | 2.69 | 3.22 | 2.96 |

### 4.4.3.6　$NH_4^+$ 浓度对细菌生长的影响

研究 $NH_4^+$ 浓度为 0.2g/L、0.4g/L、0.6g/L 和 0.8g/L 对光合细菌生长的影响，结果如表 4-13 所示。

表 4-13　不同 $NH_4^+$ 浓度对细菌生长的影响

| $t/h$ | 0.2g/L | | 0.4g/L | | 0.6g/L | | 0.8g/L | |
|---|---|---|---|---|---|---|---|---|
| | I | II | I | II | I | II | I | II |
| 0 | 0.49 | 0.49 | 0.49 | 0.49 | 0.49 | 0.49 | 0.49 | 0.49 |
| 24 | 1.10 | 0.98 | 1.47 | 1.35 | 1.59 | 1.52 | 1.77 | 1.66 |
| 48 | 2.13 | 2.09 | 2.48 | 2.35 | 2.65 | 2.57 | 2.96 | 2.85 |
| 72 | 2.44 | 2.35 | 2.79 | 2.56 | 3.09 | 2.77 | 3.57 | 3.45 |
| 96 | 2.45 | 2.42 | 3.10 | 2.62 | 3.27 | 2.79 | 3.67 | 3.50 |
| 120 | 2.63 | 2.53 | 3.18 | 3.12 | 3.30 | 3.28 | 3.67 | 3.49 |
| 144 | 2.72 | 2.58 | 3.13 | 3.13 | 3.24 | 3.25 | 3.60 | 3.42 |

从表 4-13 可以看出，$NH_4^+$ 浓度为 0.2～0.8g/L 时，有热量累积的反应中，光密度 $OD_{660}$ 的值大于无热量累积的光密度，光合细菌生长曲线比较

陡峭，对数生长期曲线的斜率较大，细菌增长速度也快于无热量累积的。从表中还可以看出，光合细菌的光密度随 $NH_4^+$ 浓度的提高而相应地增加，但放氢酶在 $NH_4^+$ 浓度大于 $0.4g/L$ 时活性下降，说明 $NH_4^+$ 是光合细菌生长良好的氮源，添加一定量的 $NH_4^+$ 于培养基可以提高产氢能力，但添加量增多时，虽然光合细菌仍然可以很好地生长但产氢会受抑制，即 $NH_4^+$ 是光合细菌细胞生长良好的氮源但却是产氢的抑制剂。$NH_4^+$ 又是有机废物的常见成分，所以要实现利用有机废物规模化产氢，就要进一步深入研究 $NH_4^+$ 对固氮酶和放氢酶活性的抑制机理。

## 参 考 文 献

[1] 刘劲松，曾宪诚，邓郁.化学反应的热动力学研究进展 [J].化学通报，1993，4：21-25.

[2] Spink C，Wadso I. Calorimetry as an analytical tool in biochemistry and biology [J]. Biochem Anal，1976，23：1-159.

[3] 刘鹏，刘义，陈西贵，等.等温微量热法在生命科学研究中的应用 [J].化学通报，2002，65 (10)：682-687.

[4] 刘莲，林贵梅，邵伟.微量热技术在微生物和细胞研究方面的应用 [J].药物生物技术，2010，17 (1)：79-82.

[5] Boling E A. Bacterial identification by microcalorietry [J]. Nature，1973，241：472-473.

[6] Calvet E，Part H，Hoffman J G. Recent progress in microcalorimetry [J].Physics Today，1964，17 (4)：67-68.

[7] Hölzel R，motzkus C，Lamprecht Ⅰ. Kinetic investigations of microbial metabolism by means of flow calorimeters [J]. Thermochimica Acta，1994，239 (5)：17-32.

[8] Xie W H，Xie C L，Qu S S，et al. Measurement of multiplication rate of *Bacillus* sp. NTT61 growth and study on its thermodynamic properties [J]. Themochimica Acta，1992，195：297-302.

[9] Zhang H L，Sun H T，Liu Y J，et al. Determination of the thermograms and establishment of the experimenal law for bacterial growth and study of kinetic properties [J]. Thermochimica Acta，1993，216：19-33.

[10] Xie C L，Tang H K，Song Z H，et al. Microcalorimetric study of bacterial growth [J]. Thermochimica Acta，1988，123：33-41.

[11] Holzel R，Motzkus C，Lamprecht I. Kinetic investigations of microbial metabolism by means of flow calorimeters [J]. Thermochimica Acta，1994，239 (5)：17-32.

[12] Nan Z D，Liu Y J，Zhang H L，et al. Study of He-Ne laser irradiation effect on the germination process of cucumber seeds [J]. Thermal Anal，1995，45：93.

[13] 南照东，相艳，曾宪诚，等.细菌在限制条件下生长的热动力学研究 [J].四川大学学报 (自然科学版)，1998，8 (4)：795-799.

[14] 颜承农.微生物代谢热化学研究进展 [J].自然杂志，1997，19 (5)：85-90.

[15] 涂建斌，刘炳文，周飞.细菌非理想生长的热动力学差分模型的全局吸引性 [J].常德师范

学院学报（自然科学报），2003（1）：3-5，8.

[16] 涂建斌．差分方程全局吸引性［J］．经济数学，1998，15：100-103.

[17] 刘义，谭安民，谢昌礼，等．细胞动力学研究——Ⅱ．产物抑制生长过程的热动力学［J］．
物理化学学报，1996，12（4）：377-381.

[18] 刘义，汪存信，谢昌礼，等．细胞动力学研究——Ⅳ．细菌非理想生长过程的热动力学［J］．
物理化学学报，1996，12（7）：659-663.

[19] 刘义，乐芝凤．Schiff 碱药物对产气杆菌代谢抑制的热力学研究［J］．化学学报，1996，12：
1170-1176.

[20] Jin S，Chen H．Superfine grinding of steam-exploded rice straw and its enzymatic hydrolysis
［J］．Biochemical Engineering Journal，2006，30：225-230.

[21] Xie C L，Sun D Y，Song Z H，et al．A thermokinetic study of bacterial metabolism［J］．
Thermochimica Acta，1989，142：211-217.

[22] 倪尧志，徐志学，徐桂端，等．微量量热法鉴定 L 型细菌的研究［J］．1990，13（1）：46.

[23] 赵儒铭．稀土离子对微生物生长代谢影响的微量热研究［D］．武汉：武汉大学，2002.

[24] Nunez L，Barros N，Barja I．Effect of storage of soil at 4℃ on the microbial activity studied by
microcalorimetry［J］．Thermochim Acta，1994，237：73-81.

[25] Hölzel R，Motzkus C，Lamprecht I．Kinetic investigations of microbial metabolism by means
of flow calorimeters Thermochimica Acta，1994，239：17-32.

[26] 孙海涛，张洪林，刘永军，等．微量热法测细菌生长的热谱及其热动力学研究［J］．山东师
大学报（自然科学版），1994，9（4）：40-42.

[27] 卢海峰．补益药及其主要成分对细菌生长代谢影响的热动力学研究［D］．山东：曲阜师范大
学，2004.

[28] 刘义，孙明，喻子牛，等．苏云金杆菌含不同质粒和不同基因工程菌生长代谢热动力学变化
［J］．化学学报，2001，59（5）：769-773.

[29] 梁毅，屈松生，刘义，等．热动力学研究的新进展［J］．化学通报，1998，3：13-18.

[30] 汤传义，张群．酶促反应动力学方程式推导法［J］．安庆师院学报（自然科学版），1995，5
（2）：82-85.

[31] 刘劲松，曾宪诚，邓郁，等．热动力学对比进度法：Ⅵ．单底物酶促反应的热动力学研究［J］．
化学学报，1994，52（8）：767-773.

[32] 熊亚，吴鼎泉，杨瑞丽，等．酶促反应抑制动力学的微量热法研究——硫氰酸根漆酶催化氧
化邻苯二胺的抑制［J］．武汉大学学报（自然科学版），1996（4）：429-490.

[33] Wu D Q，Mei F M，Qu S S，et al．Studies on thermokinetic equation of enzyme-catalytic reac-
tion［J］．Chemical Research in Chinese Universities，1991，7（4）：490.

[34] Liu J S，Zeng X C，Tian A，et al．Application of a reduced method to thermokinetic studies of
enzyme-catalyzed reactions［J］．Thermochimica Acta，1995，253：275-283.

[35] 梁毅，王存信，屈松生，等．微量热法研究黄嘌呤氧化酶反应［J］．高等学校化学学报，
1997，18（4）：586-589.

[36] 谢修银，王志勇，汪存信．NaF 抑制精氨酸酶催化反应的热动力学研究［J］．化学学报，
2005，2：121-125.

[37] Kolb M，Zentgraf B，Mattiasson B，et al．Biochemical analysis of cyclodextrins using an

enzyme thermistor [J]. Thermochimica Acta, 1996, 277: 1-6.

[38] Oehlschläger K, Hüttl R, Wolf G, et al. Thermal investigations of enzyme-catalyzed reactions for detection of heavy metals in the case of cadmium [J]. Thermochimica Acta, 1996, 271: 41-48.

[39] Aureliano M, Pedroso M C, Lima D, et al. Effet of myosin phosphorylation on actomyosin ATPase activeity: a flow microcalorimrtric study [J]. Thermochimica Acta, 1995, 258: 59-66.

[40] Beran M, Paulicek V. Flow-microcalorimetric determineation of enzymeatic activeities of the trichoderma virideae-cellulase comples [J]. Thermal Anal, 1992, 38: 1979-1988.

[41] Salieri G, Vinci G, Antonelli M L. Microcalorimetric study of the enzymeatic hydrolysis of starch: An α-amylase catalyzed reaction [J]. Analytica Chimica Acta, 1995, 300 (1/3): 287-292.

# 第5章
# 基于热效应的光生化制氢过程调控原理

　　光合制氢过程中存在着大量的多相流热物理问题，不仅包括光能传输过程中的光热转化，光生化反应器与外界的热量传导，还存在着光合细菌生长和产物生成过程中的代谢热以及系统生化反应过程中的反应热等[1]。生物质多相流光合生物制氢体系的温度场分布和热效应问题，也是影响光合生物制氢过程中的重要因素，研究生物制氢过程中的生化反应和热物性成为目前生物制氢研究领域的热点问题。光合生物制氢过程中，反应器的结构、搅拌方式以及操作工艺参数都对光生化反应器内部的传热传质过程有影响。生物质多相流的流动特性、光能及热能的传递、传质等特性都直接影响光合微生物产氢过程，因此，选育优质高效产氢菌种，优化产氢工艺，完善秸秆类生物质等产氢原料的预处理工艺，研发适用于光合生物制氢过程的高效光生化反应器，对生物质多相流内部光热质的分布传递规律进行研究，并建立相应的数学模型，揭示生物质多相流光合产氢能力和热量变化规律之间的相关关系，并提出行之有效的产氢体系调控方法，对实现生物质制氢的低成本、规模化生产具有非常重要的意义。

## 5.1　光生化制氢过程的热质传递特性

### 5.1.1　光生化制氢过程的传热特性

　　微生物在利用基质中的碳源进行生长代谢的过程中，大量的能量被释放出来，见图 5-1，其中部分用于合成高能物质，供自身进行生长繁殖和代谢活动，部分用于合成产物，其余的能量则以热的形式释放，有氧气参与的氧化代谢比无氧参与的代谢产生更多的热能。

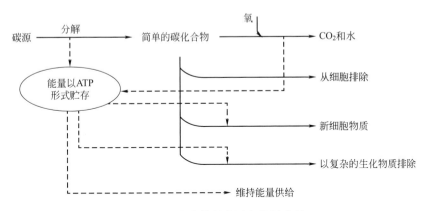

图 5-1　细胞中能量来源与消耗途径

光合细菌产氢的代谢过程虽然为无氧参与的氧化代谢，应比有氧气参与的氧化代谢产生的热量少得多，但光合细菌的放氢过程涉及固氮作用、光合作用、氢代谢、碳和氮代谢等多个功能和步骤。Kok[2]研究发现，在光合过程中，特别是在强光下，由于参与光合作用的暗反应速率通常是色素捕获光子的速率的大约 1/10，光合作用器官所捕获的光子中的很大一部分不能进行光合作用，而是以热或荧光的形式释放到环境中，所以光合细菌产氢过程中细胞活动释放的热量不容忽视。由于目前研究只知道光合细菌的放氢过程中光合、固氮和有机物代谢各功能上的大体衔接，而对其每一步的反应步骤、结构和功能的关系还知之甚少，目前还没有见到光合细菌产氢过程中细胞活动热释放的研究报道。

微生物的代谢活动过程普遍具有放热特点，加之生化反应过程对温度的敏感性，因此反应器中热量的输出，或对反应液加热保温时热量的补充输入是反应器必须提供的功能，于是热交换器设置和温度控制成为反应器设计中必要的环节。反应器热量传输性能的好坏直接关系到微生物细胞的生长代谢活动，传输性能可由反应器中反应液温度的波动情况来体现，具有好的热量传输性能的反应器能对反应液温度的变化及时进行调整，保持反应在适宜温度范围内。用于生物反应器的热交换方式很多，性能特点各异，主要有夹套换热器、竖式蛇管换热器、竖式列管换热器、外置换热器等。夹套换热器结构简单、加工方便、易于控制，但传热系数较低，适用于体积小的反应器。竖式蛇管换热器传热系数高，但要求冷却水温较低，否则降温效果不佳。竖式列管换热器加工方便、换热效果好，但用水量大。外置换热器则不仅可提供较好的热量交换，提高反应器传热效能，而且加工方便，易于控制，还便于检修和清洗。

## 5.1.2 光生化制氢过程的传质特性

光合生物制氢过程是复杂的生化反应过程。光生化反应器则是典型的多相流反应体系，存在明显共存的气液固三相。对光生化反应器传质特性的研究，主要是指对光生化反应器不同结构及操作方式引起的光合生物制氢多相流流体的流动特性变化，以及制氢系统多相流反应液自身的流变特性对制氢过程中有机物组分质量传输性能及光合细菌通过生化反应降解有机物的产氢特性的影响的研究。影响传质的主要因素有：操作条件（包括温度、压力、搅拌速率等）、反应液理化性质（反应液的黏度、组成，反应液流动状态，生化反应类型、产物抑制等）和反应器的结构（反应器的不同类型、反应器各部分的设计规格、反应器的搅拌等设计工艺等）。生化反应器内部由于光合细菌的新陈代谢所产生的 $H_2$ 和 $CO_2$ 以气泡的形式存在于反应液中及顶层空间中，反应液中溶解氢的浓度直接影响光合细菌的代谢及生化、酶解反应的进行，即"氢分压"影响传质效率。氢分压增加，产氢活动受到抑制，传质效率降低，因此，降低反应液中的溶解氢浓度会促进气液间的传输，提高光发酵制氢产氢量[3]。为有效促进气体的逸出，产物须及时排出，以减小顶空压力及氢分压对光合细菌生长及产氢过程的抑制。

由于光生化反应器内部的多相流流变特性与反应器结构和尺寸密切相关，不同结构和尺寸的光生化反应器的固相浓度分布、液相的理化性质等都不相同。温度和压力会影响反应液的理化性质以及光合细菌的生物活性，进而影响反应器传质能力。反应液的黏度、密度、表面张力、溶质的扩散系数以及生化反应产物的性质等都对传质系数有影响。一般来说，搅拌会提高传质效率，因为搅拌能打破反应过程产生的气泡，使反应液充分混合，维持光合细菌的悬浮状态，增加细菌与反应液的接触。但生化反应产热与搅拌产热等伴随着发酵过程的进行，热量积累不利于生化反应进行，需释放出热量以保持较佳的反应温度。搅拌工艺的添加还要注意合理的搅拌速率，因为过快可能会破坏光合细菌结构并产生大量泡沫，抑制传质能力。

以超微粉碎秸秆类生物质为原料，随着产氢料液中基质的大小、形貌和均匀度的改变，生物质的分子结构也发生变化[4-5]，从而导致理化性质如分散性、溶解度、糊化性质和化学活性等发生相应变化[6]。与传统的化学变性方法相比，采用物理法超微预处理技术，使超微处理后的原料在参与化学反应时呈现出特殊的流变特性。

影响悬浮体系流变性能的因素有水力滞留期、浓度、颗粒大小、颗粒粒径分布、填充颗粒的体积分数以及衡量体系内部颗粒带电荷量参数的 zeta 电位等[7]。悬浮/分散体系的流变特性与许多产品参数有直接的关系，比如，食品的流变性能直接影响其口感和铺展性，而油漆等涂料的黏度必须与它的实际应用相关联。

（1）水力滞留期　对于含生物的连续多相流，影响其流变特性的主要因素就是水力滞留期，在其他条件不变的情况下，水力滞留期长短直接影响流场内的流动特点。水力滞留期越短，生物在流场中存活的时间越短，与底物接触的机会也越小；但水力滞留期太长，生物活性也会受阻，反应器内的反应也会受到抑制。水力滞留期的长短决定了生物与底物接触时间的长短，一定程度上影响了生物分解利用底物的能力。不同水力滞留期反应器内的黏度大小会有所不同，对反应器内部物质的流动能力有影响，所以合适的水力滞留期对反应器内的反应至关重要。

（2）颗粒浓度　黏度用于描述对流动的阻碍性，具有高黏度的流体较难流动，而黏度相对较小的流体比较容易流动。在其他条件不变的情况下，颗粒体积分数增加，颗粒间的堆积将更加紧密，彼此的间距缩小，颗粒自由移动的能力降低，相互作用力增大，由此引起的流动阻力变大，黏度上升，即体系黏度随颗粒体积分数增加而增大。此外，颗粒体积分数还影响黏度与剪切速率之间的关系，颗粒体积分数较低的体系，黏度不依赖于剪切速率的变化；颗粒体积分数增加，体系出现剪切变稀，颗粒间的相互作用增强，流动阻力增大的现象，当体积分数超过 50%，并接近最大时，固体体积分数虽然增大，但颗粒聚集增多使得粒子的自由运动受到阻碍，此时体系内部相当"拥挤"，当剪切速率增大时，颗粒试图快速移动，却使得体系变得越发"拥挤"，即体系在高剪切速率下表现出剪切增稠的行为。

（3）颗粒粒度　颗粒粒度大小对体系流变特性的影响主要是，相同的质量范围内，颗粒粒度减小，其效果相当于增加了颗粒的数量，而流变特性主要反映的是颗粒间的相互作用，所以减小颗粒粒度，就增大了颗粒间彼此的相互作用强度，使得体系的流动阻力增大，流动性能变差，表现出来的就是体系黏度的增大。所以说粒径越小，体系黏度越大（图 5-2）。

（4）颗粒粒径分布范围　颗粒粒径分布的均匀程度主要影响颗粒间的堆积方式，一般含有较多的大粒径颗粒的体系堆积得较为稀疏，而小粒径颗粒较多的体系堆积较为密实。相同的质量，小粒径颗粒所占的体积分数比大粒径颗粒要小。宽分散度的多分布颗粒堆积要比窄分散度的单一分布颗粒堆积

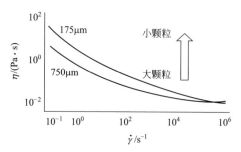

图 5-2　粒径对悬浮体系黏度的影响

要紧密得多，但是在多分散体系内，小颗粒可以填充到大颗粒的空隙里面，它的最大体积分数将会增大到 74% 左右，此时小颗粒在大颗粒内的运动中起到润滑的作用，从而使得颗粒更容易运动，但小颗粒的体积分数增大到 74% 以后，体系黏度则不会继续减小。所以在多分散体系任一含量下，增大颗粒粒径分布可降低体系黏度。控制颗粒的粒径分布可以有效控制体系的黏度，若要增加颗粒含量而不增加体系黏度，则可通过拓宽颗粒粒径分布来实现，与此相反，缩小粒径分布将增大体系黏度（图 5-3）。

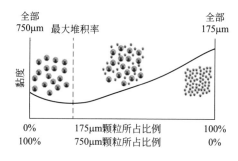

图 5-3　体系黏度和颗粒粒径分散度的关系

（5）zeta 电位　　zeta 电位是表征分散体系稳定性的一个重要指标，由于带电微粒吸引分散系中带相反电荷的粒子，离颗粒表面近的离子被强烈束缚着，而那些距离较远的离子形成一个松散的电子云，电子云的内外电位差就叫作 zeta 电位。颗粒相互靠近时，需要能量克服静电斥力，但当距离接近到一定程度时，范德华引力开始起作用，并使得颗粒堆积紧密。斥力与引力的相对大小会改变结合能，并直接影响体系的流变性能。含有小颗粒（< 1 μm）的体系，其黏度在低剪切速率下随 zeta 电位增大而增大。增大的 zeta 电位不论正值还是负值，都会增强颗粒间的排斥力，阻碍体系的流动，但高剪切速率下，zeta 电位对黏度的影响变得很弱。若颗粒粒径较大（>1 μm），即便 zeta 电位再高，强大的重力作用也会克服静电斥力，使得颗粒相互靠近，在这种情况下，沉降出现，体系不稳定，导致出现沉积物。

（6）其他因素　影响流变特性的因素还有压力、温度等其他条件。郑州大学宋亚婵等探讨了玉米秸秆厌氧发酵生物制氢发酵液的流变性质对发酵过程的影响，结果表明发酵液为非牛顿型流体，搅拌速率对紊流程度起着关键性作用。搅拌转速过大使得产氢系统的剪切力较大，导致细胞死亡以及气相在液相中滞留过多，影响反应体系中细胞浓度和产氢速率；搅拌转速太低，混合效果较差，底物利用不完全，产氢效率较低，最终确定了最佳的搅拌速率为100r/min，而且黏度和密度由细菌浓度和发酵底物有机负荷共同决定[8]。对光合生物制氢产氢过程中流变特性的研究急需开展。

# 5.2　基于热效应的光生化制氢体系多相流动特性

农业废弃物光合产氢料液是由液相的培养基和固相的光合细菌、秸秆（不溶组分和细胞）构成的多相体系，所以利用农业废弃物为原料进行光合生物产氢是一个复杂的物理-化学-生物系统，各相之间有质量、动量和热量的传递，同时相内可能伴随着一定的化学反应。在此多相流系统中，固体颗粒大小、形状、重度等物性参数迥异，改变了液体流动原有的流动特性，使得反应器内部固液两相混合物呈现复杂多变的流动特性。此外，分散相颗粒的体积浓度、颗粒的粒径分布、两相之间的速度滑移等，都可能在很宽的范围内变化，导致流动结构和流动形态迥异。反应器内流体的流变特性会造成容器内各点温度、流速、黏度等的分布不均，从而影响反应器内光合色素形成、采光面沉积程度、光合细菌与秸秆类物质的接触程度。秸秆类生物质制氢的多相反应，使得固体颗粒对液体流动原有的流动特性和生化反应的历程产生影响，进而影响生物反应器的整体混合行为，速度场、温度场、浓度场的分布规律及各种传质和传热程度[15]，影响微生物反应的周期和产出，最终影响光合细菌的产氢能力。另外光合产氢反应器内多相的流动特性使一些区域形成停滞区，一些区域造成反应器的磨损，缩短使用寿命。因此研究反应器内液体的流动状态、固体颗粒的运动行为和速度分布变化规律与研究反应器能否高效处理原料密切相关。

所以研究超微秸秆类生物质光合产氢体系的流变特性、流动规律及对多相流反应器内的流场进行数值模拟是十分必要的，以期揭示超微秸秆类生物质光合产氢体系的流变特性和反应器内流场变化规律及对产氢过程的影响，为研究超微秸秆光合产氢体系的传质、传热奠定理论基础，为反应器的合理设计、优化设计提供依据，从而为工业化产氢提供理论基础。

目前光合细菌产氢研究多集中在产氢影响因素方面[10-11]，然而实现光合细菌高效产氢及产氢工业化是光合生物产氢研究的最终目的和任务，流变特性和流动规律是光合细菌利用超微生物质秸秆产氢的一个主要特点，研究其流动规律的最终目的还是为了寻求廉价的产氢原料，提高生物质资源的有效利用率，达到提高体系产氢能力的目的，为光合生物产氢的工业化奠定理论基础。而要实现工业化产氢就要使产氢反应实现连续化，避免间歇反应的一些缺点。目前的连续制氢反应器比较多，而板式光生物反应器一般采用单个或多个板式、箱式或槽式反应单元组成反应器主体，由聚乙烯塑料或玻璃材料制成，反应单元有多种排列形式，反应器结构简单、便于控制、易于放大，因此有较多的研究报道和较好的放大前景。

本节研究光合细菌连续产氢体系流动规律及产氢情况，实验时采用课题组成员自己设计的折流式光合细菌连续产氢反应器，以期通过实验得到光合细菌连续产氢体系黏度、沉降稳定性、速度分布和产氢的变化规律，优化出超微秸秆在折流式连续产氢反应器中产氢的最佳工艺参数，为超微秸秆类生物质连续产氢反应器的速度场分布、反应器改进及折流式连续产氢的工业化奠定基础。

在对流动特性进行分析时，采用以下方法进行理化特性测量及数据分析处理。

（1）颗粒度　采用美国康塔生产的 NOVA2000e 比表面积及孔隙度分析仪。

（2）流动速度

$$v = K \times \sqrt{2P/\rho} \tag{5-1}$$

式中，$v$ 为速度，m/s；$K$ 为皮托管系数；$P$ 为通过皮托管测得的动压，Pa；$\rho$ 为流体密度，$kg/m^3$。

（3）沉降速度　将 50cm 长的比色管（该比色管在 45cm 和 20cm 高的地方各有一刻度）清洗干净后，以蒸馏水为标样利用分光光度计进行测定。测定时先将比色管利用铁架台固定在分光光度计的光门和聚光镜之间，比色管 20cm 刻度处应与分光光度计的通光口在同一位置。然后在超微的玉米秸秆物料中，按照实验的比例加入蒸馏水，使其充分浸泡后搅拌均匀，加入比色管中至 45cm 处。利用秒表开始计时，同时一边观察比色管中物料下降的位置，一边利用分光光度计测定 680nm 处的吸光度值，在物料的沉降面接近比色管高 20cm 的刻度时要增加分光光度计的测试频率，直到比色管高20cm 处液面的吸光度值突然减小，立即停止计时。从物料加入比色管到比色管高 20cm 处液面的吸光度值突然减小所经历的时间就是在自由沉降的条件下，物料从高 45cm 的位置沉降到 20cm 的位置所经历的时间，此时物料的沉降速度就是在该时间段内沉降的高度与经历的时间之比。因为在自由沉降初始的 0 时刻比色管高 20cm 处液面的吸光度值较大，以后虽然物料沉降，由于是自由沉降，又没有其他影响，比色管高 20cm 处液面的物料虽然下沉，但高于 20cm 处液面沉降的物料补充了这一部分，所以比色管高 20cm 处液面的吸光度值基本不变，直到 20cm 处液面以上部分的物料大部分都下沉即吸光度值出现突变的点，才是物料从 45cm 的位置降低到 20cm 的位置所用的时间。

$$\text{沉降速度} = \frac{\text{沉降的高度}}{\text{经历的时间}} \tag{5-2}$$

该状态下物料在蒸馏水中沉降，不受其他物料流动阻力的影响，而且沉降所受的阻力没有分方向的速度影响，沉降完全依靠重力和浮力的作用。由于不受产氢反应体系黏度和连续流动时流速的影响，此条件下测得的沉降速度大于超微玉米秸秆在产氢反应中的沉降速度。

（4）固体物料颗粒质量分数　固体物料颗粒的质量分数是固体物料与同体积水的质量比。测定时将比重瓶清洗干净，称取烘干的试样 $m_2$，借助漏斗把试样倾入烘干的比重瓶，并将附在漏斗上的试样扫入瓶内；注蒸馏水入比重瓶至半满，摇动比重瓶使试样分散和充分润湿，然后将比重瓶和蒸馏水一起放在电炉上加热，赶走瓶内的空气，保证沸腾时间在 10min 以上，然后将加热的蒸馏水注满比重瓶，待蒸馏水冷却至室温后塞好瓶塞，使多余的水分自毛细管流出，用滤纸擦干，称得瓶、水、试样质量和 $m_3$；将试样倒出，比重瓶清洗干净，注入加热过的蒸馏水至满瓶，塞好瓶塞擦干多余的水分，称瓶、水质量和 $m_1$，多次求平均值。固体物料的质量分数按下式计算：

$$\delta = \frac{m_2}{m_1 + m_2 - m_3} \times \Delta \tag{5-3}$$

式中，$m_1$ 为瓶、水质量和，kg；$m_2$ 为试样的质量，kg；$m_3$ 为瓶、水、试样质量和，kg；$\Delta$ 为同温度下蒸馏水的质量分数；$\delta$ 为试样的质量分数。

（5）固体物料颗粒密度　固体物料密度的测定方法是得出物料质量分数 $\delta$ 之后，利用公式得出物料的密度。

$$\rho = \delta \times \rho_0 \tag{5-4}$$

式中，$\rho$ 为试样的密度，kg/m³；$\rho_0$ 为蒸馏水的密度，kg/m³。

### 5.2.1 农业废弃物光生化制氢多相流体系固相沉降性能

超微秸秆产氢不同的粉碎时间对物料的密度、质量分数等物性参数是有影响的，它决定了生物质秸秆的超微程度，决定了其结晶性和被分解利用的难易程度。而物料的质量分数、密度又影响了物料和光合细菌的接触程度，从而影响光合细菌对物料的分解利用程度、体系的相对黏度和浊度，进而影响细菌产氢能力的大小。为此研究超微秸秆产氢体系的沉降速度大小，得到密度、质量分数和超微秸秆产氢体系沉降速度大小之间的关系，希望能够找到一种较为简便的处理方式，使得体系沉降速度较慢、浊度较大，既不影响光的通透性，又能充分利用原料。

#### 5.2.1.1 粉碎时间对颗粒度的影响

由图 5-4 可知，秸秆粉碎时，粉碎时间对颗粒度有较大的影响。随着粉碎时间的延长，颗粒度逐渐变小，玉米秸秆在纳米球磨机中粉碎 0.5h、1h、2h、4h、6h，其颗粒度大小分别为 463nm、324nm、156nm、46nm、32nm。

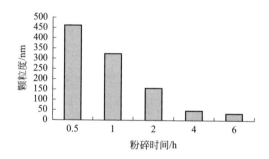

图 5-4 粉碎时间与颗粒度的关系

#### 5.2.1.2 超微秸秆颗粒质量分数

实验时取经纳米球磨机粉碎，比表面积及孔隙度分析仪测定颗粒度分别为 463nm、324nm、156nm、46nm、32nm 的超微玉米秸秆为研究对象，测定超微玉米秸秆颗粒的质量分数。颗粒度大小与超微玉米秸秆质量分数的关系如图 5-5 所示。

颗粒度对玉米秸秆的质量分数有较大的影响，颗粒度越小，玉米秸秆的质量分数越大，即相同的质量，粉碎的时间越长，颗粒度越小，体积越小。在实验的范围内，463nm、324nm、156nm、46nm、32nm 玉米秸秆的质量分数变化较大，46nm 玉米秸秆的质量分数比 32nm 玉米秸秆的质量分数要大，但变化程度不大。并且各粉碎条件下玉米秸秆的质量分数都大于1，也就是说超微粉碎的生物质秸秆比较容易在水中沉降，其稳定性不好。

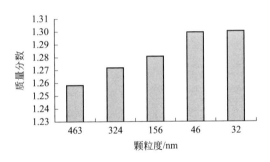

图 5-5　颗粒度大小与超微玉米秸秆质量分数的关系

### 5.2.1.3　超微秸秆颗粒密度

超微粉碎尤其是纳米级粉碎会使物质原来的性质发生改变，所以研究超微粉碎后生物质秸秆的颗粒密度变化，对研究其沉淀稳定性、流动能力具有重要意义。实验时将颗粒度分别为 463nm、324nm、156nm、46nm、32nm 的超微玉米秸秆作为研究对象，结果如图 5-6 所示。

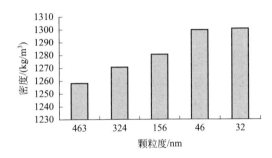

图 5-6　颗粒度大小与超微玉米秸秆颗粒密度的关系

玉米秸秆的颗粒度对颗粒密度也有较大的影响。玉米秸秆的粉碎时间越长，颗粒度越小，颗粒密度随质量分数增加而增大，一定质量的超微玉米秸秆所占的体积越小，反应容积的有效空间越大。在实验的范围内，463nm、324nm、156nm、46nm 玉米秸秆的颗粒密度和质量分数一样变化较大，粉碎 8h 和 6h 的超微玉米秸秆，其颗粒度相差不大，颗粒密度变化程度也不大。并且各粉碎条件下玉米秸秆的颗粒密度都大于水，也就是说超微粉碎的生物质玉米秸秆比较容易在水中沉降。

### 5.2.1.4　超微秸秆产氢体系的沉降速度

沉降稳定性决定了光合细菌和超微生物质秸秆的接触面积和时间长短，从而决定了光合细菌分解利用生物质秸秆的时间，而物料本身的性质又决定了物料在液体中的沉降速度。以纳米球磨机中粉碎 0.5h、1h、2h、4h、6h，颗粒度大小分别为 463nm、324nm、156nm、46nm、32nm 的超微玉米秸秆作为研究对象，研究颗粒度大小对超微玉米秸秆沉降速度的影响，结果见图5-7。

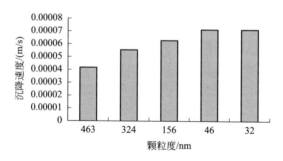

图 5-7　颗粒度对玉米秸秆沉降速度的影响

　　颗粒度为 463nm 的生物质玉米秸秆，其沉降速度最小，为 $4.179 \times 10^{-5}$ m/s；粉碎 1h、2h、4h 时，随着其密度、质量分数增大，沉降稳定性变差，沉降速度逐渐增大，粉碎 4h 沉降速度为 $7.148 \times 10^{-5}$ m/s；粉碎 6h 时颗粒度为 32nm 的超微秸秆沉降速度依然增大为 $7.173 \times 10^{-5}$ m/s，增加程度较小。从维持产氢体系沉降稳定的角度出发，沉降速度愈小愈好，结合能量有效利用，一般颗粒度大小在 156～324nm 即可。该方法测得的沉降速度是物料在水中的沉降速度，而且是自由沉降，为相同状态下的最大沉降速度，因此在连续产氢时，反应器内的速度只要大于相同条件下的沉降速度，物料就可以悬浮于反应液，提高光合细菌与物料的接触程度。

## 5.2.2　农业废弃物光生化制氢体系多相流动特性

　　为了实现生物质秸秆的连续产氢，在此基础上进行折流式连续产氢体系流变特性的研究。该实验采用盐酸处理过的粉碎了 1.5h 的超微玉米秸秆为研究对象，反应时主要参数设置为温度 30℃，光照强度 3000lx，接种量 10%，底物浓度 50g/L，pH 为 7.0，实验时水力滞留期为 48h，进料周期为 12h，每次进料 55L，进料时间 30min，实验时从反应器的取样口取样进行体系浊度和黏度的测定。

　　（1）下流室和上流室的流变特性　实验选取第一隔室为研究对象，测定折流式连续产氢体系同一隔室的下流室和上流室内相对黏度随时间的变化规律如图 5-8 所示，体系浊度变化规律如图 5-9 所示。

　　反应器充满料液的初始时刻，体系的相对黏度较低为 1.081，随着反应的进行光合细菌不断分解利用纤维素，使得体系的相对黏度不断增大；12h 开始补充新的反应物，体系相对黏度因低浓度物质的加入，迅速被稀释，另

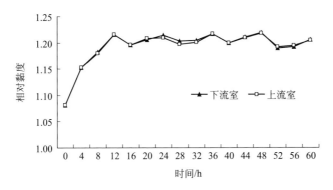

图 5-8　下流室和上流室相对黏度的变化

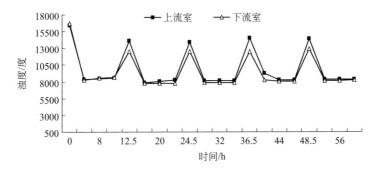

图 5-9　下流室和上流室体系浊度的变化

外分解出来的胞外多糖分解为氢气、挥发性脂肪酸和醇类，体系相对黏度减小；16h 随着反应的进行，光合细菌一边分解生成胞外多糖增加液相的相对黏度，一边利用胞外多糖分解为氢气、挥发性脂肪酸和醇类，使液相的相对黏度降低，总体表现是体系相对黏度呈增加趋势，但增大程度较低，最大相对黏度也小于间歇产氢体系的相对黏度。24h 再次补充新的反应物，体系相对黏度再次呈现上述变化规律。在折流式光合产氢反应器内部，同一隔室的上流室和下流室的相对黏度呈现一致的变化规律，两者几乎没有差别。

　　由图 5-9 可知，反应器刚充满料液的初始时刻体系浊度很大，由于物料自身的质量分数大于水，物料下沉使得体系浊度在 4h 以内迅速减小。4～12h，质量分数较小的物料悬浮于液体之中，较大的继续下沉，但速度较小，而且在此时间段内，光合细菌迅速达到指数生长期，数量不断增大，所以在区域内体系浊度稍微增加；12h 开始补充新的反应物，由于新物料的浊度和初始料液的浊度一样，大于 12h 反应器内物料的浊度，而且进水有一定的冲击速度使得部分沉淀的物料重新上浮，故进水半小时之后的 12.5h 的浊度突然增大，但仍然小于初始时刻的体系浊度。以后在每次进料的间隔时间范围内一直呈现相同的变化规律，由于不断补充新的物料和光合细菌，使得反应器内的光合细菌一直处于优越的生长环境下，后期的浊度稍微大于反应前期体系的浊度，并且同一隔室内上流室和下流室的体系浊度的变化规律一致。前期上流室和下流室的浊度大小一致，进料后上流室的浊度大于下流室的浊度，可能是因为折流板下部流速较大，对沉淀的超微秸秆的冲击力较大，上流室内悬浮的固体颗粒数较多，使得体系浊度较大。

（2）不同隔室的流变特性　研究不同隔室内的相对黏度和体系浊度变化规律时，以各个隔室的上流室为研究对象，相对黏度随时间的变化规律如图5-10所示，体系浊度变化规律如图5-11所示。

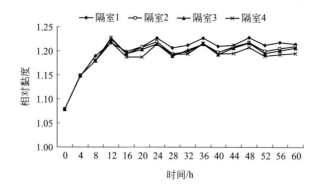

图 5-10　不同隔室相对黏度的变化

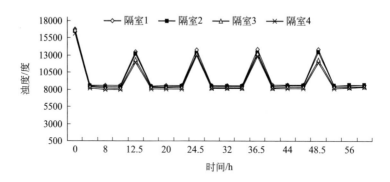

图 5-11　不同隔室体系浊度的变化

不同隔室相对黏度的变化趋势一致，其中隔室 1 的相对黏度最大，其次是隔室 2 和隔室 3，最小的是隔室 4。可能是因为在隔室 1 中光合细菌进入指数生长期，分解利用纤维素生成的胞外多糖较多，增加了液相的相对黏度，而在隔室 2 和隔室 3，分解出来的胞外多糖被分解为氢气、挥发性脂肪酸和醇类，释放出较多的氢气，体系的相对黏度稍微低于隔室 1，隔室 4 中能够分解利用的胞外多糖更少，所以体系的相对黏度就更小，但由于体系为一个连通的区域，所以各隔室的相对黏度相差甚微。

各个隔室浊度的变化趋势一致，隔室1的体系浊度最大，其次是隔室2，然后是隔室3，最小的是隔室4，但各隔室的浊度几乎没有差别。出现这种情况可能是因为在进水速度一定的情况下，由于沿程阻力及能量损失，使得反应器内前面的隔室内部的流速较大，所能冲击悬浮的物料较多，和光合细菌接触，参与反应的原料也相对较多，体系的浊度就比较大。

### 5.2.3 农业废弃物光生化制氢体系速度分布规律

在折流式光合细菌连续制氢反应器内部，由于超微秸秆发酵、细菌生长代谢等使得体系浊度发生变化，光合细菌利用分解有机物体系的黏度呈现不同的特点，都会使体系的流动能力、速度分布呈现不同的特点，故实验研究分析反应器内部的速度分布规律，以期为反应器的改进提供依据。该实验采用盐酸处理过的超微玉米秸秆为研究对象，反应时主要参数设置为温度30℃、光照强度3000lx、接种量10%、底物浓度50g/L、pH为7.0。

（1）下流室和上流室的速度分布　水力滞留期为48h，进料周期为12h，每次进料55L，进料时间为10min，每隔1min记录一次。实验选取第一隔室为研究对象，分别选择第一隔室下流室和上流室中距离右边壁面和上壁面三分之一处的位置点进行测定，其速度分布随时间的变化规律如图5-12所示。

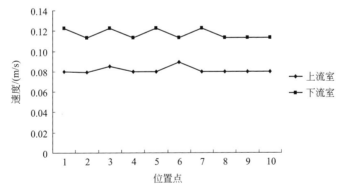

图 5-12　下流室和上流室的速度分布

当体系稳定后，在实验测定的时间范围内，同一隔室中相同位置点下流室的速度大于上流室，说明下流室内流体的流动相对比较顺利。这是因为在进口速度一定的情况下，下流室的区域较上流室的区域窄，而且在流体流动的过程中会有一定的能量损失，所以产氢料液在下流室和上流室的同一位置点，下流室的速度大于上流室的速度，但两者相差很小，说明在实验过程中，产氢反应液在折流反应器内的流动是比较稳定的。

（2）进水速度对速度分布的影响　产氢反应时，进水速度是决定反应料液在反应器内停留时间长短和光合产氢细菌在反应器内新陈代谢分解利用超微秸秆及产氢活动时间长短的重要因素。同时，进水速度越快，相同进料时间下，进入反应器的反应料液就越多。实验时水力滞留期为 48h，进料周期为 12h，每次进料 55L，进料时间分别为 12min、10min、6min，每组实验分别每隔 2min、1.5min、1min 测量一次。速度分布结果见图 5-13。

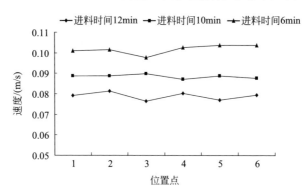

图 5-13　不同进水速度下反应器内部速度分布

从图中可知，不同进水速度，折流式连续光合产氢反应器内部同一位置点的速度大小是不一样的，并且在同一反应条件下，进水速度越大，产氢反应器内部的速度也越大。体系基本稳定后，当进口反应料液的进料时间为 12min 时，内部流体的速度最小，为 0.079m/s；进口反应料液的进料时间为 10min 时，内部流体的速度较大，为 0.087m/s；进口反应料液的进料时间为 6min 时，内部流体的速度最大，为 0.102m/s。

（3）底物浓度对速度分布的影响　底物浓度大小是影响体系黏度的重要因素之一，体系黏度和颗粒间的相互作用又对流体的流动能力强弱起着重要的作用，为此研究底物浓度对反应器内部速度分布的影响。采用盐酸处理过的超微玉米秸秆，玉米秸秆的反应浓度分别是 20g/L、30g/L、40g/L、50g/L、60g/L，水力滞留为 48h，进料周期为 12h，每次进料 55L，进料时间为 10min，测试时每隔 1min 记录一次。实验时分别比较隔室 1 上流室内的速度分布，不同底物浓度对反应器内部速度分布的影响如图 5-14 所示。

从图 5-14 可以看出，底物浓度对反应器内部速度变化规律的影响比较大。当体系达到稳定时，光合制氢反应超微秸秆浓度为 20g/L 的反应器内部速度最大，为 0.102m/s，其次是底物浓度为 30g/L 的体系，然后是 40g/L、50g/L 的产氢体系，而超微玉米秸秆为 60g/L 时，产氢体系的速度最小，为 0.082m/s。说明折流式光合生物制氢反应器内的速度大小和底物浓度密切相关，底物浓

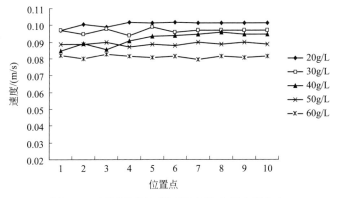

图 5-14  不同底物浓度下反应器内部速度分布

度越大，产氢体系内的颗粒越多，对流体流动的阻力也越大，导致流动的困难性增大，使得体系内部的速度越小。因而合适的底物浓度不仅影响了原料的合理使用，同时影响了反应器内部的速度分布，更重要的是影响了反应物和光合细菌在反应器内的接触时间和接触程度的大小，最终影响产氢能力的大小。

## 5.2.4  农业废弃物光生化制氢多相流体系产氢能力

### 5.2.4.1  响应面研究方法在超微秸秆连续产氢反应中的应用

由单因素实验可知，超微秸秆产氢体系影响细菌产氢能力的工艺参数主要是温度、光照度、底物浓度和接种量，各因素的变化范围为：温度 $25 \sim 35 \, ^\circ\mathrm{C}$，光照强度 $1000 \sim 4000 \mathrm{lx}$，接种量 $5\% \sim 30\%$，底物浓度 $30 \sim 60 \mathrm{g/L}$。为了研究这四个因素对产氢能力的影响情况，实验时水力滞留期为 48h，进料周期为 12h，每次进料 55L，进料时间 30min。本试验按二次回归正交实验表进行设计[12]，$P = 3$，$m = 3$，由表知 $r^2 = 2.39$，$r = 1.546$。因素水平编码表如表 5-1 所示。

表 5-1  响应面的因素和水平

| 因素 | 温度/℃ ($x_1$) | 光照度/lx ($x_2$) | 接种量/% ($x_3$) | 底物浓度/(g/L) ($x_4$) |
|---|---|---|---|---|
| 上星号臂(+1.546) | 35 | 4000 | 30 | 60 |
| 上水平(+1) | 33 | 3470 | 26 | 55 |
| 零水平(0) | 30 | 2500 | 18 | 45 |
| 下水平(−1) | 27 | 1530 | 9 | 35 |
| 下星号臂(−1.546) | 25 | 1000 | 5 | 30 |
| $\Delta j$ | 3.23 | 970.25 | 8.09 | 9.70 |

### 5.2.4.2  响应面的试验安排及试验结果

响应面的试验安排及试验结果如表 5-2 所示。

表 5-2 四因素二次回归正交试验结果表

| 实验号 | $z_0$ | $z_1$ | $z_2$ | $z_3$ | $z_4$ | $z_1z_2$ | $z_1z_3$ | $z_1z_4$ | $z_2z_3$ | $z_2z_4$ | $z_3z_4$ | $z_1'$ | $z_2'$ | $z_3'$ | $z_4'$ | $y_i/(\text{L}/\text{d})$ |
|---|---|---|---|---|---|---|---|---|---|---|---|---|---|---|---|---|
| 1 | 1 | 1 | 1 | 1 | 1 | 1 | 1 | 1 | 1 | 1 | 1 | 0.23 | 0.23 | 0.23 | 0.23 | 99.45 |
| 2 | 1 | 1 | 1 | 1 | -1 | 1 | 1 | -1 | 1 | -1 | -1 | 0.23 | 0.23 | 0.23 | 0.23 | 94.41 |
| 3 | 1 | 1 | 1 | -1 | 1 | 1 | -1 | 1 | -1 | 1 | -1 | 0.23 | 0.23 | 0.23 | 0.23 | 93.13 |
| 4 | 1 | 1 | 1 | -1 | -1 | 1 | -1 | -1 | -1 | -1 | 1 | 0.23 | 0.23 | 0.23 | 0.23 | 85.68 |
| 5 | 1 | 1 | -1 | 1 | 1 | -1 | 1 | 1 | -1 | -1 | 1 | 0.23 | 0.23 | 0.23 | 0.23 | 99.32 |
| 6 | 1 | 1 | -1 | 1 | -1 | -1 | 1 | -1 | -1 | 1 | -1 | 0.23 | 0.23 | 0.23 | 0.23 | 80.74 |
| 7 | 1 | 1 | -1 | -1 | 1 | -1 | -1 | 1 | 1 | -1 | -1 | 0.23 | 0.23 | 0.23 | 0.23 | 85.68 |
| 8 | 1 | 1 | -1 | -1 | -1 | -1 | -1 | -1 | 1 | 1 | 1 | 0.23 | 0.23 | 0.23 | 0.23 | 73.83 |
| 9 | 1 | -1 | 1 | 1 | 1 | -1 | -1 | -1 | 1 | 1 | 1 | 0.23 | 0.23 | 0.23 | 0.23 | 95.22 |
| 10 | 1 | -1 | 1 | 1 | -1 | -1 | -1 | 1 | 1 | -1 | -1 | 0.23 | 0.23 | 0.23 | 0.23 | 90.03 |
| 11 | 1 | -1 | 1 | -1 | 1 | -1 | 1 | -1 | -1 | 1 | -1 | 0.23 | 0.23 | 0.23 | 0.23 | 87.35 |
| 12 | 1 | -1 | 1 | -1 | -1 | -1 | 1 | 1 | -1 | -1 | 1 | 0.23 | 0.23 | 0.23 | 0.23 | 81.43 |
| 13 | 1 | -1 | -1 | 1 | 1 | 1 | -1 | -1 | -1 | -1 | 1 | 0.23 | 0.23 | 0.23 | 0.23 | 98.96 |
| 14 | 1 | -1 | -1 | 1 | -1 | 1 | -1 | 1 | -1 | 1 | -1 | 0.23 | 0.23 | 0.23 | 0.23 | 92.52 |
| 15 | 1 | -1 | -1 | -1 | 1 | 1 | 1 | -1 | 1 | -1 | -1 | 0.23 | 0.23 | 0.23 | 0.23 | 86.10 |
| 16 | 1 | -1 | -1 | -1 | -1 | 1 | 1 | 1 | 1 | 1 | 1 | 0.23 | 0.23 | 0.23 | 0.23 | 86.29 |
| 17 | 1 | 1.546 | 0 | 0 | 0 | 0 | 0 | 0 | 0 | 0 | 0 | 1.625 | -0.77 | -0.77 | -0.77 | 99.68 |

| 实验号 | $z_0$ | $z_1$ | $z_2$ | $z_3$ | $z_4$ | $z_1z_2$ | $z_1z_3$ | $z_1z_4$ | $z_2z_3$ | $z_2z_4$ | $z_3z_4$ | $z_1'$ | $z_2'$ | $z_3'$ | $z_4'$ | $y_i/(\mathrm{L/d})$ |
|---|---|---|---|---|---|---|---|---|---|---|---|---|---|---|---|---|
| 18 | 1 | −1.546 | 0 | 0 | 0 | 0 | 0 | 0 | 0 | 0 | 0 | 1.625 | −0.77 | −0.77 | −0.77 | 81.37 |
| 19 | 1 | 0 | 1.546 | 0 | 0 | 0 | 0 | 0 | 0 | 0 | 0 | −0.77 | 1.625 | −0.77 | −0.77 | 101.56 |
| 20 | 1 | 0 | −1.546 | 0 | 0 | 0 | 0 | 0 | 0 | 0 | 0 | −0.77 | 1.625 | −0.77 | −0.77 | 99.39 |
| 21 | 1 | 0 | 0 | 1.546 | 0 | 0 | 0 | 0 | 0 | 0 | 0 | −0.77 | −0.77 | 1.625 | −0.77 | 100.63 |
| 22 | 1 | 0 | 0 | −1.546 | 0 | 0 | 0 | 0 | 0 | 0 | 0 | −0.77 | −0.77 | 1.625 | −0.77 | 85.57 |
| 23 | 1 | 0 | 0 | 0 | 1.546 | 0 | 0 | 0 | 0 | 0 | 0 | −0.77 | −0.77 | −0.77 | 1.625 | 101.82 |
| 24 | 1 | 0 | 0 | 0 | −1.546 | 0 | 0 | 0 | 0 | 0 | 0 | −0.77 | −0.77 | −0.77 | 1.625 | 91.48 |
| 25 | 1 | 0 | 0 | 0 | 0 | 0 | 0 | 0 | 0 | 0 | 0 | −0.77 | −0.77 | −0.77 | −0.77 | 101.01 |
| 26 | 1 | 0 | 0 | 0 | 0 | 0 | 0 | 0 | 0 | 0 | 0 | −0.77 | −0.77 | −0.77 | −0.77 | 102.74 |
| 27 | 1 | 0 | 0 | 0 | 0 | 0 | 0 | 0 | 0 | 0 | 0 | −0.77 | −0.77 | −0.77 | −0.77 | 103.76 |
| $B_j$ | 2499.14 | 22.66 | 26.61 | 94.41 | 76.26 | 42.94 | 0.04 | 25.55 | −8.12 | −13.09 | 10.21 | −60.59 | −12.94 | −48.25 | −31.25 | |
| $d_j$ | 27.00 | 20.78 | 20.78 | 20.78 | 20.78 | 16.00 | 16.00 | 16.00 | 16.00 | 16.00 | 16.00 | 11.46 | 11.46 | 11.46 | 11.46 | |
| $b_j$ | 92.56 | 1.09 | 1.28 | 4.54 | 3.67 | 2.68 | 0.00 | 1.60 | −0.51 | −0.82 | 0.64 | −5.29 | −1.13 | −4.21 | −2.73 | |
| $U_j$ | | 24.70 | 34.08 | 428.90 | 279.83 | 115.21 | 0.00 | 40.80 | 4.13 | 10.70 | 6.52 | 320.25 | 14.60 | 203.09 | 85.20 | |
| $F_j$ | | 1.75 | 2.41 | 30.32 | 19.78 | 8.14 | | 2.88 | | | | 22.64 | 1.03 | 14.36 | 6.02 | |

回归方程为：

$$y = 92.56 + 1.09z_1 + 1.28z_2 + 4.54z_3 + 3.67z_4 + 2.68z_1z_2 +$$
$$1.60z_1z_4 - 5.29z_1^2 - 1.13z_2^2 - 4.21z_3^2 - 2.73z_4^2 \tag{5-5}$$

方程显著性检验：

$$F = \frac{U/f_U}{(SS_T - U)/f_{e_2}} = 10.93 > F_{0.01}(10,16) = 3.69 \tag{5-6}$$

式中，
$$U = \sum_j U_j \; ; \quad SS_T = \sum_{i=1}^{n} y_i^2 - \frac{1}{n}(\sum_{i=1}^{n} y_i)^2$$

拟合度检验：

$$F_{Lf} = \frac{Q_{Lf}/f_{Lf}}{Q_e/f_e} = 8.24 < F_{0.05}(14,2) = 19.43 \tag{5-7}$$

结果表明回归方程是显著的，拟合得很好。

回归系数检验：

由于 $F_{Lf}$ 不显著，用 $Q_e/f_e$ 作分母计算 $t_j$，并查表，结果回归系数在不同程度上是显著的。

### 5.2.4.3 模型分析

(1) 主效应分析　由于设计中各因素均经无量纲线性编码处理，且各一次项回归系数 $b_j$ 之间，各交互项、平均项的回归系数间都是不相关的，因此可以由回归系数绝对值的大小来直接比较各因素一次项的影响，$x_3 > x_4 > x_2 > x_1$，$x_4$、$x_3$ 影响较大，且均为正效应。

(2) 单因素效应分析　将回归模型中 4 个因素的 3 个固定在零水平上，可得到单因素模型如下：

温度：
$$y = 92.56 + 1.09z_1 - 5.29z_1^2 \tag{5-8}$$

光照：
$$y = 92.56 + 1.28z_2 - 1.13z_2^2 \tag{5-9}$$

接种量：
$$y = 92.56 + 4.54z_3 - 4.21z_3^2 \tag{5-10}$$

底物浓度：
$$y = 92.56 + 3.67z_4 - 2.73z_4^2 \tag{5-11}$$

单因素模型得出单因素回归方程的极值点为 $z_1^* = 0.103$，$z_2^* = 0.566$，$z_3^* = 0.539$，$z_4^* = 0.672$。各单因素与产氢量的回归方程曲线如图 5-15 所示。

从图 5-15 可以看出，$z_1$、$z_2$、$z_3$、$z_4$ 均是开口向下的抛物线，各自在 $z^*$ 处取得 $y$ 的极大值。对于 $z_1$，当光照、底物浓度和接种量处于零水平，温度约为 30℃时，产氢量最大；对于 $z_2$，当温度、底物浓度和接种量处于零水平，光照强度约为 3500lx 时，产氢量最大；对于 $z_3$，当温度、光照、底物浓度处于零水平，接种量约为 26% 时，产氢量最大，而接种量为 18%

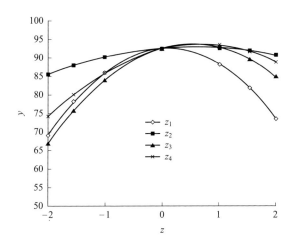

图 5-15  各单因素与产氢量的回归方程曲线

和 26% 的产氢量差别不大；对于 $z_4$，当温度、光照、接种量处于零水平，底物浓度约为 55g/L 时，产氢量最大。$z_1$、$z_3$、$z_4$ 对 $y$ 值的变异度较大，而 $z_2$ 所在曲线变化较为平缓，变异度很小。

（3）单因素边际效应  由单因素边际产量图（图 5-16）可知，温度、光照强度、接种量、底物浓度增加，边际产量都是减小的；温度对边际产量的影响最大，温度越大，边际产量越低。从图中还可以直观地看出，各因素在不同水平时，对产量的影响程度也是不同的。这可以为不同条件下，选择产量较大的因素和决定数量大小提供参考。

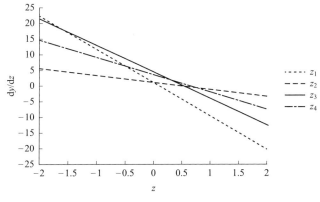

图 5-16  单因素边际产氢效应

（4）反应影响因素交互作用  所建立的模型中，$z_1$、$z_2$ 的交互作用最大，$z_1$、$z_4$ 的交互作用也比较大，而 $z_2$、$z_4$，$z_1$、$z_3$，$z_3$、$z_4$，$z_2$、$z_3$ 的交互作用相对较小。试验中仅分析交互作用较大的效应。

$z_1$、$z_2$的交互作用：将$z_3$、$z_4$都固定在零水平上，得如下方程：

$$y = 92.56 + 1.09z_1 + 1.28z_2 + 2.68z_1z_2 - 5.29z_1^2 - 1.13z_2^2 \quad (5-12)$$

编码求得$y$，并绘制温度和光照对产氢量的交互作用的相应曲面如图5-17所示。则：$z_1 = 0.35$（相当于超微玉米秸秆产氢温度为31.13℃），$z_2 = 0.98$（相当于超微玉米秸秆产氢光照强度为3450.85lx），此时产氢量为93.38L/d，是极大值。

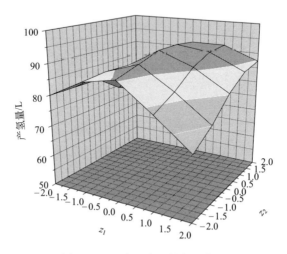

图5-17　温度和光照的交互作用

$z_1$、$z_4$的交互作用：将$z_2$、$z_3$都固定在零水平上，得如下方程：

$$y = 92.56 + 1.09z_1 + 3.67z_4 + 1.60z_1z_4 - 5.29z_1^2 - 2.73z_4^2 \quad (5-13)$$

编码求得$y$，绘制温度和底物浓度对产氢量的交互作用的相应曲面如图5-18所示。则：$z_1 = 0.21$（相当于超微玉米秸秆产氢温度为30.68℃），$z_4 = 0.73$（相当于超微玉米秸秆底物浓度为52.08g/L），此时产氢量为94.02L/d，是极大值。

（5）最优组合　根据响应面的分析结果，采取统计选优的方法，每个因素取5个水平：±1.546、±1和0，利用Matlab对$5^4$个方案寻优。回归模型存在稳定点，此时$y$值最大，为94.65L/d，此点$(x_1, x_2, x_3, x_4)$为$(1, 1.546, 1, 1)$，即温度33℃、光照强度4000lx、接种量26%、底物浓度55g/L为超微玉米秸秆连续折流式产氢的最优组合，而且次优组合的$(x_1, x_2, x_3, x_4)$为$(1, 1, 1, 1)$时体系的产氢量为94.06L/d，和最优组合相差甚微，因此，从能量充分利用和节省角度考虑，建议选取温度33℃、光照强度3500lx、接种量25%、底物浓度55g/L作为产氢的工艺条件。此最优组合和葡萄糖产氢的结果有一定的差别，其中光照强度和接种量明显较

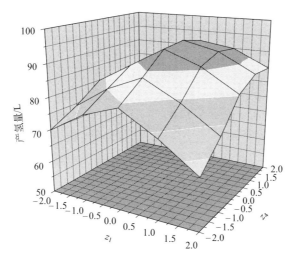

图 5-18　温度和底物浓度的交互作用

大，是因为超微玉米秸秆产氢体系的浊度比葡萄糖产氢体系的浊度大，光合细菌在同等条件下所能利用的光能较少，因此为使反应顺利有效进行，光照强度和细菌数量相应需要得较多。

为了证明模型的准确性，在最优条件下进行了 3 次平行的重复性实验，结果均值为 $(95\pm8.5)\mathrm{L/d}$，说明模型方程还是可靠的，能够很好地预测实验结果。

## 5.2.5　农业废弃物光生化制氢体系速度场数值模拟

在超微秸秆产氢多相体系中，固体颗粒的大小、形状、重度等物性参数迥异，改变了液体原有的流动特性，使得反应器内部固液两相混合物呈现复杂多变的流动特性。此外，分散相颗粒的体积浓度、颗粒的粒径分布、两相之间的速度滑移等，都可能在很宽的范围内变化，导致流动结构和流动状态迥异。由于该多相体系自身的复杂性，以实验的方式无法很好地分析内部的流动状态，而且固相颗粒和液相的速度无法准确测量出来。鉴于目前对复杂流体体系的实验研究和理论分析，越来越多的人开展了基于数学模型的数值模拟。超微秸秆产氢体系的流动规律是以秸秆为原料产氢的一个研究重点，基于该流体自身的复杂性和反应过程的复杂性，采用数值模拟的方法研究超微秸秆光合连续产氢体系速度场和浓度场分布，不仅可降低实验研究成本，而且可以获得实验研究不能得到的许多信息，有利于完整、全面地了解超微秸秆光合连续产氢体系速度场和浓度场的分布；另外，非线性多相流体系的流动、传递、反应过程的耦合等极为复杂，利用计算机和数值模拟能有效求解各类偏微分方程，使得分析更加容易、准确。所以对于超微秸秆光合连续产氢体系速度场和浓度场分布的问题，数值分析方法的计算量较小，容易实现，而且模拟的精度高，具有不可替代的作用。

利用课题组成员设计的折流板式光合产氢实验设备，采用混合模型（MIXTURE），结合超微秸秆产氢体系流体的流变特性，对超微秸秆连续光合产氢体系流体运动速度场和浓度场的分布规律进行了模拟研究。

### 5.2.5.1 控制方程

计算域内流体流动状态为紊流，模拟按非定常流动处理。模型方程组如下：

（1）基本控制方程　不可压缩流体的连续性方程：

$$\nabla \cdot \vec{U} = 0 \tag{5-14}$$

动量方程：

$$\rho(F)\left[\frac{\partial \vec{U}}{\partial t} + (\vec{U} \cdot \nabla)\vec{U}\right] = -\nabla P + \nabla \cdot [2\mu(F)\vec{D}] + F_S + \rho(F)\vec{g} \tag{5-15}$$

体积函数满足的方程：

$$\frac{\partial F}{\partial t} + \nabla \cdot (\vec{U}F) = 0 \tag{5-16}$$

式中，$\vec{U}$ 为速度矢量，m/s；$P$ 为压强，Pa；$F_S$ 为表面张力引起的体积力，N/m³；$\rho(F)$ 为密度，kg/m³；$\vec{D}$ 为应力张量，N/m²；$\mu$ 为运动黏度系数；$F$ 为体积分率函数。

$$\vec{D}_{ij} = \frac{1}{2}\left(\frac{\partial u_i}{\partial x_j} + \frac{\partial u_j}{\partial x_i}\right)$$
$$\rho(F) = \rho_1(F) + \rho_g(1-F)$$
$$\mu(F) = \mu_1(F) + \mu_g(1-F) \tag{5-17}$$

其中下标 g 和 l 分别表示固相和液相。

（2）修正后的控制方程　针对本文固-液两相流特征，选用双流体模型，将颗粒相视为拟连续介质。因实验中固-液相间的密度差较小，颗粒相与液相具有良好的跟随性，混合物模型可以满足计算要求[22]。该模型中，使用相间滑移速度耦合相间作用力，控制方程使用混合物物性参数，由两相物性参数加权平均求得。更改后的连续性方程、动量方程及第二相连续性方程如下所示：

$$\nabla \cdot (\rho_m \vec{v}_m) = m \tag{5-18}$$

$$\nabla \cdot (\rho_m \vec{v} \vec{v}) = -\nabla p + \nabla[\mu_m (\nabla v_m + \nabla v_m^{-T})] + \rho_m \vec{g} +$$
$$\nabla[\alpha \rho_s \vec{v}_{dr,s} \vec{v}_{dr,s} + (1-\alpha)\rho_1 \vec{v}_{dr,l} \vec{v}_{dr,l}] \tag{5-19}$$

$$\nabla(\alpha_l \rho_s \vec{v}_m) = -\nabla(\alpha \rho_s \vec{v}_{dr,s}) \qquad (5-20)$$

相间的滑移速度采用如下定义[13]：

$$\vec{v}_{dr,s} = \vec{v}_s - \vec{v}_m = \frac{(1-\alpha)\rho_l}{\rho_m} \vec{v}_{ls} \qquad (5-21)$$

$$\vec{v}_{dr,l} = \vec{v}_l - \vec{v}_m \qquad (5-22)$$

式中，$v_{dr}$ 为漂移速度，m/s；$v_{ls}$ 为相对速度即滑移速度，m/s。

其中下标 s、l 和 m 分别表示固相、液相和混合相。

（3）黏度的计算 黏度是流体流动计算的重要参数，课题组详细分析了超微秸秆产氢体系的相对黏度变化规律。根据拟流体假设，颗粒相黏度可认为是因固相内粒子的平移和相互碰撞而产生的剪切黏度以及体积黏度之和。因为实际输送应用中的固相含量远小于颗粒的极限堆积浓度（约为 0.63），所以忽略颗粒间的摩擦黏度，采用颗粒黏度的表达式为：

$$\mu_s = a\mu_{s,col} + b\mu_{s,kin} + c\mu_{s,b} \qquad (5-23)$$

剪切黏度的碰撞部分[14]为：

$$\mu_{s,col} = \frac{4}{5\pi}\alpha\rho_s d_s g_{0,ss}(1+e_{ss})\sqrt{\pi T_s} \qquad (5-24)$$

式中，$e_{ss}$ 为颗粒碰撞的还原系数，一般为 0.9；$g_{0,ss}$ 为径向分布函数（颗粒相变密时修正碰撞概率的修正因子）；$T_s$ 为固体相的颗粒温度，K。

动力黏度采用的表达式[15]为：

$$\mu_{s,kin} = \frac{10\rho_s d_s \sqrt{\pi T_s}}{96\alpha(1+e_{ss})g_{0,ss}}\left[1 + \frac{4}{5}g_{0,ss}\alpha(1+e_{ss})\right]^2 \qquad (5-25)$$

颗粒的体积黏度为颗粒压缩和扩张的抵抗力[15]，形式如下：

$$\mu_{s,b} = \frac{4}{3}\alpha\rho_s d_s g_{0,ss}(1+e_{ss})\left(\frac{T_s}{\pi}\right)^{0.5} \qquad (5-26)$$

$$g_0 = \left[1 - \left(\frac{\alpha}{\alpha_{s,max}}\right)^{\frac{1}{3}}\right]^{-1} \qquad (5-27)$$

$$\Theta_s = \frac{1}{3}\vec{v}_s \vec{v}_s \qquad (5-28)$$

极限堆积浓度 $\alpha_{s,max} = 0.63$，颗粒温度具有颗粒相脉动能的意义。

### 5.2.5.2 边界及初始条件

对光合产氢反应器中反应区的流场进行数值模拟，模拟其速度和浓度分布规律。开始反应器内为空气，固液混合物搅拌均匀一起从左边进口进入反应器，运行一段时间后，停止进料，此时固体开始沉淀，反应开始，大约 12h 后，继续进料，此时部分料液上浮。模拟只对反应开始后，进料阶段反应器内的速度和浓度分布进行数值分析。顶部设定为开放界面,反应区壁面视为绝热无滑固体。计算为非稳态过程,考察流动随时间的变化。计算开始时,容器内有明显的固液分界线,容器中物质的初始速度为 0,在进口固液两相流的带动下,开始发生紊流扰动。

进口条件具体为:$F_s = 0.04$,$F_l = 0.96$。

初始条件为:$t = 0$,$F_s = 1$,$F_l = 0$,$0 < y < 3.5$;$F_s = 0$,$F_l = 1$,$3.5 < y < 55$。

### 5.2.5.3 网格划分及求解方法

(1)网格划分 网格划分是计算过程的前期处理阶段,单元是构成网格的基本元素。Fluent 在二维问题中有四边形网格和三角形网格,三维问题可以使用六面体网格、四面体网格,有金字塔形以及楔形单元。而且 Fluent可以接受单块和多块网格,以及二维混合网格、三维混合网格及有悬挂节点的网格[16]。按照网格点之间的临近关系可以分为结构网格、非结构网格和混合网格。结构网格可以方便准确地处理边界条件,计算精度高,而且可以利用很多高效隐式算法和多重网格法,计算效率比较高,但生成复杂外形的网格比较难。非结构网格的网格单元和节点彼此之间没有固定的规律,节点分布完全任意,可以方便生成复杂外形的网格,提高间断的分辨率,使并行计算更加直接,但同等网格数量时所需内存大、计算周期长,而且网格分布各向同性,计算精度比结构网格要差。混合网格是基于结构网格和非结构网格的优缺点而产生的,可以弥补各自的不足。Fluent 在计算中采用 Gambit软件生成网格,同时还可以输入各种类型、各种来源的网格。

折流板式光合生物制氢反应器内固相物质主要以悬移运动和推移运动为主,而液相物质主要以推移运动为主。考虑到速度场和浓度场计算的合理和计算时间的要求,建模时兼顾光合制氢反应体结构的流动特性及几何特点,该反应器应为轴对称结构,采用二维模型的计算可节省较大的工作量和计算时间,因此所建立的模型选择主流方向上的二维模型。在建立模型时反应器顶部的边界以反应液面为基准。计算中采用 Gambit 软件生成网格,网格生成后,为进一步提高网格的单元质量,还需对网格进行光滑处理,反应区网格如图 5-19 所示,网格间距为 1cm,共 6650 个节点。

(2)求解方法 求解选用 Fluent 软件包,采用隐式算法,二维空间格式,非定常流动;对流相采用一阶迎风格式;时间步长 0.2s,每计算 10 个时间步长保存一次;计算时采用 Simple 法进行计算。

### 5.2.5.4 相关假设及计算条件

(1)相关假设 针对光合生物产氢体系的结构与运行特点,为计算研究

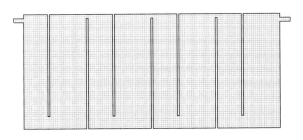

图 5-19　反应区网格图

方便，特作如下假设：

① 把光合生物反应器简化为二维模型处理；

② 不考虑生物反应产热，假定整个体系处在一个稳定的环境当中，即反应温度不变；

③ 假设反应液和固体密度在反应过程中仅与温度有关；

④ 反应器内压力变化较小，可以将反应液视为不可压缩流体；

⑤ 忽略反应器壁面散热以及与外界环境的辐射换热，反应器壁面按绝热无滑固体壁面考虑；

⑥ 反应器内各隔室的黏度变化较小，假设反应器内各点黏度一致，不随时间变化；

⑦ 进料的浓度分布均匀；

⑧ 只考虑两相反应，气体的影响不再考虑。

（2）计算条件

① 尺寸大小

进口、出口长 4cm，直径 2cm，折流板下部高 6cm，上部高 2cm。

② 其他条件

进口速度为 0.3m/s，液相密度 $\rho=950$kg/m$^3$，动力黏度 $\mu=9.4\times10^{-4}$ Pa·s，固体颗粒密度 1275kg/m$^3$，粒度 235nm。

### 5.2.5.5　速度场数值模拟结果与分析

采用 Fluent 计算折流式连续制氢反应器的速度场，Fluent 细致地刻画了模拟区域内的速度场细节。

（1）流体质点迹线　折流式连续制氢反应器内流动轨迹采用直接测量方法中的目测法。可以看到自进口反应料液以一定的速度进入折流式产氢反应器，料液在进口形成射流，质点沿进口径向方向和垂直方向流动。料液进入反应区后，以垂直运动为主，在重力作用下在第一隔室的下降室向下流动，并且在向下流动的过程中，速度迹线的范围扩大，这是因为在流动过程中存在着质量、浓度、速度、能量的交换，使得速度较大的质点向外扩展，从而达到速度的平衡。在折流板处，因折流作用及流动的直径减小，料液以水平推移运动为主，经隔板后继续向上流动进入第二隔室，速度较大的质点在向上流动的过程中以同样的原因使得质点的迹线范围扩大。依次类推，直到反应液从出口流出。

（2）液相速度分布　由图 5-20～图 5-23 可以看出，系统进料 2s 时刻，液相速度分布极不均匀，进口速度和折流板下部的速度较大，进口速度主要分布在 0.248～0.270m/s 之间，而反应器内大部分区域的速度较低（仅为 0.023m/s）；4s 时刻反应器内液相大部分区域的速度比 2s 时刻有所增大，主流区的速度有明显充分的发展，主流方向上液相的速度有所降低但分布更加均匀，主要在 0.024m/s 附近；6s 时刻液相速度随着时间的增加分布趋于稳定，整个区域的速度分布充分发展，更加均匀，各隔室下流室底角速度增大，液相死区面积也有所减小，但上流室底角的速度却一直很小，而且速度较小区域的面积有所增加，可能是因为部分超微秸秆颗粒沉淀在底部，进料时固体颗粒悬浮上升，随着时间延长，各区域速度充分发展，使得该区域固体颗粒悬浮的数量增大，分布的空间增大，对流动的阻力也增大，所以该区域的速度较小而且分布区域面积增大。8s 时刻液相各部分速度分布基本稳定。

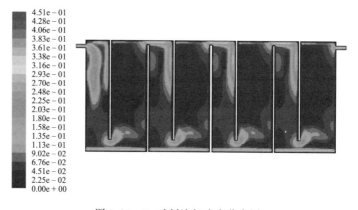

图 5-20　2s 时刻液相速度分布图

从整个非稳态的液相速度分布图可知，不同时刻进口、折流板底部、顶端截面较小的地方的速度均较大，各隔室下流室的速度明显大于上流室的速度，各隔室底部存在明显的推流运动，而且在整个反应器内速度均由较集中的地区向周围不断发展，逐步达到速度的均匀分布，但反应器上流室的底部由于固体颗粒的阻力较大，液相的速度较小。

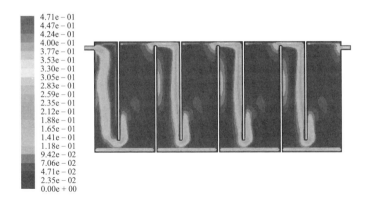

图 5-21　4s 时刻液相速度分布图

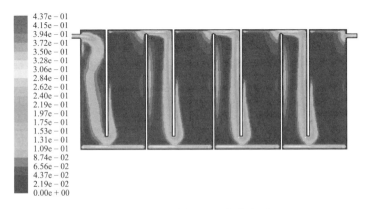

图 5-22　6s 时刻液相速度分布图

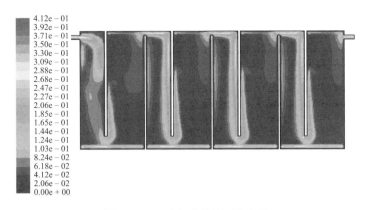

图 5-23　8s 时刻液相速度分布图

（3）固相速度分布　从固相速度分布图（图 5-24～图 5-27）可看出，进料初期固体和液体以相同的速度进入系统，各隔室的底部由于流体的流动给予较大的冲击力，底部沉淀的固体拥有较大的流动速度。2s时刻固体颗粒相的速度主要分布在进口，第一隔室的下流室及各隔室的底部，反应器内其他区域固相的速度几乎为零；4s时刻第一隔室下流室主流区的固体颗粒随液相贯穿整个下流室，并且由于液相对底部固体颗粒的推移运动，上流室部分固体颗粒上浮，上流室内固相速度所能达到的区域增加，但固体颗粒的运动在上流室的上部仍然较弱；6s时刻固相的速度在整个区域充分发展，各隔室经折流板后固相的流动所能达到的区域范围不断增大，而且上流室下部固相颗粒不断向上运动，使整个反应器上部固体颗粒的速度增大，许多在2s和4s时刻固相速度几乎为零的区域都成了固相的流动区域；8s时刻整个反应器内的速度经充分发展趋于稳定，液相对底部固体颗粒的推移运动，使得固体颗粒向各隔室上流室底部移动的趋势增强，固体颗粒悬浮数量增大，流动阻力增大，和液相的速度分布一样，各隔室上流室底部损失的能量较大，使得该区域的固相流速较低，而二、三、四隔室下流室固体颗粒的速度主要集中在靠近折流板的边壁。说明折流式反应器超微秸秆光合产氢有利于固体颗粒在整个反应器内的流动和固体物料在反应器内的均匀分布，能够增加细菌和反应物的接触面积，起到很好的搅拌作用。

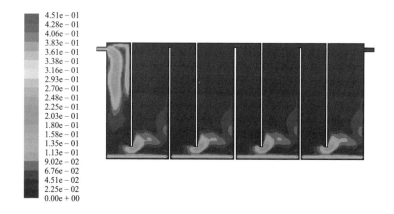

图 5-24　2s时刻固相速度分布图

（4）混合物速度分布　从图5-28～图5-35（图5-28、图5-29见文前彩插）可知，反应过程中进口混合物的速度较大，进入反应器后由于流动的直径变大，流体速度迅速减小，在折流板下部，因半径突然剧减，流体速度出现了增大的趋势。经折流板，混合流体向上流动的过程中，流体速度继续减小，在流体经过第二折流板进入第二隔室时，在顶部因流体流动的直径缩小，速度又呈现了增加的趋势。整个折流式光合连续产氢体系速度分布都呈现这样的变化规律。速度分布图显示混合物速度主要集中在靠近反应器壁面

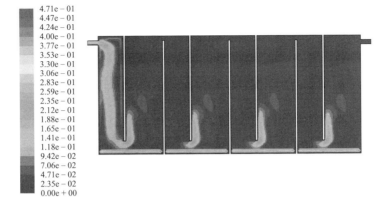

图 5-25　4s 时刻固相速度分布图

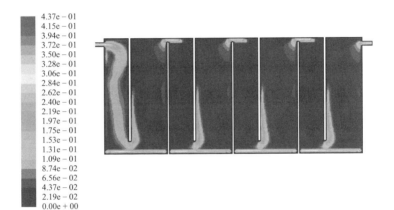

图 5-26　6s 时刻固相速度分布图

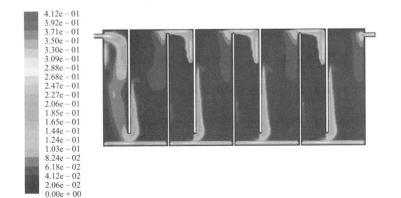

图 5-27　8s 时刻固相速度分布图

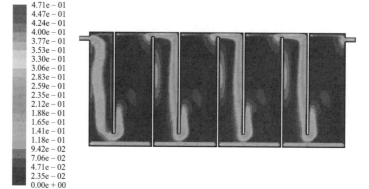

图 5-30　4s 时刻混合物速度分布图

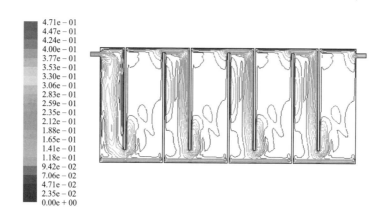

图 5-31　4s 时刻混合物速度等值曲线图

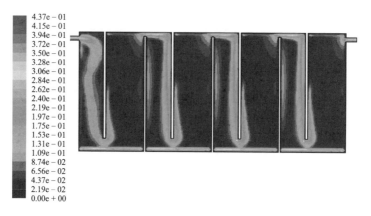

图 5-32　6s 时刻混合物速度分布图

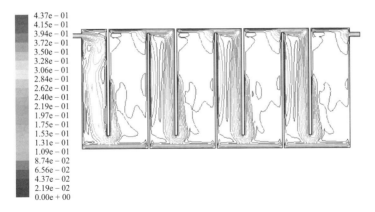

图 5-33　6s 时刻混合物速度等值曲线图

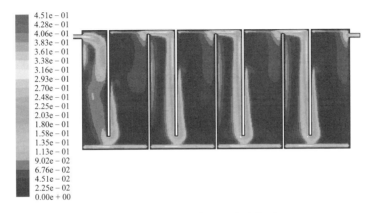

图 5-34　8s 时刻混合物速度分布图

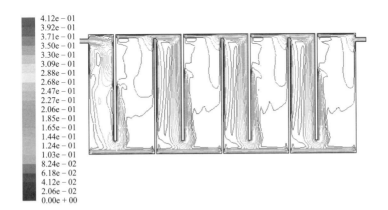

图 5-35　8s 时刻混合物速度等值曲线图

和折流板底部、顶部的一定高度范围内，混合物在整个反应器内下流室的速度大于上流室的速度。并且反应器中各折流板位置处都存在涡流，其反应体系的最大速度为 0.412m/s。但各隔室都有死区，下流室的面积小于上流室，在整个反应容器中速度较小的区域所占的面积较大，几乎占到六分之一，所以从反应器设计的角度出发应尽量减少反应的死区面积，增大速度的分布区域，增强搅拌作用，使反应料液被充分利用，提高产氢反应的效率。要达到此目的，可以采取改进反应器或者提高进料速度两种方法。

### 5.2.6 农业废弃物光生化制氢多相流体系浓度场数值模拟

（1）液相浓度分布　由图 5-36～图 5-39（图 5-36 见文前彩插）液相体积分布图可知，液相浓度在反应器的上部较高，基本维持在 97.0% 左右，底部液相浓度相对较低，从反应器上部到底部液相浓度不断降低，各隔室内的同一位置液相浓度差别不大。2s 时刻在反应器底部液相的浓度很低，主要以 37.6%～40.0% 的蓝色部分和 68.7%～71.9% 的绿色部分为主，物料流动在此时掀起的波动较小。4s 时刻反应器底部以绿色部分为主的浓度降低，出现了较大的黄色部分的液相浓度 81.4%～84.5%，而原来绿色部分的液相浓度降低到 65.9%～69.0%。6s 时刻流体运动，对底部的冲击力增大，使反应器最底层液相浓度最低的蓝色部分也开始变薄。8s 时刻基本稳定时，从底部流体流动掀起的混合物的高度可以看到，液相在反应器底部的浓度不断降低，从开始的 97.0% 降低到黄红色部分的 84.9%～87.9%，黄色部分为 81.8%～84.9%，然后是占据面积较大的浅绿色的 75.8%，而体系液相浓度的最小值 39.6% 出现在各隔室上流室底部固体沉淀的部分。说明在超微秸秆产氢固液两相流中，液体的分布以反应器的上部为主，在固体

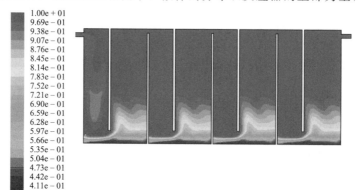

图 5-37　4s 时刻液相体积分布图

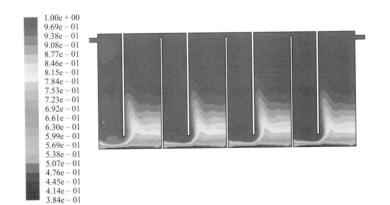

图 5-38　6s 时刻液相体积分布图

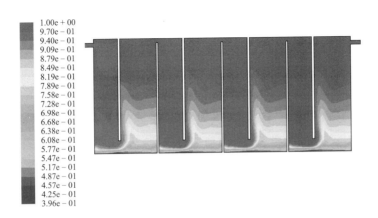

图 5-39　8s 时刻液相体积分布图

浓度较低时，由于底部沉淀，进料时底部液相的浓度较低，但随着时间的推移，流体运动使得液相在底部的浓度增加，固液混合不断均匀化。

（2）固相浓度分布　由图 5-40～图 5-43（图 5-40 见文前彩插）可知，固相的浓度分布正好和液相的浓度分布相反，在反应器的上部固相浓度较低，底部固相浓度相对较高，从反应器上部到底部固相浓度不断增大，各隔室内的同一位置固相浓度差别不大。2s 时刻固相除第一隔室下流室和反应器底部外，其他位置的固相浓度很低，最低固相浓度为 $7.72 \times 10^{-43}$，最大的浓度在反应器底部为 62.4%。4s 时刻流体流动，固相颗粒在流动的环境中，使反应器底部沉淀的固体颗粒开始上浮，和液体充分接触，反应器内的固相和液相出现浓度转移，靠近底部沉淀的位置，固相上移，液相下移，使得反应器内固相体积分数增加，而在原来的沉淀位置，固相体积分数减小，液相浓度增大。6s 时刻固相和液相继续进行浓度、质量转移，固相不断上

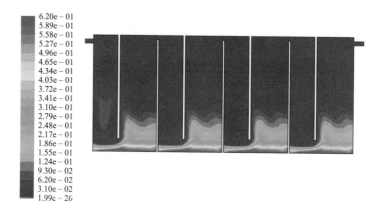

图 5-41　4s 时刻固相体积分布图

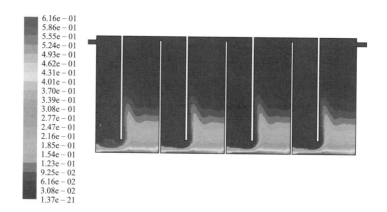

图 5-42　6s 时刻固相体积分布图

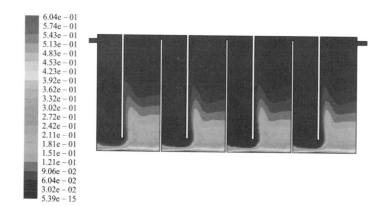

图 5-43　8s 时刻固相体积分布图

浮，反应器内的固相体积分数不断增大，液固逐渐混合均匀，此时固相的最低浓度为 $1.37 \times 10^{-21}$，最大浓度为 $61.6\%$，和 2s 时刻相比最低固相浓度增大了 20 多倍。8s 时刻浓度、质量转移继续进行，固相浓度和 2s 相比在反应器中部明显增大，固相上浮高度比 2s 时刻高出 10cm 以上。

在此反应器内部，推移运动使得沉淀的固体颗粒向前运动，大部分都集聚在上流室，上流室内的固相分布高度明显大于下流室，而且固相浓度也大于下流室的浓度。而液相浓度分布图中显示的是上流室内的液相分布高度明显小于下流室，而且液相浓度也小于下流室的浓度。说明折流式超微秸秆产氢体系存在着明显的浓度和质量转移，流体的流动有利于浓度、质量的均匀分布。在折流板作用下，产氢反应器内的搅拌作用增强，起到了进料自动搅拌的作用，减少了能量的浪费。

从整个速度场和浓度场分布规律看，下流室内的固、液速度都比较大，而且流动速度较大的区域接近于折流板的壁面，使得速度发展在折流板位置受到一定的阻力，固、液浓度的均匀化受到影响，而上流室的速度较小，为此建议增大下流室的宽度，减少上流室的宽度。针对超微秸秆产氢固、液的浓度分布规律，建议从第一个隔室的下端进料，从而有利于固相的浓度分布，增大固相、液相和光合细菌的接触程度，从而增大超微秸秆的产氢能力。

# 5.3　基于热效应的光生化制氢系统温度场分布规律及其调控

细菌氧化反应是放热反应，细菌的存在能大大加快反应速率。由于温度对细菌的活性影响很大，为了保证细菌氧化反应工艺的温度要求，产氢反应罐必须安装冷却装置。因此，在设备设计制造前需要计算出细菌氧化反应的热效应，从而为设备的设计制造提供依据。目前，细菌氧化热效应的测定一般采用微量热法进行，此种方法具有多种优点，然而需要将所测得的热量转化为温度升高，不仅测定仪器昂贵，且操作控制条件较严，在光合生物制氢系统温度场研究中应用难度较大。王素兰等研制出一套实验装置进行光合制氢过程中系统温度变化的实验研究[17-18]。进行该研究的主要原因为：第一，系统温度的升高将直接影响产氢量，通过实验得出的系统温度的升高值将为光合反应器温度的控制提供主要的理论依据和实验数据；第二，温度的变化会使光合反应器产生温度应力变形，这直接影响和妨碍了光合制氢体系，主要是阻碍了光合反应器的研制，从而阻碍了该项生物制氢技术的迅速发展。

## 5.3.1 光生化制氢系统温度场分布规律

利用实验室自行研制的实验装置进行光合生物制氢，如图 5-44 所示。

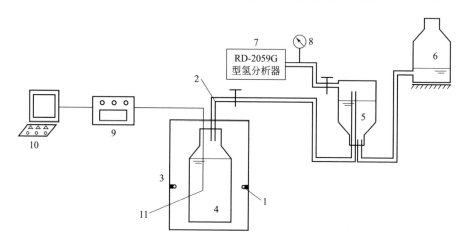

图 5-44 测定不同条件下光合制氢系统温度变化的实验装置

1—光源；2—导气管；3—恒温箱；4—抽真空反应瓶；5—收集瓶；6—贮水瓶；
7—氢分析器；8—压力表；9—精密数字温度计；10—计算机；11—温度计感应器

培养基装在 500mL 的抽真空的玻璃反应瓶中，待接种后用胶塞密封。为使环境温度比较恒定，将反应瓶置于恒温箱内。将导气管插入到反应瓶上部余留空间，导气管上有一阀门。为考虑实际应用时的方便，反应瓶中剩余空间的气相条件不予考虑，一律视为空气。由于玻璃瓶为密封，所以产氢仍可近似认为是在厌氧的条件下进行的。用 SWJ-ⅠC 精密数字温度计（南京桑力电子设备厂产）连续测定反应瓶内由光合菌群生长过程中的放热而引起的温度变化。为保证光合细菌受光的均匀性，满足光照强度不同的需要，培养基光照条件用可以改变功率的白炽灯泡，按实验要求，白炽灯泡功率可分别更换为 25W、40W、60W、100W，三只白炽灯泡分散地布置在反应瓶的周围。产生的气体用排水集气法收集，定时用 RD-2059G 型氢分析器进行测定，并采用 GC-14B 型气相色谱仪对 RD-2059G 型氢分析器的检测结果进行标定。

在测定系统温度变化过程中，由于所测系统与环境之间存在一定的热传递现象（包括传导、对流和辐射），为使所测系统温度变化值相对准确，需要对所测仪器与外界环境之间进行热量传递引起的温度变化进行标定；另外，为了防止由温室效应引起的系统温度变化，需要采用空白对照方法标定系统的温度。故所测系统温度变化是在通过上述两种标定方法校正后的相对值，应能反映光合制氢过程中光合菌群生长所引起的系统温度变化，从而为指导生物制氢反应器的设计和运行实验过程中所要进行的温度控制提供科学参考和理论依据。现将两种标定方法叙述如下。

（1）系统与外界环境热传递标定方法    课题组测定系统温度变化使用的是一夹层真空的玻璃反应瓶，且将之置于环境温度相对稳定的恒温箱中。但夹层抽真空的玻璃反应瓶并不能保证是绝热的，只要有温差存在，一定会有热传递的发生，另外由于玻璃反应瓶是透明的，与外界一定会有辐射热而引起温度变化。为了消除这些影响，系统与外界环境热传递标定方法主要采用温度自动跟踪方法进行测定。即随着反应器内光合菌群培养时间的延长和制氢过程的进行，反应器内温度上升，将会高于初始设定的恒温箱内的环境温度，所以应减小或稳定反应器与外界环境的温差，或是让反应器处于相对稳定的外界环境条件中，恒温箱的温度也应随反应器内的温度上升而变化（即外界环境温度应随时与反应器内温度保持相同，没有温差也就不会发生热传递）。因此，将反应器内的温度输出到恒温箱的设定温度端，以控制恒温箱的温度，这样便可以使恒温箱的温度自动跟踪反应器内的测定温度，反应器内温度的变化值与其他条件下的温度进行比较标定。标定原理图如图 5-45所示。

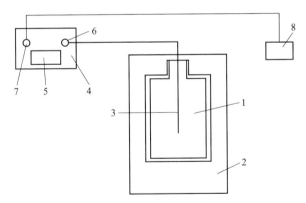

图 5-45    温度自动跟踪标定原理示意图

1—光合反应器；2—恒温箱；3—温度计探头；4—温度计显示器；5—显示窗口；

6—数字输入端；7—数字输出端；8—恒温箱设定温度端口

（2）空白对照标定方法    采用接种量空白对照方法，即将反应器中未接种的反应液与盛满接种后的反应液相对照，设定和培养条件均相同，测定不同时刻下反应器内的温度，二者温度之差，即为光合菌群在光合制氢过程中的生长热。接种量空白对照标定实验原理如图 5-46 所示。

图 5-46　接种量空白对照标定原理

### 5.3.2　光生化制氢系统温度场分布调控技术

#### 5.3.2.1　初始温度的调控

光合细菌生长的最适温度为 25～38℃，在进行系统温度变化单因素实验时，以 0.1g/L 葡萄糖溶液为产氢基质，设定初始温度分别为 25℃、27℃、30℃、35℃、37℃，其他条件分别为光照强度为 2000lx、接种量为 40%、pH 为 7.0、接种物为培养 60h 的菌悬液，进行光合产氢过程中系统温度随时间变化的实验。

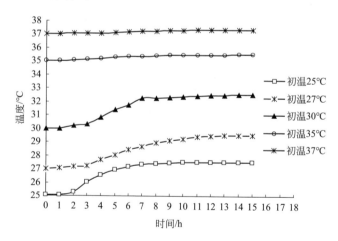

图 5-47　不同初始温度对系统温度变化的影响

从图 5-47 可以看出，光合菌群在生长制氢过程中系统温度均有不同幅度的升高，在第 1h 内温度变化不明显，随后系统内温度开始上升，变化速率较大，12h后温度变化较小，基本保持稳定。由实验数据和曲线可知，五组实验结果中，系统温度变化的大小与初始温度有直接关系，但不随温度的升高或降低而呈规律性的变化。初始温度为30℃时系统温度变化最大，温度变化率为0.1588；27℃初始温度下系统温度变化次之，温度变化率为0.1569；37℃初始温度下温度变化最小，温度变化率为0.02125。系统温度变化较大的初始温度为30℃和27℃。

拟合曲线回归方程，比较系统前后的温度值，并计算系统温度变化率 $k$ 值大小，$k$ 值可用下式进行计算：

$$k = (温度最大值 - 初始温度值)/T \qquad (5\text{-}29)$$

式中，$k$ 为系统温度变化率，℃/d；$T$ 为培养时间，d。

结果如表5-3所示：

**表 5-3　不同初始温度条件下系统温度变化率表**

| 序号 | 初始温度/℃ | 最高温度/℃ | $k$ 值/(℃/d) |
|---|---|---|---|
| 1 | 25.07 | 27.52 | 0.1531 |
| 2 | 27.02 | 29.53 | 0.1569 |
| 3 | 30.00 | 32.54 | 0.1588 |
| 4 | 35.00 | 35.51 | 0.0319 |
| 5 | 37.03 | 37.37 | 0.0213 |

以0.1g/L葡萄糖溶液为产氢基质，在25℃、27℃、30℃、35℃、37℃下进行产氢实验，其他条件分别为调pH为7、接种量为10%、光照度为2000lx，记录不同初始温度下总产氢量，实验结果如图5-48所示。

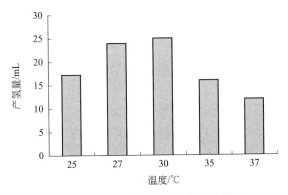

图 5-48　不同初始温度对产氢量的影响

温度对光合产氢菌群的光合产氢量影响显著，在初始温度为25℃、27℃、30℃时，产氢量分别为17.3mL、24mL和25mL，产氢量随温度的上升而增大，温度在 30℃ 时，产氢量达到最大值。温度超过 30℃ 后，产氢量随温度上升而下降，在选定的温度范围内，初始温度在 37℃ 时，产氢量最小，为 12mL。因此光合菌群产氢最适温度为 30℃，这与其最适生长温度是一致的。

### 5.3.2.2 光照强度的调控

光照强度影响光合菌群所捕获的光能量与形成 ATP 及质子梯度。以 0.1g/L 葡萄糖溶液为产氢基质，光源为白炽灯，分别在 500lx、1000lx、1500lx、2000lx 和 3000lx 光照强度下，其他条件分别为温度 30℃、接种量 25%、pH 为 7、接种物为培养 60h 的菌悬液，记录不同光照度下系统温度随时间的变化规律，实验结果如图 5-49 所示。比较系统的初始温度和最高温度，计算系统温度变化率 $k$ 值大小，结果如表 5-4 所示。

表 5-4 不同光照强度条件下系统温度变化率表

| 光照强度/lx | 初始温度/℃ | 最高温度/℃ | $k$ 值/(℃/d) |
| --- | --- | --- | --- |
| 500 | 30.07 | 30.65 | 0.0305 |
| 1000 | 30.05 | 32.06 | 0.1058 |
| 1500 | 30.04 | 32.16 | 0.1116 |
| 2000 | 29.98 | 32.21 | 0.1174 |
| 3000 | 30.02 | 32.35 | 0.1226 |

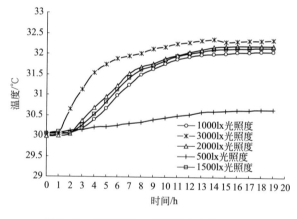

图 5-49 光照强度对系统温度变化的影响

光照强度对光合制氢过程中系统温度的影响是非常显著的。从结果曲线可知，在 500lx、1000lx、1500lx、2000lx、3000lx 光照下，随光照强度的增大，系统温度的变化率也增大。这五组实验中，系统温度的变化率依次为 0.0305、0.1058、0.1116、0.1174、0.1226。但是在光照度为 1000lx、

1500lx、2000lx、3000lx 下，系统温度升高速率逐渐减小，这四条曲线较接近，远远高于 500lx 光照度下的曲线。光照强度为 500lx 和 1000lx 时，系统温度变化率较小；光照强度为 2000lx 和 3000lx 时温度变化曲线较接近，系统温度变化幅度明显，且变化率较大。表明 2000lx 光照强度为光合生物制氢较适宜的光照强度。

以 0.1g/L 葡萄糖溶液为基质，改变不同功率白炽灯的组合形式可获得 500lx、1000lx、1500lx、2000lx、3000lx 共 5 个量程的光照度，其他条件分别为调 pH 为 7、接种量为 10%、温度为 30℃，记录不同光照度下总的产氢量，如图 5-50 所示。

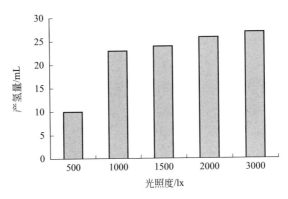

图 5-50　光照强度对产氢量的影响

由图可知，光照度的大小对光合产氢菌群产氢量的影响显著。当光照度位于 1000～3000lx 之间时，产氢量随着光照强度的增大而增大，但增长幅度不明显。光照度为 500lx 时，产氢量最小，为 10mL。1000lx 光照度条件下的产氢量是 500lx 光照度条件下产氢量的 2.3 倍，产氢量明显提高，可见光合产氢菌群产氢的较适光照度为 1000lx 以上。1000lx、1500lx、2000lx 和 3000lx 光照度条件下产氢量分别为 23mL、24mL、26mL 和 27mL，3000lx 光照度条件下的产氢量分别是 1000lx、1500lx、2000lx 光照度条件下的 1.17、1.13、1.04 倍。可见当光照度超过 2000lx 时，随着光照度的增大产氢量增大的幅度很小。考虑到大规模生产时的遮光效应（反应器体积越大，培养基相互遮光效应越大，光转化效率就越小），2000lx 为最佳光照度。

### 5.3.2.3　光合菌群接种量的调控

接种量按体积分数分别设置为 10%、25%、40%、50%、100%，以 0.1g/L 葡萄糖溶液为产氢基质，其他条件分别为温度 30℃、光照度 2000lx、pH 为 7.0 进行光生化制氢，记录在不同接种量条件下系统温度随时间变化的规律，如图 5-51 所示。

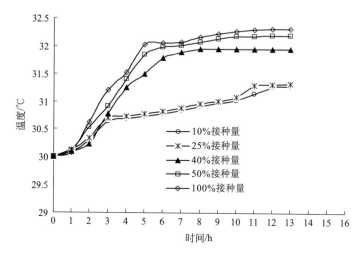

图 5-51　光合菌群接种量对系统温度变化的影响

在选定的接种量中，接种量的大小对光合制氢过程中温度变化的影响也较大，在选定的 10%、25%、40%、50% 和 100% 五组不同的接种量实验中，光合产氢过程中系统温度变化随着接种量的增大而升高。从曲线上看，10% 和 25% 接种量条件下，系统温度的升高远小于其他三组实验曲线，40%、50% 和 100% 接种量的系统温度变化曲线较接近，100% 接种量的曲线最高，10% 接种量条件下系统温度变化值最小，说明系统温度变化的大小与接种的光合菌群量有直接关系，接种的光合菌群量较多时，细菌生长速度较快，并且生长过程放热多，从而引起系统温度升高。

比较系统的初始温度和最高温度，并计算系统温度变化率 $k$ 值大小，结果如表 5-5 所示。

表 5-5　接种量对系统温度变化率的影响

| 接种量/% | 初始温度/℃ | 最高温度/℃ | $k$ 值/(℃/d) |
| --- | --- | --- | --- |
| 10 | 30 | 31.29 | 0.086 |
| 25 | 30 | 31.33 | 0.087 |
| 40 | 30 | 31.95 | 0.13 |
| 50 | 30.01 | 32.19 | 0.145 |
| 100 | 30 | 32.31 | 0.154 |

以 0.1g/L 葡萄糖溶液为产氢基质，接种量按体积分数分别设置为 10%、25%、40%、50%、100% 进行处理，其他条件分别为用 1.0mol/L

HCl 或 NaOH 溶液调整原料 pH 为 7、光照度为 2000lx、温度 30℃，记录不同接种量条件下总的产氢量，结果如图 5-52 所示。

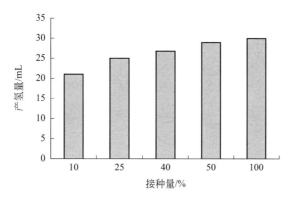

图 5-52　光合菌群接种量对产氢量的影响

随着接种量的增大，产氢量也随着增大，接种量的大小对产氢量的大小有影响但并不明显。在所选取的接种量 10％、25％、40％、50％和 100％条件下，产氢量分别为 21mL、25mL、27mL、29mL 和 30mL，可见产氢量比较接近，当接种量为 50％和 100％时，产氢量保持不变。这种现象可能是高接种量导致产氢体系颜色加深，引起光线的穿透率下降，导致内部基质光照度降低，产氢酶活性随之降低，从而引起产氢量降低。可见，在分散细胞产氢条件下，接种量在 10％~50％之间较为合适。

### 5.3.2.4　初始 pH 的调控

用 1.0mol/L 的 HCl 或 NaOH 溶液调整原料酸碱度，使其分别为 5.0、6.0、6.5、7.0、7.5、8.0，以 0.1g/L 葡萄糖溶液为产氢基质，其他因素分别为温度 30℃、接种量 25％、接种物为培养 60h 的菌悬液以及 2000lx 的光照度，记录在所选定的六组不同 pH 条件下系统温度随时间的变化，结果如图 5-53 所示。

原料的 pH 对光生化制氢过程中系统温度的变化影响显著。在 pH 为 5.0 时，温度变化较小。在 pH 为 6.0、6.5、7.0 时，系统温度的变化都比较大，且温度随 pH 增大而增大，pH 为 7.0 时系统温度变化达到最大。当 pH 继续增大到 8.0 时，曲线又下降，系统温度变化率降低。可见，光合制氢过程中 pH 的大小直接影响系统温度的变化，pH 在 7.0 时温度最高，说明光合菌群处于中性料液中时活性较大，生长繁殖较快，释放出的生长热大，从而引起系统温度升高最高。

比较系统前后的温度值，并计算系统温度变化率 $k$ 值大小，结果如表 5-6 所示。

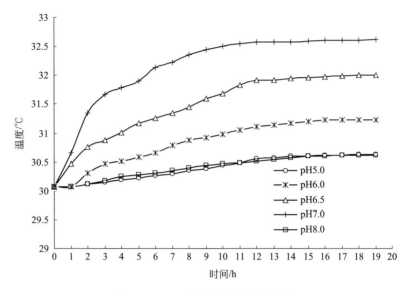

图 5-53 pH 对系统温度变化的影响

**表 5-6 初始 pH 对系统温度变化率的影响**

| pH | 初始温度/℃ | 最高温度/℃ | $k$ 值/(℃/d) |
|---|---|---|---|
| 5.0 | 30.07 | 30.62 | 0.029 |
| 6.0 | 30.07 | 31.23 | 0.061 |
| 6.5 | 30.07 | 32.00 | 0.102 |
| 7.0 | 30.07 | 32.62 | 0.134 |
| 8.0 | 30.07 | 30.61 | 0.028 |

以 0.1g/L 葡萄糖溶液为产氢基质，用 1.0mol/L HCl 或 NaOH 溶液调整原料 pH，使之分别为 5、6、6.5、7、8，其他条件分别为接种量 10%、光照度 2000lx、温度 30℃，记录不同 pH 下总的产氢量，结果如图 5-54 所示。

pH 是影响光合产氢菌群产氢的另一个重要因素。pH 等于 5 和 8 时，产氢量较低，分别为 6mL 和 11mL。pH 等于 6、6.5 和 7 时，产氢量随着 pH 增大而增大，产氢量分别为 15mL、23mL 和 27mL，产氢效果良好且比较稳定，可见光合产氢菌群产氢的最佳初始 pH 为 6～7，应为中性或偏酸性环境。

### 5.3.2.5 光合菌群初期菌龄的调控

分别取培养 24h、36h、72h、96h、120h 的光合菌群接入原料中，其他条件分别为温度 30℃、接种量 25% 以及光照度 2000lx。结果如图 5-55 所示。

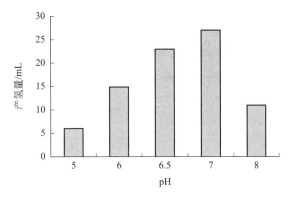

图 5-54  pH 对产氢量的影响

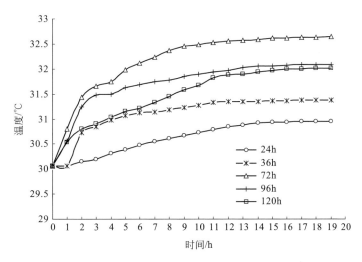

图 5-55  PSB 初期菌龄对系统温度变化的影响

光合菌群的菌龄在 36h、72h、96h、120h 时系统温度的变化比较大。系统温度变化幅度并不随着菌龄的增大而增大，在所接种的不同菌龄的菌种中，菌龄在 72h 条件下系统温度变化最大，其他菌龄对应的温度变化率由大到小依次为 96h、120h、36h 和 24h；菌龄达到 120h 时曲线降低，系统温度变化有所降低；24h 菌龄时，系统温度变化最小。比较系统的初始温度和最高温度，并计算系统温度变化率 $k$ 值大小，结果如表 5-7 所示。五组不同菌龄 24h、36h、72h、96h 和 120h 条件下引起系统温度变化率大小分别为 0.046、0.068、0.135、0.106 和 0.102。说明处于对数生长期的菌群生长比较活跃，其放出生长热较大，衰老期和延迟期的菌群生长速度低于处于对数生长期的菌群。

表 5-7　PSB 初期菌龄对系统温度变化率的影响

| PSB 初期菌龄/h | 初始温度/℃ | 最高温度/℃ | $k$ 值/(℃/h) |
|---|---|---|---|
| 24 | 30.07 | 30.95 | 0.046 |
| 36 | 30.07 | 31.37 | 0.068 |
| 72 | 30.07 | 32.64 | 0.135 |
| 96 | 30.07 | 32.09 | 0.106 |
| 120 | 30.07 | 32.01 | 0.102 |

以 0.1g/L 葡萄糖溶液为产氢基质，在接种培养时间分别为 24h、36h、72h、96h、120h 条件下，其他条件分别为用 1.0mol/L IICl 或 NaOH 溶液调整原料 pH 为 7、接种量 10%、光照度 2000lx、温度 30℃，记录 PSB 不同初期菌龄总的产氢量，结果如图 5-56 所示。

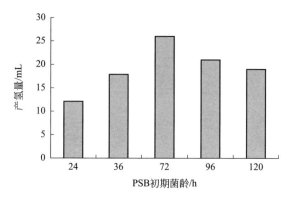

图 5-56　PSB 初期菌龄对产氢量变化的影响

由图 5-56 可知，处于不同生长期的光合菌群的产氢能力有所不同，24h、36h、72h 菌龄菌体产氢量随菌种培养时间增大而增大，但当菌体培养时间超过 72h 时，菌体产氢能力随培养时间增大而减弱。24h 菌龄菌体的产氢能力最弱，72h 菌龄菌体产氢能力最强。24h、36h、72h、96h、120h 条件下产氢量分别为 12mL、18mL、26mL、21mL 和 19mL。72h 菌体最高产氢量是 24h 菌体最低产氢量的 2.17 倍，说明处于对数生长期的光合菌群的产氢能力最强。

### 5.3.2.6　不同光照时间的调控

光合制氢过程中光照时间对光合菌群的生长有直接的影响。分别取四种处理作为光照时间对系统温度影响的对照。处理 1：光照度为 2000lx 的白炽灯的恒光照；处理 2：16h 光照和 8h 黑暗的交替光照；处理 3：12h 光照和 12h 黑暗的交替光照；处理 4：8h 光照和 16h 黑暗的交替光照。以 0.1g/L

葡萄糖溶液为产氢基质，其他条件分别为温度30℃、接种入培养60h的光合菌群、接种量25%、pH为7。结果如图5-57所示。

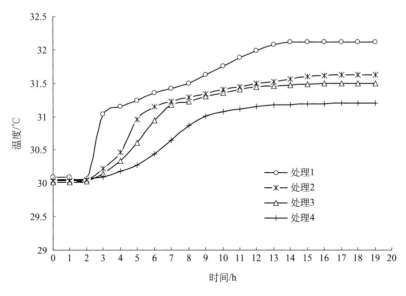

图 5-57　不同光照时间对系统温度变化的影响

在所进行的四种不同光照时间处理中，光照时间的长短直接影响系统温度的变化。从图5-57中可明显看出，四组不同的光照时间条件下，系统温度随光照时间延长而升高，处理1为恒光照，其系统温度变化最大，处理4仅有8h的光照，其系统温度变化最小。比较系统的初始温度和最高温度，并计算系统温度变化率 $k$ 值大小，结果如表5-8所示。四种不同光照时间处理的系统温度变化率分别为0.107、0.083、0.077和0.061。比较处理1和处理4所引起的系统温度变化率可知，处理1为处理4的1.75倍。说明光照时间越长，光合菌群的增长越迅速，生长放热量增大，从而引起系统温度变化得越大。

表 5-8　不同光照时间对系统温度变化率的影响

| 不同光照时间 | 初始温度/℃ | 最高温度/℃ | $k$ 值/(℃/h) |
| --- | --- | --- | --- |
| 处理1 | 30.09 | 32.12 | 0.107 |
| 处理2 | 30.04 | 31.62 | 0.083 |
| 处理3 | 30.02 | 31.49 | 0.077 |
| 处理4 | 30.05 | 31.20 | 0.061 |

为了降低光合产氢菌群规模化产氢的成本，充分利用自然光照条件，模

拟自然光照时间设置以下 4 种处理，分别研究不同光照时间条件对产氢量的影响。处理 1：采用光照度为 2000lx 的白炽灯的恒光照；处理 2（非自然光）：16h 光照和 8h 黑暗的交替光照；处理 3（非自然光）：12h 光照 12h 黑暗的交替光照；处理 4（非自然光）：8h 光照 16h 黑暗的交替光照。以 0.1g/L 葡萄糖溶液为产氢基质，其他条件分别为 pH 7、接种量 10%、温度 30℃，记录上述不同光照时间条件下总的产氢量，结果见图 5-58。

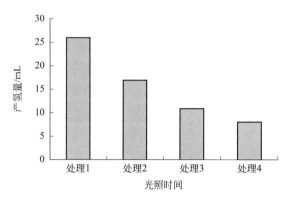

图 5-58　不同光照时间对产氢量的影响

不同的光照时间对产氢量的影响也非常大。产氢量随光照时间的延长而明显增大，处理 1（即 24h 恒光照）条件下产氢量最高，处理 4（即 8h 光照）条件下产氢量最低。四种不同光照条件下的产氢量分别为：26mL、17mL、11mL、8mL，最高产氢量是最低产氢量的 3.25 倍。表明其他条件相同的情况下，光照时间越长，产氢效果越好。可见恒光照是保证光合产氢菌群高效产氢的重要条件。但是从工业化的角度考虑，如果能够筛选到利用白天和黑夜间歇光照自然条件的光合产氢细菌，将大幅度降低生产成本，而且从微生物自然进化的原理可以推断，应该存在这类适应自然条件的光合产氢细菌，尚需进行这类菌种的筛选研究工作。

### 5.3.3　光生化制氢系统温度场特性

按照光合生物制氢系统温度变化测定结果并结合各因素对产氢量的影响，以 0.1g/L 葡萄糖为产氢基质，在初始温度 30℃、光照强度 2000lx、接种量 10%、pH 7.0、PSB 初期菌龄 72h 光合制氢条件下进行光生化制氢，测定光合反应器内不同位置在产氢过程中随时间变化的温度，研究系统温度场分布特性。取图 5-59 所示三点作为研究对象，了解光生化制氢系统各个节点温度大小，探索光生化制氢系统的温度场分布规律。

各点温度随产氢时间的变化曲线如图 5-60 所示。在 500mL 光合生物反

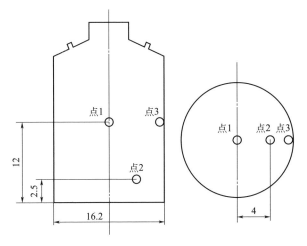

图 5-59　光合反应瓶中测定温度位置示意图（单位：mm）

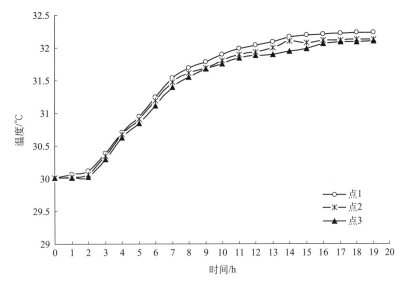

图 5-60　光合生物反应器温度场分布特征

应器内所测定的三个不同位置的节点的温度都随反应时间延长而升高，节点温度随空间位置不同而有所不同。从所测定的实验数据可看出，反应器中心位置（图中所示点 1）的温度始终稍高于反应器周边位置（图中所示点 2 和点 3）的温度，但温度的差别与光合产氢过程的进程有关系。在反应器外沿温度最低，越靠近反应器中心反应液温度越高，反应器内温度最大温差达到 0.13℃。反应开始阶段，两点温度的差别较小，随产氢反应的进行，点 1 和点 2 的温度差别增大。从总体上看，点 1、点 2 和点 3 的温度值不同，说明光合生物制氢反应器内温度场的分布规律为：反应器中心的温度要高于反应器外围的温度，但是温度差值不大，在 500mL 光合制氢反应器内温度场分布比较均匀，且各点温度变化随时间的变化规律较一致。

### 5.3.4　光生化制氢系统温度场数值模拟

传统生物反应器在传热方面普遍存在着温度分布不均匀等缺点[19]，在发酵过程中细胞和酶对温度极为敏感，虽然传统生物反应器内温度探头所测量的周围温度能满足细胞和酶生长和反应的要求，但反应器内其他区域的温度可能偏高或偏低，仍可导致菌体活性被破坏以致死亡。因此，反应器的温度场均匀性对光合制氢过程产氢及反应器温度控制全关重要[20-22]。鉴于此，从提高光合制氢能量利用率角度出发，模拟反应器内温度场分布规律及制氢过程中系统温度的升高值，为反应器设计和温控提供理论依据，同时也能获得良好的节能效果。在 Ansys 软件应用分析的基础上，研究在光合制氢过程中系统及反应器温度场特性、温度升高情况以及分层情况，并且与实验结果进行比较，以验证该种模型的准确可靠性。同时，利用 Ansys 软件可计算得到无法进行实验测量的温度场分布，也研究了节点在同一时刻的温度分布模拟曲线以及特定节点在整个加热过程中的温度变化曲线。

#### 5.3.4.1　光合生物制氢过程瞬态温度场数值分析原理

在光合生物制氢过程中，光合生物反应器中反应液的温度场会随着时间而发生相应的变化。因此，所研究的光合生物反应器的反应液的温度场应是一个时间函数的非稳态温度场。

（1）光合生物制氢系统的温度场基本方程　依据热传导的傅立叶定律，设第 $i$ 批反应液的体积为 $R_i(i=1,2,\cdots,n)$，则在第 $i$ 批反应液中温度场的定解方程见式(5-30)。

$$\frac{\partial T}{\partial \tau}=a\left(\frac{\partial^2 T}{\partial x^2}+\frac{\partial^2 T}{\partial y^2}+\frac{\partial^2 T}{\partial z^2}\right)+\frac{\partial \theta_i}{\partial \tau} \qquad (5\text{-}30)$$

式中，$a$ 为导温系数；$\theta_i$ 为第 $i$ 批反应液的绝热温升；$\tau$ 为壁面法线方向上的坐标值。

已知第 $i$ 批反应液的反应时间为 $t_{i_0}$，反应温度为 $T_{i_0}$，反应液的初始条件表示为式(5-31)。

$$T=T_{i_0}\left[t=t_{i_0},(x,y,z)\in R_i\right] \qquad (5\text{-}31)$$

对于反应过程的任意时刻，如 $t_{10}\leqslant t<t_{i_0}$，已反应料液所占的空间 $R_i$ 为式(5-32)。

$$R_i=R_1 \bigcup R_2 \bigcup R_3 \bigcup \cdots \bigcup R_{i-1} \bigcup R_i \qquad (5\text{-}32)$$

设 $R_i$ 的边界为 $S_i$，$S_i$ 通常由三部分组成如式(5-33)所示。

$$S_i = S_{i_1} \bigcup S_{i_2} \bigcup S_{i_3} \qquad (5\text{-}33)$$

在第一类边界 $S_{i_1}$ 上温度为已知，边界条件如式(5-34)所示。

$$T = T_{b(t)} \qquad (5\text{-}34)$$

式中，$T_{b(t)}$ 为给定温度，可以表示已知环境温度。

第二类边界 $S_{i_2}$ 通常为绝热边界条件，可用式(5-35)表示。

$$\frac{\partial T}{\partial n} = 0 \qquad (5\text{-}35)$$

在第三类边界 $S_{i_3}$ 上，温度梯度与内外温差成比例，可用式(5-36)表示。

$$\lambda \frac{\partial T}{\partial n} + \beta(T - T_a) = 0 \qquad (5\text{-}36)$$

式中，$\lambda$ 为导热系数；$T_a$ 为环境温度；$\beta$ 为表面放热系数，受表面保护影响，是外表面坐标及时间的函数。

（2）光合生物制氢系统的温度场有限元计算法  根据变分原理，要求满足式(5-30)~式(5-33)的解与求解式(5-34)泛函的极值等价。

$$I(T) = \iiint\limits_{R_i} \left\{ \frac{1}{2} \left[ \left(\frac{\partial T}{\partial x}\right)^2 + \left(\frac{\partial T}{\partial y}\right)^2 + \left(\frac{\partial T}{\partial z}\right)^2 + \frac{1}{a}\left(\frac{\partial T}{\partial t} - \frac{\partial \theta}{\partial x}\right)T \right] \right\} \mathrm{d}x\,\mathrm{d}y\,\mathrm{d}z$$
$$+ \iint\limits_{S_{i_3}} \frac{\beta}{\lambda}\left(\frac{T}{2} - T_a\right)T\,\mathrm{d}s = \min \qquad (5\text{-}37)$$

将区域 $R_i$ 用有限元离散，并取每个单元的温度模式表示为式(5-38)。

$$T = \sum_{i=1}^{m} N_i T_i \qquad (5\text{-}38)$$

在时间域用差分法离散，得到式(5-39)。

$$\left( [\boldsymbol{H}] + \frac{1}{s\boldsymbol{\Delta\tau}_n}[\boldsymbol{R}] \right)\{\boldsymbol{T}_{n+1}\} + \left( \frac{1-s}{s}[\boldsymbol{H}] - \frac{1}{s\boldsymbol{\Delta\tau}_n}[\boldsymbol{R}] \right)\{\boldsymbol{T}_n\}$$
$$+ \frac{1-s}{s}\{\boldsymbol{F}_n\} + \{\boldsymbol{F}_{n+1}\} = 0 \qquad (5\text{-}39)$$

式中，$\{\boldsymbol{T}_{n+1}\}$ 和 $\{\boldsymbol{T}_n\}$ 分别为时间 $\tau_{n+1}$ 和 $\tau_n$ 时结点温度向量。取 $s=0$，为向前差分；取 $s=1$，为向后差分；取 $s=1/2$，为中点差分。

矩阵 $[\boldsymbol{H}]$、$[\boldsymbol{R}]$ 及向量 $\{\boldsymbol{F}\}$ 的元素如式(5-40)所示。

$$\left. \begin{array}{l} \boldsymbol{H}_{ij} = \sum\limits_{e} (h_{ij}^e + g_{ij}^e) \\[3mm] \boldsymbol{R}_{ij} = \sum\limits_{e} r_{ij}^e \\[3mm] \boldsymbol{F}_i = \sum\limits_{e} \left( -f_i \dfrac{\partial \theta}{\partial \tau} - p_i^e T_a \right) \end{array} \right\} \qquad (5\text{-}40)$$

式(5-41) 中 $\sum\limits_{e}$ 表示对与结点 $i$ 有关的单元求和，而

$$
\left.
\begin{aligned}
h_{ij}^{e} &= \iiint\limits_{\Delta R}\left(\frac{\partial N_i}{\partial x}\times\frac{\partial N_j}{\partial x}+\frac{\partial N_i}{\partial y}\times\frac{\partial N_j}{\partial y}+\frac{\partial N_i}{\partial z}\times\frac{\partial N_j}{\partial z}\right)\mathrm{d}x\,\mathrm{d}y\,\mathrm{d}z, \\
g_{ij}^{e} &= \frac{\beta}{\lambda}\iint\limits_{\Delta c}N_i N_j\,\mathrm{d}s, \\
r_{ij}^{e} &= \frac{1}{a}\iiint\limits_{\Delta R}N_i N_j\,\mathrm{d}x\,\mathrm{d}y\,\mathrm{d}z, \\
f_i &= \frac{1}{a}\iiint\limits_{\Delta R}N_i\,\mathrm{d}x\,\mathrm{d}y\,\mathrm{d}z, \\
p_i^{e} &= \frac{\beta}{\lambda}\iint\limits_{\Delta c}N_i\,\mathrm{d}s
\end{aligned}
\right\}
\quad (5\text{-}41)
$$

式中，$\Delta R$ 代表单元 e 的求解子域，$g_{ij}^{e}$ 和 $p_{j}^{e}$ 是在第三类边界 $S_{i_3}$ 上的面积分，只有当结点 $i$ 落在 $S_{i_3}$ 边界上时才有值[23-24]。

### 5. 3. 4. 2　ANSYS 热分析基本过程

随着计算机技术的飞速发展和有限元技术的日趋成熟，大型有限元分析软件被应用于越来越多的大型工程项目，美国 ANSYS 软件公司开发的商用有限元软件 ANSYS 即是其中之一。作为 FEA 行业第一个通过 ISO9001 质量认证的软件，ANSYS 带领着世界有限元技术的发展，并在全球范围内得以广泛应用[25]。

ANSYS 软件是美国 ANSYS 公司的产品，是迄今为止世界范围内唯一通过 ISO9001 质量认证的分析设计类软件，是美国机械工程师协会（ASME）、美国国家核安全局（NNSA）等近 20 种专业技术协会认证的标准分析软件。ANSYS 软件基于 MOTIF 的图形用户界面，智能化菜单引导、帮助等，为用户提供了强大的前处理及后处理功能，直接建模与实体建模相结合，图形界面交互方式大大地简化了模型生成，并可通过交互式图形来验证模型的几何形状、材料及边界条件；计算结果可以采用多种方式输出，比如计算结果排序和检索、彩色云图、彩色等值线、梯度显示、矢量显示、变形显示及动画显示等。其前后处理功能明显优越于同类型的软件。

（1）ANSYS 的运行方式　ANSYS 有两种运行方式[26-27]：选择菜单项或输入命令行的交互式方式以及执行命令文件中的批处理方式。

① 选择菜单项或输入命令行的交互式方式。ANSYS 求解过程可以通过菜单及 ANSYS Input 对话框一步步交互式进行，各种操作通过选择相应的菜单项来执行，可以不用记忆大量的命令参数，很直观。同时，在 ANSYS

Input 对话框中输入命令，回车后可以直接运行，而不必在多层菜单间来回寻找菜单命令，这样更简捷、更高效。

② 执行命令文件中的批处理方式。ANSYS 软件将其执行的所有命令，不论是以何种方式执行的，都按先后顺序以命令行方式记载下来，利用 FILE 菜单下的 Write DB Log File 选项，可以以后缀名为 Log 的文件（批处理命令文件）存储所有的操作。该文件的每一行就是一条命令，整个命令文件相当于一个批处理文件。对该文件可以进行编辑处理，例如删除某些无效的命令等，还可以将多个命令文件中的精华取出来，重新组织成一个新的命令文件。选择 File 菜单下的 Read Input From 这一项，并选取组织好的命令文件名，ANSYS 将自动按顺序执行其中的所有命令（批处理），这样可以灵活运用已有的工作，避免重复。

（2）光合制氢反应体三维几何模型建立　在 ANSYS 中建立三维模型的方法有很多，对立方体、长方体、圆柱、圆环等规则形状物体，可以直接利用 ANSYS 命令一次生成。对不规则形状物体，可以通过依次生成点、线、面的方式生成体。也可先生成一个平面，然后拉伸或绕对称轴旋转生成三维模型。生成光合产氢反应体三维模型的基本过程如下[28-34]：

① 选取主菜单中的 Preprocessor，首先在其下级菜单中定义 Element Type，然后在 Material Props 菜单下产生新的材料号。

② 反应体三维实体的形成。在已生成的各 Volum 基础上逐步细分形成各子反应体，可采用多种方法。可通过指定 Workplane 移动的距离和方向，将 Workplane 移动到需要的位置，再选择 Preprocessor＞Operate＞Divide＞Volum by Workplane 切割母体形成。对于层厚相同的相连反应体，通过 Preprocessor＞Operate＞Divide＞Volum by Areas 则大大简化了工作量。首先形成一个与这些反应体上下表面平行且面积大于这些反应体中任一块上下表面面积的平面，然后通过 Preprocessor＞Operate＞Copy＞Area 指定拷贝生成平面的个数、方向及间距，再用这些平面去切割母体反应体。

③ 反应体单元属性的形成。仿真分析中需要通过单元相应的属性来形成每一步计算，参与计算的有限元网格及边界条件最直接的属性是单元的反应时间。而在 Ansys 中直接给单元赋反应时间是无法实现的，因此通过给每一反应体赋不同材料属性来区别，每个反应体在网格剖分前称为母单元，如在母单元基础上进一步剖分成若干子单元，则母单元的所有属性自动遗传到子单元。在上述工作中，若用菜单方式依次给每个单元赋属性，工作量是特别大的。通过命令流方式，只需一次操作，则可以减少大量工作。其批处理命令文件的内容如下：

VSEL，体号。

VATT，属性（可为材料号或坐标系或单元类型等等）。

VSEL，ALL（选中所有元素，使以后命令对所有元素有效）。

④ 网格形成。选用了 8 节点块体单元和 5 节点块体过渡单元进行反应体有限元网格剖分。通过 Preprocessor＞Size Ctrl 指定各实体剖分单元的形状和数目。

⑤ 网格检查。在剖分完网格后，可以通过 Preprocessor＞Check Mesh 对单元进行检验，另外可视化的模型可以很方便地对各个部位"拆分"检查，以确保数据的准确。还必须通过 Preprocessor＞Numctrls＞Compress Number 菜单对单元和节点进行压缩，以保证单元号和节点号连续。

根据 ANSYS 的单元、节点及约束条件输出信息，编制简单的转换程序即可得到需要格式的有限元计算网格文件。值得注意的是，由于 ANSYS 软件在进行网格划分时，不是按照带宽最优的原则，因此应在网格形成前进行带宽优化，以保证有限元计算总刚矩阵元素个数最少。

（3）光合制氢反应体温度场数值计算基本过程　温度场数值计算的基本过程可归纳为以下步骤：

① 选取主菜单中的 Preprocessor，首先在其下级菜单中定义 Element Type，然后在 Material Props 菜单下定义材料的物性参数如导热系数等。

② 网格生成，首先生成 Keypoints，然后生成 Area，再对面划分 Mesh，该网格单元为 Shell63 类型。最后，将平面网格拉伸成立体模型网格（SOLID70 类型），并清除原来的平面网格。

③ 施加换热边界条件，可以在 Solution 菜单下施加，也可以在 Preprofessor 下的 Load 菜单下施加。选取其下级菜单中的 Apply Thermal，根据提示，先选择边界条件施加的对象，再加上边界条件数值。

④ 选择分析类型为 Thermal（缺省值），并选取 Solution 菜单下的 Solve Current LS 命令开始求解。

⑤ 在 General Postproc 菜单下可查看计算结果，并且可以输出来作进一步的分析[35-36]。

### 5.3.4.3　光合生物制氢反应器结构网格剖分

柱形光合生物反应器，其光合制氢反应器结构的几何建模应为圆柱体模型，单元类型为 SOLID70，网格剖分图见图 5-61。考虑到温度场计算的合理和计算时间的要求，建模时兼顾光合制氢反应体结构的热学特性及几何特点，此结构应为轴对称结构，如图 5-62 所示。二维典型截面的计算可减少较大的工作量和计算时间，单元类型选为 PLANE77，此模型共有 100 个单元，332 个节点。

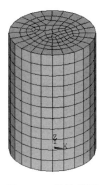
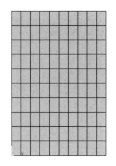

图 5-61 整体模型            图 5-62 轴对称典型截面

针对光合生物制氢系统的结构与运行特点，为计算研究方便，特作如下假设：

① 把光合生物反应器按圆柱体三维模型处理。

② 假设反应液在反应过程中的密度仅与温度有关。

③ 光合生物制氢系统在产氢反应过程中无进料和出料，为一封闭孤立的系统。

④ 分布器内压力变化较小，可以将反应液视为不可压缩流体。产氢过程中，反应器内料液无流动现象。

⑤ 忽略反应器壁面的散热以及与外界环境的辐射换热，整个系统按绝热考虑。

### 5.3.4.4 边界条件和初始条件

用 ANSYS 进行热分析时，需要给出每一实体的材料属性。与热分析直接相关的属性包括：热传导率（thermal conductivity）、比热容（specific heat）、产热率（heat generation rate）。本文在进行光合制氢建模计算过程中所用的热物性参数：

① 比热容 $C_p$：采用 BD-Ⅰ-301 型液体比热容测定装置测定反应液的比热容为 3877kJ/（kg·℃）。

② 导热系数 $\lambda$：采用文献 [37] 计算液体导热系数方法得出导热系数为 0.63W/（m·K）。

③ 密度 $\rho$：采用 HJ33-DMA4000 型号数字式密度计测定为 0.94kg/m³。

④ 边界条件

a. 产热率。在 5L 的光合反应液中接种 10% 的光合菌群，经实验测得悬浮状混合光合细菌菌群培养液 660nm 处 1OD 值相当于细胞干重 0.78g/L，培养至对数生长期的高效产氢光合细菌的密度为 2.8g/L（每升菌液中干细胞的质量），菌群生长平均热功率为 $0.15W^{[38-40]}$，则生热率为 $30W/m^3$。

b. 初始条件。光合制氢反应器内初始温度设定为30℃。

### 5.3.4.5  光合生物制氢过程温度场数值模拟结果

图5-63至图5-68（图5-63、图5-64见文前彩插）所示为反应器内典型截面所经历不同时刻时的温度分布云图。

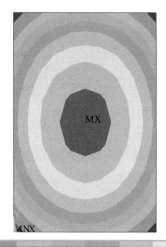

31.339  31.35  31.362  31.373  31.384  31.396  31.407  31.418  31.43  31.441

图 5-65  典型截面在 $t=10h$ 时的温度云图

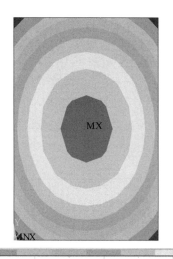

31.927  31.944  31.961  31.978  31.995  32.012  32.029  32.046  32.062  32.079

图 5-66  典型截面在 $t=15h$ 时的温度云图

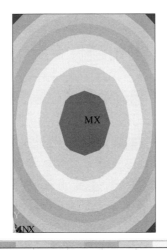

32.469    32.513    32.557    32.601    32.645
   32.491    32.535    32.579    32.623    32.667

图 5-67    典型截面在 $t=20\text{h}$ 时的温度云图

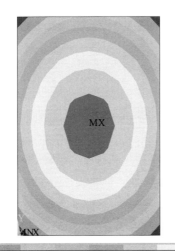

32.871    32.923    32.974    33.026    33.077
   32.897    32.949    33    33.052    33.103

图 5-68    典型截面在 $t=24\text{h}$ 时的温度云图

    所选典型截面在 1h 时,光合生物反应器内温度场的温度分层现象不明显,温度分布较均匀,最大温差为 0.01℃。但当反应时间延长时,即在 4h 以后,典型截面在各时刻温度分布云图变化较清晰,温度分层现象非常明显,在光合生物反应器中心部位温度较高,向外逐渐降低,在反应器最边沿温度降为最低。在 4h 时,典型截面温度分布云图的中心温度和边沿温度差较小为 0.04℃,但随反应时间的延长,温差逐渐增大,在 10h、15h、20h

和 24h 时典型截面温度云图内外温差依次为 0.10℃、0.15℃、0.20℃ 和 0.23℃，反应时间越长，温度场温度差别就越大。中心最高温度和边沿最低温度的差距并不算大，达到 0.23℃，然而与 500mL 光合反应瓶内所测定的不同点温度差（最大温度差为 0.13℃）相比已高出一倍左右。可见随着反应器体积增大，温度分层现象会更加明显，即最高温度和最低温度的差值就会随反应器的体积增大而增大，这样大体积反应器内各个节点的温度就会很不均匀，从而会促进光合制氢顺利进行以及光合产氢菌群的有效利用。为此需要对大体积光合反应器进行搅拌以使反应器内温度场分布较均匀，以缩小各节点的温差。

节点温度取典型截面的五个不同位置作为计算点进行计算，五个节点 1(211)、2(99)、3(219)、4(159)、5(91) 的具体位置见图 5-69。各节点随时间的温度变化曲线如图 5-70 至图 5-74 所示。

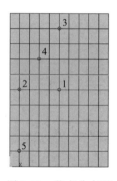

图 5-69　节点分布图

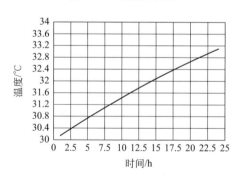

图 5-70　中心点 1 节点温度变化过程线

由图可知，光合生物反应器内节点温度随制氢过程都有所增大，其最大升高值为 3.10℃，与前面系统温度升高值的结果非常接近，证明了模型的合理性与可靠性，为高效光合菌群进行光合制氢的规模化生产和大体积反应器的设计提供翔实的理论数值和科学的参考依据。

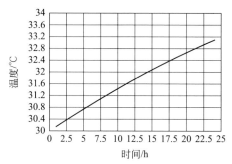

图 5-71　侧边点 2 节点温度变化过程线

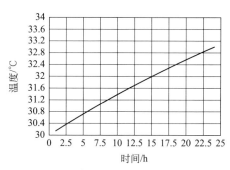

图 5-72　上边中心点 3 节点温度变化过程线

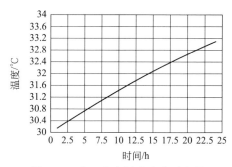

图 5-73　中 4 节点温度变化过程线

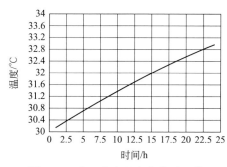

图 5-74　中 5 节点温度变化过程线

通过软件计算得出反应器内五个（1、2、3、4、5）节点在光合生物制氢过程中的不同时刻的温度，将计算值与实测值进行比较，结果见表5-9。

表 5-9    节点在不同时刻计算值与实测值的比较    单位：℃

| 节点 时刻 | 1(211) | | 2(99) | | 3(219) | | 4(159) | | 5(91) | |
|---|---|---|---|---|---|---|---|---|---|---|
| | 计算 | 实测 | 计算 | 实测 | 计算 | 实测 | 计算 | 实测 | 计算 | 实测 |
| 2 | 30.31 | 30.15 | 30.30 | 30.12 | 30.30 | 30.13 | 30.30 | 30.14 | 30.30 | 30.08 |
| 4 | 30.60 | 30.48 | 30.59 | 30.45 | 30.59 | 30.46 | 30.60 | 30.41 | 30.58 | 30.41 |
| 6 | 30.89 | 30.90 | 30.88 | 30.88 | 30.87 | 30.85 | 30.88 | 30.89 | 30.86 | 30.82 |
| 8 | 31.17 | 31.28 | 31.15 | 31.19 | 31.14 | 31.14 | 31.16 | 31.27 | 31.12 | 31.11 |
| 10 | 31.44 | 31.47 | 31.41 | 31.42 | 31.41 | 31.37 | 31.43 | 31.44 | 31.38 | 31.32 |
| 12 | 31.70 | 31.73 | 31.67 | 31.68 | 31.66 | 31.62 | 31.68 | 31.70 | 31.63 | 31.60 |
| 14 | 31.96 | 31.90 | 31.92 | 31.88 | 31.90 | 31.84 | 31.93 | 31.89 | 31.87 | 31.80 |
| 16 | 32.20 | 32.12 | 32.16 | 32.04 | 32.14 | 32.07 | 32.18 | 32.10 | 32.10 | 32.05 |
| 18 | 32.44 | 32.37 | 32.39 | 32.34 | 32.37 | 32.30 | 32.41 | 32.35 | 32.32 | 32.33 |
| 20 | 32.67 | 32.58 | 32.61 | 32.56 | 32.59 | 32.43 | 32.64 | 32.40 | 32.54 | 32.37 |
| 22 | 32.89 | 32.76 | 32.83 | 32.73 | 32.81 | 32.71 | 32.86 | 32.74 | 32.75 | 32.69 |
| 24 | 33.10 | 32.82 | 33.04 | 32.78 | 33.02 | 32.77 | 33.07 | 32.74 | 32.96 | 32.69 |

图5-75中理论计算值为表5-9中五个节点在每个时刻的几何平均值，实测值即为在实验过程中实际测定的系统温度在不同时刻的值。通过比较节点计算值与实验实测值，结果显示，所比较节点的大部分时刻计算值与实测值较接近，由此说明模型的建立与实际情况是比较吻合的，能很好地反映光合生物反应器内温度场温度分布情况和系统温度随时间变化规律，可为光合制氢提供科学参考和理论依据。

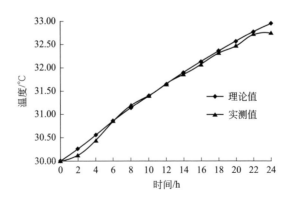

图 5-75    光合制氢过程系统温度理论计算值与实测值随时间变化规律比较

# 参 考 文 献

[1]  荆艳艳. 超微秸秆光合生物产氢体系多相流数值模拟与流变特性实验研究 [D]. 郑州：河南农业大学，2011.

[2]  Kok B. Algal culture：from labortary to pilot plant [M]. Washington：Carnegie Intitude of Washington. 1953：235-272.

[3]  Masset J，Hiligsmann S，Hamilton C，et al. Effect of pH on glucose and starch fermentation in batch and sequenced-batch mode with a recently isolated strain of hydrogen-producing *Clostridium butyricum* CWBI1009 [J]. International Journal of Hydrogen Energy，2010，35（8）：3371-3378.

[4]  Petrie C J S. The rheology of fibre suspensions [J]. J Non-Newtonian Fluid Mech，1999，87（2/3）：369-402.

[5]  Deubelbeiss Y，Kaus B J P，Connolly J A D. Direct numerical simulation of two phaseow：effective rheology and flow patterns of particle suspensions [J]. Earth and Planetary Science Letters，2010，290：1-12.

[6]  Llewellin E W，Manga M. Bubble suspension rheology and implications for conduit flow [J]. Journal of Volcanology and Geothermal Research，2005，143：205-217.

[7]  http://www. instrument. com. cn/download/shtml/119508. shtml.

[8]  宋亚婵，李涛，任保增，等. 玉米秸秆厌氧发酵生物制氢流变学性质的研究 [J]. 河北化工，2008，31（2）：32-34.

[9]  Sasikala C H，Ramana C H V，RaO P R. Regulation of simultaneous hydrogen photoproduction during growth by pH and glutamate in *Rhodobacter spharoides* [J]. In ternational Journal of Hydrogen Energy，1995，20（2）：123-126.

[10]  Eroglu I，Aslan K，Gündüz U，et al. Substrate consumption rates for hydrogen production by *Rhodobacter spharoides* in a column photobioreactor [J]. Journal of Biotechnology，1999，35：103-113.

[11]  Kondo T，Arakawa M，Wakayama T，et al. Hydrogen production by combining two types of photosynthetic bacteria with different characteristics [J]. International Journal of Hydrogen Energy，2002，27（11）：1303-1308.

[12]  袁志发，周静芋. 试验设计与分析 [M]. 北京：高等教育出版社，2000.

[13]  Fluent 6. 1 User's guid-general multiphase models. 2003：Fluent Inc.

[14]  Gidaspow D，Bezburuah R，Ding J. Hydrodynamics of circulating fluidized beds，kinetic theory appraoch [C]. Fluidization Ⅶ，proceedings of the 7th engineering foundation conference on fluidization，1992：75-82.

[15]  宋文吉，肖睿，冯自平，等. 潜热输送介质颗粒沉降速度的固-液两相流模型 [J]. 工程热物理学报，2010（10）：1693-1696.

[16]  韩占忠. Fluent-流体工程仿真计算实例与分析 [M]. 北京：北京理工大学出版社，2009.

[17]  王素兰，张全国，李刚. 光合生物制氢过程中系统温度变化实验研究 [C]//2006 中国生物质能科学技术论坛，2006.

[18]  王素兰. 光合产氢菌群生长动力学与系统温度场特性研究 [D]. 郑州：河南农业大

学，2007.

[19] Ouyang P K, Chisti M Y Yang M [J]. Chemical Engineering Research & Design, 1989, 67 (4)：451-456.

[20] 王煜，许克，李冰峰，等. 热管生物反应器温度场的研究 [J]. 现代化工，2003，23 (1)：24-28.

[21] 盖旭东. 管式反应器的最优温度分布和最佳换热方式 [J]. 北京石油化工学院学报，1994，2 (2)：37-42.

[22] 孔祥谦. 有限单元法在传热学中的应用 [M]. 北京：科学出版社，1998.

[23] 王勖成，邵敏. 有限单元法基本原理和数值方法 [M]. 北京：清华大学出版社，1997.

[24] Raudensky M，Woodbury K A，Kral J，et al. Genetic algorithm in solution of inverse heat conduction problems. Numerical heat transfer (Part B)，1996，30.

[25] 叶先磊，史亚杰. ANSYS 工程分析软件应用实例 [M]. 北京：清华大学出版社，2003：517-520.

[26] 杨小兰，刘极峰，陈旋. 基于 ANSYS 的有限元法网格划分浅析 [J]. 煤矿机械，2005，1：38-39.

[27] 李旻辰，石金彦，雷文平，等. ANSYS 中建立有限元模型的方法 [J]. 水利电力机械，2005，2 (27)：42-44.

[28] 唐兴伦. ANSYN 工程应用教程：热与电磁学篇 [M]. 北京：中国铁道出版社，2003.

[29] 高志刚，刘泽明，李娜. 复杂模型的 ANSYS 有限元网格划分研究. 2006，3 (136)：41-43.

[30] 王凤丽，宋继良. 在 ANSYS 中建立复杂有限元模型 [J]. 哈尔滨理工大学学报，2003 (6)：22-25.

[31] 叶尚辉. 建立有限元模型的一般方法 [J]. 斯案子机械工程，1999 (12)：17-21.

[32] 陈晓霞. ANSYS7.0 高级分析 [M]. 北京：机械工业出版社，2004.

[33] 王磊，李珊，周陶勇. 基于 ANSYS 机中建模方法的探讨 [J]. 现代机械，2006 (3)：51-52.

[34] 刘涛，杨凤鹏. 精通 ANSYS [M]. 北京：清华大学出版社，2002：362-367.

[35] 华泽钊. 低温生物医学技术 [M]. 北京：科学出版社，1994：56-62.

[36] 徐肖肖，李成植，梁海峰，等. 基于 ANSYS 的冻结过程中的温度场的有限元分析 [J]. 沈阳化工学院学报，2006，1 (2)：28-31.

[37] 王克强，王爱琴，冯瑞英. 液体混合物导热系数理想模型的建立及其应用 [J]. 许昌师专学报，2001，5 (20)：28-33.

[38] 孙海涛，张洪林，刘永军，等. 微量热法测细菌生长的热谱及其热动力学研究 [J]. 山东师大学报（自然科学版），1994 (4)：40-42.

[39] 刘义，孙明，喻子牛，等. 苏云金芽孢杆菌含不同质粒和不同基因工程菌生长代谢热动力学变化 [J]. 化学学报，2001，59 (5)：769-773.

[40] 于丽，林瑞森，刘绪良，等. 微量量热法研究温度对两种石油菌生长的影响 [J]. 浙江大学学报（理学报），2000 (6)：628-632.

# 第6章

# 热效应理论在光生化反应器设计中的应用

## 6.1 基于热效应理论的环流罐式光生化制氢反应器设计

### 6.1.1 环流罐式反应器内部热能传输过程研究

微生物的生长和产物的合成均须在适当的温度下进行，光生化细菌的产氢代谢温度也须在特定的范围内，因此光生化制氢反应器中反应液的温度是保证光生化细菌活性和高效产氢的重要因素之一，而温度的控制又是建立在热能合理传输调控的基础上的。

光生化制氢的目的是生产氢能源，因此光生化制氢反应器的运行要尽可能减少矿物能源消耗，最大限度地利用太阳能，将产氢原料尽可能多地转化为氢气。由于目前对光生化细菌产氢的研究主要集中在优势菌株的选育、产氢机理、影响因素等方面，且处于小型实验研究阶段的小型生物反应器普遍采用水浴法进行温度调节，尚未见到有学者对光生化制氢反应器的热能传输过程规律和特性的研究的相关报道。课题组研制的环流罐式光生化制氢反应器温度的调节主要是通过循环热交换器进行的，具有一定的实际应用意义，通过热交换器对反应器进行的热能传输是对反应液温度进行控制的主要技术之一。因此，通过对光生化制氢反应器中热能传输过程的主要影响因素开展研究，对探索最佳热量传输和控制方法，降低能量消耗，获得高的产氢量和产氢速率，实现合理配置资源，有效节约、利用和转化能源具有一定的实际意义，并可为产业化规模的光生化制氢反应器的设计提供科学参考。

### 6.1.1.1 热能传输

（1）光生化制氢反应器热能传输途径　在环流罐式光生化制氢反应器中进行的制氢过程中，由于涉及复杂的生化反应、光源的导入、温度的控制等过程和操作，热能传递途径较多。制氢过程中，光生化细菌菌种和基质的处理温度也是在31℃左右，故可忽略菌种接入和基质流入、流出引起的热传递；制氢过程无需补气增氧，因此无需考虑气体流入所携带的热量；而反应在常温常压下进行，气体流出带出的显热和蒸发热也可忽略不计，则环流罐式光生化制氢反应器的热能传输途径主要包括五个部分，如图6-1所示。

图6-1　光生化制氢反应器热能传输途径

① 换热器与反应器之间的热传递 $Q_e$；

② 循环泵工作产生的热传递 $Q_b$，即循环泵带动流体运动产生的动量通过流体混合转化成摩擦热；

③ 照射在反应器壁面的太阳光及辅助光源引起的热传递 $Q_g$；

④ 反应器表面暴露在周围环境中引起的反应液与周围环境的热传递 $Q_o$；

⑤ 光生化细菌产氢过程放出的热量引起的热传递 $Q_r$。

（2）光生化制氢反应器的热能传输过程　光生化制氢反应过程中，$Q_b$、$Q_g$、$Q_r$ 均为输入热量，其中，由安装在循环管路的循环泵带动反应液流动，流体流动将动量由循环入口带入反应器，通过流体混合转化成摩擦热 $Q_b$。照射在反应器壁面的太阳光或辅助光源引起反应器壁及器壁周围温度的升高，反应器壁与反应器中反应液温度之差、器壁周围温度与反应器中反应液温度之差使热量 $Q_g$ 传入反应器，使反应液温度升高。光生化细菌产氢过程是光生化细菌的代谢过程，伴随有反应热 $Q_r$ 的产生，反应热引起反应液温度升高。由于反应器表面暴露在周围环境中，因此 $Q_o$ 可以是输入热量也可以是输出热量，环境温度高于反应液温度时，热能由反应器外传入反应液；

环境温度低于反应液温度时，热能由反应器内向外传输；环境温度与反应液温度相同时，反应器与外界环境无热能的传输。$Q_e$是可调控的热量，当反应液温度高于设定的光生化细菌产氢的最佳温度范围时，换热器调整水温对反应液降温，热量由换热器带出；当反应液温度低于设定的光生化细菌产氢的最佳温度范围时，换热器对反应液升温，热量由换热器输入反应器。$Q_e$可以是输入热量也可以是输出热量，通过对$Q_e$的控制，使反应器的温度保持在最佳的产氢温度范围内。

从以上热能传输过程的分析可知，当引起反应液温度升高的输入热量$Q_b$、$Q_g$、$Q_r$之和与周围环境带出的热量相等时，换热器无需进行热量传输与交换，反应器处于最佳的即最节能的热能传输状态。

### 6.1.1.2 光生化制氢反应器的热量平衡式

根据热力学第一定律和图 6-1 所示的光生化制氢反应器热能传输途径，可得到该类反应器的热量平衡方程式(6-1)。

$$Q'_e + Q'_o = Q'_b + Q'_g + Q'_r \tag{6-1}$$

式中，$Q'_e$为换热器带入或带出的单位体积热量变化速率；$Q'_o$为单位体积反应液向周围环境散发的热量变化速率；$Q'_b$为由循环泵造成的单位体积产热速率；$Q'_g$为由太阳光与辅助光源引起的单位体积产热速率；$Q'_r$为光生化细菌产氢代谢造成的单位体积产热速率。

平衡式右边的$Q'_b$、$Q'_g$、$Q'_r$均恒大于零。当环境温度低于反应液温度时，反应液向周围环境散发热量，$Q'_o$为负；当环境温度高于反应液温度时，反应液会吸收环境热量。热量平衡式也可表示为式(6-2)。

$$Q'_e = Q'_b + Q'_g + Q'_r + Q'_o \tag{6-2}$$

当环境温度等于反应液温度时，热量平衡式又可表示为式(6-3)。

$$Q'_e = Q'_b + Q'_g + Q'_r \tag{6-3}$$

随着环境温度和反应液温度的变化，换热器适时地进行水温的调整，调节反应液温度保持在制氢工艺要求的适宜温度范围内：

当$Q'_o = Q'_b + Q'_g + Q'_r$时，$Q'_e = 0$，换热器无需工作，反应器可保持热量平衡状态；

当$Q'_o > Q'_b + Q'_g + Q'_r$时，$Q'_e < 0$，换热器对反应液降温；

当$Q'_o < Q'_b + Q'_g + Q'_r$时，$Q'_e > 0$，换热器对反应液升温。

由于在光生化制氢过程中，反应液向周围环境散发的热量、太阳光与辅助光源造成的热量、光生化细菌产氢代谢产生的热量都是随时间变化的，会引起反应液温度的变化，需要换热器对反应液温度进行控制，使产氢能在适宜的温度下进行。

## 6.1.2  环流罐式反应器光生化制氢过程中的产热速率

### 6.1.2.1  光生化细菌代谢产氢时的产热速率

光生化细菌产氢过程实质上是光生化细菌细胞的代谢过程，也是自由能降低的过程，伴随有反应热的产生，大部分的热量是在作为碳源或能源的有机底物的降解中产生的，释放的能量部分贮存在ATP或其他含能化合物的高能键中，其余的能量以热的形式释放，同时，细胞在利用ATP支持生长、产氢和其他代谢功能的过程中也会释放热。产氢过程产生热量的大小取决于底物的代谢途径，以及贮能化合物ATP等与生长代谢过程和细胞生物合成过程的能量耦合[1]。反应热的变化可反映细胞活动特征、细胞代谢变化情况，因此反应热的研究和分析对细胞能量代谢的调节机理、计算分解代谢途径的能量效率和能量回收效率都有很大的帮助。对于反应机理明确的反应过程，反应热可由式(6-4)通过消耗的碳源和代谢产物的燃烧热之差计算得到[2]。

$$Q = \sum_j Y_{S_j}(-\Delta H_{C_j}) - \sum_i Y_{P_i}(-\Delta H_{C_i}) = \sum_j Y_{S_j} Q_{C_j} - \sum_i Y_{P_i} Q_{C_i}$$

(6-4)

式中，$Y_{S_j}$ 是底物中第 $j$ 种碳源的消耗系数；$Y_{P_i}$ 是第 $i$ 种产物的得率系数；$\Delta H_{S_j}$ 是底物中第 $j$ 种碳源的热焓变化；$\Delta H_{P_i}$ 是第 $i$ 种产物的热焓变化；$Q_{S_j}$ 是第 $j$ 种碳源的燃烧热；$Q_{P_i}$ 是第 $i$ 种产物的燃烧热。

由于光生化细菌产氢反应过程中生化反应机理和途径相当复杂，很多细节尚不清楚，目前还无法通过化学计量来进行反应热计算，而光生化细菌产氢过程的最适宜温度在较窄的范围内，因此，光生化细菌产氢过程的产热量也是影响反应液温度变化的关键因素之一。目前还未见到光生化细菌反应热的相关实验数据，研究反应液温度随时间的变化规律及实验数据的测定，对反应器热交换器的设计与控制，对改善反应过程工艺条件、提高产氢量有重要的意义，并为更大规模的光生化产氢提供可靠的数据。课题组对光生化细菌产氢过程中反应液温度变化对产热量的影响进行了较为深入的实验研究。利用课题组筛选富集的高效光生化产氢混合菌群，增殖培养到对数生长后期，在8000r/min转速下离心得到固体菌种，按海藻酸钠与细胞干重比为10∶3，将菌种加入3%的海藻酸钠水溶液中，制成1mm的固定化颗粒，并用0.6%戊二醛交联后装入光生化生物反应器。产氢原料为取自郑州市东郊的新大牧业种猪场的湿猪粪，将原料黑暗好氧预处理4天，稀释过滤去稻草、泥沙等杂质后，稀释至初始COD为5000mg/L左右。产氢装置采用课题组自行研制的新型环流罐式光生化制氢反应器，反应器有效容积为31.07L；产氢底物由加料泵加入装有5L固定化颗粒的反应器中，反应液总体积为30L；产氢方式采用间歇批处理产氢。采用动态量热法测定温度曲线，计算产热速率。反应开始36h进入产氢代谢旺盛期后，将反应液温度控制到（28±0.2）℃，将室内温度调节控制在相同的范围后，停止对反应液的温度控制30min后再继续对反应液的温度进行控制，测定反应液温度的变化，获得反应液温度随时间的变化量及变化规律。在测定反应液温度变化的过程中停止循环泵的工作，不再进行连续循环，每间隔10min启动循环泵搅拌0.5min，以减少循环泵工作带入的由动量转化的热量，此时可认为反应液温度的升高完全由反应热 $Q_r$ 引起，即表示为式(6-5)。

$$Q'_r = \frac{dQ_r}{dt} \cdot \frac{1}{V_r} = M_V C_P \frac{dT}{dt} \tag{6-5}$$

式中，$V_r$ 为反应器有效容积，为31L；$C_P$ 为反应液的比热容，经测定为4.23kJ/(L·℃)；$M_V$ 为单位体积反应液质量。

用同样的方法将反应液温度和室内温度分别控制到（29±0.2）℃、（30±0.2）℃、（31±0.2）℃、（32±0.2）℃、（33±0.2）℃时，测定反应液温度的变化。

分别测定了产氢过程中培养温度为28℃、29℃、30℃、31℃、32℃、33℃、34℃时的反应器内反应液温度随时间的变化情况，结果如图6-2所示。

由图6-2可知，停止热交换后30min内，反应器内反应液的温度随时间变化基本呈线性升高，由图6-2和式(6-5)可得反应液在不同温度时光生化细菌产氢代谢的产热速率和温度变化，如表6-1所示。

表6-1　反应液在不同培养温度下的产热速率和温度变化

| 温度 $T$/℃ | 反应液温度变化 $\Delta T$/(℃/h) | 产热速率 $Q'_r$/[kJ/(m³·h)] |
|---|---|---|
| 28 | 1.24 | 5260.08 |
| 29 | 1.12 | 4751.04 |
| 30 | 0.98 | 4157.16 |
| 31 | 0.96 | 4072.32 |
| 32 | 0.90 | 3817.8 |
| 33 | 0.86 | 3648.12 |
| 34 | 0.78 | 3308.76 |

由表6-1可知，在28～34℃时光生化细菌产氢过程反应热在3308.76～

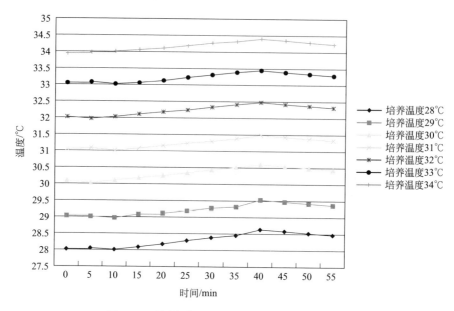

图 6-2　不同培养温度下反应液的温度变化规律

$5260.08kJ/(m^3 \cdot h)$ 之间，远远小于酵母菌、霉菌等的反应热，这主要是因为光生化细菌产氢过程不消耗氧气，以热量的形式释放出的能量少，因此产氢过程中底物转化成氢的效率高，氢气的产量高。图 6-3 描述了光生化细菌在不同培养温度下的产热速率。

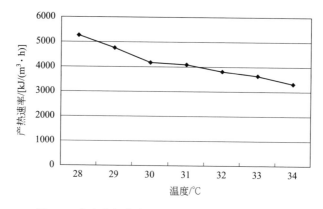

图 6-3　光生化细菌在不同培养温度下的产热速率

　　表 6-1 和图 6-3 中显示，培养温度为 30℃ 和 31℃ 时产热速率基本相同，培养温度为 32℃ 和 33℃ 时产热速率变化也不太大，培养温度为 28℃ 时产热速率最高，反应热最大。反应热随着培养温度的升高有所降低，在 34℃ 时产热速率最低，反应热最小；在 28～34℃ 之间产热速率总的趋势是：随着

培养温度的升高，产热速率有所下降。其原因可能是温度的改变使光生化细菌代谢过程发生了变化，因为光生化细菌在温度变化的情况下，通常是通过改变脂质含量和脂肪酸的组成成分来适应温度的变化。培养温度升高，脂质含量就会减少，特别是磷质脂的磷质酰甘油的含量大大减少，在低温培养时含有的硫代异鼠李糖甘油二酯甘油酯（SQDG），一旦培养温度升高，含量也会减少。而在低温培养时不能检出的二磷酯酰甘油（DPG），在高温培养时又能检出[3]。可能正是由于温度使光生化细菌的脂质含量和脂质组成发生了变化，特别是培养温度升高，全脂质含量的减少引起了产热速率的降低。

## 6.1.2.2 循环泵造成的单位体积产热速率

循环泵造成的单位体积产热速率 $Q_b'$，是由循环泵带动反应液作机械运动，造成液体之间、液体与设备之间的摩擦而产生的热量，其中带入反应器的热量可视为与循环入口处反应液动量相等，可由式（6-6）得到。

$$Q_b' = \frac{\rho V_0^2}{2V_r} \tag{6-6}$$

式中，$V_0$ 为循环入口液流流速，为 $0.5 \sim 0.6 \mathrm{m/s}$；$\rho$ 为产氢反应液的密度。本系统设计的反应器采用输出功率为 $15\mathrm{W}$ 的循环泵，因此循环泵带入的热量 $Q_b' = 1780\mathrm{kJ/(m^3 \cdot h)}$。

## 6.1.2.3 太阳光与辅助光源引起的单位体积产热速率

太阳光与辅助光源引起的单位体积产热速率 $Q_g'$，主要是由直接照射在透明的反应器壁的太阳光引起的单位体积产热速率 $Q_s'$，与在夜间和光纤导入的太阳光不足时，由辅助光源，即白炽灯的照射引起的单位体积产热速率 $Q_d'$ 之和，可由式（6-7）和式（6-8）得到。

$$Q_g' = Q_s' + Q_d' \tag{6-7}$$

$$\Phi_d = \varepsilon_d S_d \sigma (T_d^4 - T_b^4) + 4 \times \frac{2\pi\lambda H(T_{in} - T_o)}{\ln(r_4/r_3)} + S_d h(T_{in} - T_o) \tag{6-8}$$

式中，$\Phi_d$ 为反应器套筒表面的热流量；$\lambda$ 为有机玻璃的热导率；$H$ 为反应器圆柱体部分的高；$T_d$ 为白炽灯表面温度；$T_b$ 为套筒内表面温度；$T_{in}$ 为反应器中反应液温度；$T_o$ 为套筒内温度；$r_3$ 为套筒内径；$r_4$ 为套筒外径；$S_d$ 为套筒内表面积之和；$\sigma$ 为黑体辐射常数；$\varepsilon_d$ 为白炽灯的发射率。

照射到反应器各壁面的太阳光，随着天气和季节的变化在不断变化，因此 $Q_s'$ 可取反应器表面太阳光照度测量的平均值 $511.25\mathrm{lx}$ 来计算。反应器表面白天 10h 的辐射光能为 $E_{Lo} = 13292.5\mathrm{J}$，则单位时间单位体积反应器表面得到的辐射光能为：

$$E'_s = E_{Lo}/(tV_r) = 44205 \text{J}/(\text{m}^3 \cdot \text{h})$$

按30%的光热转化效率计算产热速率 $Q'_s$：

$$Q'_s = 30\% E'_s = 13.262 \text{kJ}/(\text{m}^3 \cdot \text{h})$$

$Q'_d$ 可由式(6-8) 来计算，也可采用白炽灯消耗电能产生的热能进行分析。

$$Q'_d < n(1-\eta)W \tag{6-9}$$

式中，$n$ 为白炽灯的只数；$\eta$ 为白炽灯的光转化效率；$W$ 为白炽灯的额定功率。辅助光源的光转化效率越高，其引起的单位体积产热速率 $Q'_g$ 越低，因此在辅助光源可提供光生化细菌产氢所需光谱波段光能的情况下，应选用光转化效率高的灯作为辅助光源，以减小由辅助光源引起的反应液温度的变化。本系统采用4只10W、$\eta$ 为10%的白炽灯[4]，白炽灯消耗的电能产生的热能全部传递给反应液时，$Q'_d = 4320 \text{kJ}/(\text{m}^3 \cdot \text{h})$。

#### 6.1.2.4 单位体积反应液向周围环境散发的热量变化速率

单位体积反应液向周围环境散发的热量变化速率可由式(6-10) 计算得到。

$$Q'_o = k_t A_u (T_{in} - T_{ou})/V_r \tag{6-10}$$

式中，$T_{in}$ 为反应器中反应液温度；$T_{ou}$ 为反应器外环境温度；$k_t$ 为反应器总的传热系数；$A_u$ 为反应器的表面积；$V_r$ 为反应器的体积。

反应器总的传热系数 $k_t$ 可由光生化细菌产氢代谢的产热速率试验结果，即反应液温度随时间变化关系图6-2中温度下降阶段的斜率求得，$k_t = 105 \text{kJ}/(\text{m}^2 \cdot \text{h} \cdot ℃)$。

按上述计算讨论结果可知，太阳光照射引起的热量变化较小，当反应器表面太阳光照度为平均值时可忽略不计，当产氢温度为30℃、有辅助光源、换热器不工作时：

$$Q'_o = Q'_b + Q'_g + Q'_r = k_t A_u (T_{in} - T_{ou})/V_r$$
$$= (4320 + 4157.16 + 1780)\text{kJ}/(\text{m}^3 \cdot \text{h}) = 10257.16 \text{kJ}/(\text{m}^3 \cdot \text{h})$$

可得

$$T_{in} - T_{ou} = 10257.16/(25 \times 105) \approx 3.9(℃)$$

即当环境温度比反应液温度低3.9℃时，由循环泵造成的单位体积产热速率、太阳光与辅助光源引起的单位体积产热速率与光生化细菌产氢代谢造成的单位体积产热速率之和，与单位体积反应液向周围环境散发的热量变化速率相等，换热器无需工作，反应器也可保持热量平衡状态。当反应液温度与环境温度之差小于3.9℃时，换热器需对反应液降温；反之，换热器需对反应液加温。

## 6.1.2.5 换热器带入或带出的单位体积热量变化速率

换热器带入或带出的单位体积热量变化速率 $Q_e'$ 可由式（6-11）和式（6-12）得到。

$$Q_e' = k_e A_e \Delta T_e \tag{6-11}$$

$$\Delta T_e = \frac{(T_{in} - T_i) - (T_{in} - T_o)}{\ln \dfrac{T_{in} - T_i}{T_{in} - T_o}} \tag{6-12}$$

式中，$A_e$ 为换热器中蛇管的换热面积；$k_e$ 为换热器的总传热系数；$\Delta T_e$ 为换热器中的水温与反应器内反应液温度的对数平均温差；$T_{in}$ 为反应器内反应液温度；$T_i$ 为换热器入口水温；$T_o$ 为换热器出口水温。

本系统设计的光生化制氢反应器的换热器 $A_e$ 为 0.327m²，$k_e$ 为 3780kJ/(m² · h · ℃)。当产氢反应环境温度等于反应液温度时，由式（6-3）得

$$Q_e' = k_e A_e \Delta T_e = Q_b' + Q_g' + Q_r' = 10257.16 \text{kJ/(m}^3 \cdot \text{h)}$$

得

$$\Delta T_e = 8.3℃$$

即当产氢温度为 30℃，环境温度与反应液温度相同时，换热器中的水温与反应液温度的对数平均温差为 8.3℃时，换热器可带走由循环泵、光照与光生化细菌产氢代谢造成的热量，使反应液温度保持在 30℃。

环流罐式光生化制氢反应器在光生化制氢过程中涉及复杂的生化反应、光源的导入、温度的控制等过程和操作，热能传递途径较多，影响反应器热能变化的主要因素有以下五个：①换热器与反应器之间的热传递；②循环泵工作产生的热传递；③照射在反应器表面的太阳光与辅助光源引起的热传递；④反应器表面暴露在周围环境中引起的反应液与周围环境的热传递；⑤光生化细菌产氢过程放出的热量引起的热传递。通过定量计算所得数据表明：由于反应器表面暴露在环境中的面积较大，当环境温度与反应液温度相差较大时，对反应液温度影响较大，但当环境温度与反应液温度相差较合适的值时，有助于反应液热量的传出，减少因换热器工作引起的能源消耗；由于光源照射引起的热传递对反应器中热量贡献也较大，特别是辅助光源照射带入的热量比太阳光照引起的热量大很多，在热平衡式（6-3）中贡献了总的热量产出的 42% 左右，是影响反应器热能变化的主要因素之一；光生化细菌产氢代谢产生的热量也比较大，在式（6-3）中贡献了总热量产出的近 41%，是影响反应器热能变化不可忽视的因素；循环泵工作产生的热量与前三者相比影响较小，在式（6-3）中贡献了总热量产出的约 17%；热交换器对反应器进行的热能传输是控制反应液温度、保证产氢反应过程热能合理传

输的重要因素。

通过热交换器对反应器进行的热能传输是控制反应液温度、保持产氢反应过程顺利进行的主要方法，但由于光生化制氢是生产能源的过程，在生产过程中，有效节约运行中所消耗的能源、利用运行中所利用的能源，才可达到合理配置资源，有效节约、利用和转化能源的实际目的。利用环境温度的影响减少生产过程中热量传输所消耗的能量是减少反应器能量消耗的最佳途径；配置能耗低、光热转化率低的辅助光源也是减少反应器运行能耗的途径之一；设计科学合理的热交换器温度调控方法，保持反应液温度的稳定性、减缓反应液温度波动也是减少仪器设备启停次数、减少运转时间、减少设备运行能耗的有效途径。

# 6.2 基于热效应理论的连续式光生化制氢反应器设计

自然界一切在进行的反应过程中都存在着热量的放出或者吸收，光生化制氢的过程也不例外。生物体的代谢过程都伴随着一定的热效应，从热能的角度研究微生物的热效应。光生化细菌代谢制氢过程中存在的大量热物理问题作为光生化制氢体系中的一种基本现象，直接影响光生化制氢体系的能量消耗、产氢酶活性、产氢速率等多种因素。但是目前光生化制氢大多停留在对产氢原料、产氢工艺条件等问题的研究上，对光生化制氢体系在光生化细菌代谢热效应方面的研究很少。课题组对太阳能光生化制氢过程的热量变化规律进行了研究，通过测定微生物生长代谢过程中的产热温度-时间曲线，来反映微生物生长、工作、生理生化的变化和遗传特征，揭示生物制氢过程的热量变化对光生化细菌产氢酶活性和产氢速率的影响规律，从提高太阳能生物制氢体系的能量利用效率出发，构建与高效光生化产氢菌群热力学特性相耦合的高效节能太阳能光生化制氢体系，为实现太阳能光生化制氢技术的工业化应用奠定理论基础[5-8]。制氢过程中热物理现象方面的研究还未见报道。不过，无论国内还是国外对产氢菌在产氢过程中的热量变化规律还缺少系统细致的研究和报道，这直接影响和妨碍了光生化制氢体系主要是光生化制氢反应器的研制，从而阻碍了该项生物制氢技术的迅速发展。然而初步研究表明，光生化制氢体系的温度场分布和热效应严重制约着光生化细菌的生长速率及产氢速率，是影响光生化制氢过程的重要因素。

光生化细菌在产氢过程的系统中会产生热量放出，这些热量就有可能使光生化反应器产生温度应力变形，影响光生化制氢体系的产氢量和产氢速率。更重要的是光生化细菌产氢放热的同时，更易受到影响的是反应中的各种酶。酶的活性有所变化，将直接影响产氢的效果，破坏原有的产氢速率，给整个生物制氢反应带来影响。细菌所进行的氧化反应基本上都是放热反应，热量的产生有时会大大加快反应速率，也可能会过热而降低反应速率，甚至破坏细菌活性。由于温度对细菌的活性影响很大，为了保证细菌氧化反应工艺在温度上的要求，产氢反应容器需要安装冷却装置。所以在设备设计制造前需要计算出细菌氧化反应所产生的热效应，从而为设备的设计制造提供依据。因此，对光生化细菌产氢系统热效应的研究是非常必要的[9-12]。

利用特制的双层真空生物质光生化制氢反应装置，在不同光照强度、pH、接种量和环境温度等条件下，分别进行以不同介质为底物原料的光生化制氢反应过程中反应液温度随反应时间变化的实验研究，考察底物种类、玉米秸秆的粒度大小、光照强度等因素对光生化制氢过程中不同阶段温度变化的影响情况，探索光生化制氢系统的温度分布规律，为光生化制氢反应器的工艺参数选取提供基础数据和参考依据。

① 通过单因子实验，研究光生化制氢反应中分别使用不同种类的产氢基质所引起的产氢过程中的温度变化；

② 通过单因子实验，研究光生化制氢反应中玉米秸秆粒度的不同对产氢反应过程中温度变化的影响；

③ 研究光生化制氢反应器内的不同位置在光生化产氢过程中的温度变化；

④ 通过单因子实验，研究光照强度在光生化制氢反应中对产氢过程中温度变化的影响。

连续光生化制氢装置如图 6-4 所示。

培养基装在 500mL 的双层真空的三口玻璃反应瓶中。从反应瓶的两侧瓶口分别下置一个温度计探头至瓶侧中部，测量反应瓶两侧的温度，另外从反应瓶中间瓶口处下置 3 个温度计探头，分别测量反应瓶中轴位置的上、中、下三点温度。反应瓶瓶口处设置导气管连通至集气瓶收集气体。待反应瓶内接种后用橡胶塞和玻璃胶密封瓶口。为使环境温度保持稳定，反应瓶放在电子恒温箱中，恒温箱内温度设置为 30℃，箱内设置 30W 白炽灯作为光源，光照强度为 2000lx。

酶解及参数测定方法如下：

（1）酶解过程 纤维素酶具有催化糖基转移作用，可有效水解纤维素得到单糖，生化反应条件温和，具有高选择性和高催化性。

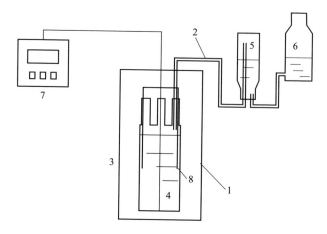

图 6-4　测定不同条件下光生化制氢系统温度变化的实验装置图

1—光源；2—导气管；3—恒温箱；4—双层真空反应瓶；5—收集瓶；

6—贮水瓶；7—精密数字温度计；8—温度计探头

做 4 份振荡样本方法如下：取粉碎后不同类型秸秆类生物质各 2.5g，分别置于 250mL 洗净烘干的锥形瓶中，向瓶中加入 100mL pH4.8 的柠檬酸-柠檬酸钠缓冲溶液，在 50℃ 水浴锅中水浴保温 30min，取出，准确称取 125mg 纤维素酶酶粉，加入各锥形瓶，振荡使充分溶解，用封口纸密封，放入 50℃、150r/min 的恒温振荡器中振荡酶解 48h。

（2）中和滴定过程　将振荡 48h 后的秸秆样本取出振荡器，使用饱和的 NaOH 溶液用滴定管进行中和滴定，滴定过程中要晃动均匀，并且及时使用上海理达仪器厂生产的 pHS-2C 型实验室 pH 计测取秸秆样本的 pH，直至得到实验所需的酸碱度为止。

（3）定装和温度记录　双层真空三口反应瓶的对称侧壁处以及瓶子中心的上、中、下部分别设置一个温度计探头，分别记作 A、B、C、D 点（如图 6-5）。酶解的秸秆经中和滴定后加入产氢培养基和一定接种量的细菌，放入双层真空反应瓶中，安装好温度计探头，连接导气管后放入温度设置好的电子恒温箱中。打开白炽灯，经过测定得到需要的光照强度，打开 TC-2A 多路温度测试仪，设定好间隔时间，测定并自动记录 5 个温度计探头处的温度。

（4）温度的测定　将 TC-2A 多路温度测试仪的五个探头分别按照图 6-5 所示 A、B、C、D、E 的位置插入并固定于绝热反应瓶的橡胶塞内，检查探针是否触及瓶壁，并密封接触点，以保证温度计所测温度即反应溶液的温度。

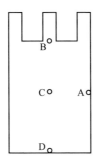

图 6-5 测定反应器内不同点位置的示意图

光生化细菌产氢过程用温度变化率来衡量光生化细菌产氢时代谢放热的程度，温度变化率 $k$ 的计算公式见式(6-13)。

$$温度变化率 k＝(终态温度 T_1－初始温度 T_0)/时间 t \qquad (6-13)$$

（5）系统温度变化率 $k'$ 的测定

$$k'＝(温度最大值－初始温度值)/T \qquad (6-14)$$

式中，$k'$ 为系统温度变化率，℃/h；$T$ 为培养时间，h。

（6）标定方法　在测定系统温度变化过程中，由于所测系统与环境之间存在一定的热传递现象包括传导、对流和辐射，为使所测系统温度变化值相对准确，需要对仪器与外界环境之间进行的热量传递而引起的温度变化进行标定；另外为了防止由温室效应引起系统温度变化，需要采用空白对照方法标定系统的温度。故所测系统温度变化是在通过上述两种标定方法校正后的相对值，应能反映光生化制氢过程中光生化菌群生长所引起的系统温度变化，从而为指导光生化制氢反应器的设计和运行实验过程中所要进行的温度控制提供科学参考和理论依据。

## 6.2.1　连续式光生化反应器启动阶段温度变化规律

光生化细菌连续产氢反应过程中存在热量变化是显而易见的，这个可以从实验测得的实验数据中得到明显的答案。整个实验过程大致可以分为三个阶段：

（1）初始升温阶段　在这个阶段里，秸秆溶液经过了酶解振荡、中和滴定、接种细菌、分瓶定装后放入了恒温箱中，系统温度开始由最初的室温缓缓升高。升温至恒温箱的设定温度后，由于光生化产氢菌已经逐渐开始了菌体生长以及产氢反应，系统内温度会继续升高，直到光生化产氢菌稳定地进行产氢反应后，系统进入产氢稳定阶段。

（2）产氢稳定阶段　光生化产氢菌能够稳定地进行产氢反应后，系统进入产氢稳定阶段。在这个阶段里，光生化产氢菌的产氢效果达到最佳状态，产氢量稳定，产氢明显。系统内温度达到基本平稳状态，经过系统与外界环境热传递与空白对照两种标定方法的标定后可以看到，系统内温度变化微小，极不明显，系统温度相较于整个产氢过程始终保持在一个稳定的较高值阶段。

(3) 菌体衰落阶段　经过大约 5～7 天的产氢过程之后，光生化产氢菌开始逐渐死亡，菌群活性显著降低，产氢量明显减少直至停止。这时细菌经过了最繁荣的稳定期，完成了产氢使命后，细菌将逐渐停止分裂并走向衰亡。细菌衰亡而大量消失菌体生长分裂活动产生的热量，以及产氢反应停止而大量消失反应热。从温度曲线上可以看到，这个阶段的系统温度明显略低于前一阶段，逐渐达到恒温箱设定的温度值，整个光生化产氢过程结束。

其中，光生化细菌连续产氢反应过程中，在初始升温阶段和产氢稳定阶段中，由于受到产氢基质和反应条件的不同影响，热量变化具有明显的波动规律，在此作具体分析，旨在给未来光生化产氢反应器的研发制造，以及光生化产氢菌群的反应培养提供一些建议。

## 6.2.1.1　不同原料光生化产氢初始阶段的升温过程分析

(1) 不同原料作为产氢基质的光生化产氢反应初始阶段升温过程分析

分别以 0.1g/L 葡萄糖溶液、240 目玉米秸秆、240 目高粱秸秆为产氢基质，其他条件分别为光照强度 2000lx、温度 30℃、接种量 20%、pH 为 7.0、接种物为培养 60h 的菌悬液。为了能够比较同一实验结果，并且深入研究反应器核心部位的温度变化，统一研究双层真空三口反应瓶的瓶子中心位置，即图 6-5 所示的 C 点的温度变化。由于实验开始时初始室温有区别，实验开始时间统一从 25℃时为 0h 开始算起。记录不同底物条件下系统温度随时间的变化规律，实验结果如图 6-6 所示。

对比产氢基质为葡萄糖溶液、玉米秸秆、高粱秸秆的初始升温阶段的升温曲线，可以看到，从最初反应器放入恒温箱后，反应器内温度开始呈现逐渐上升趋势。从图 6-6 上来看，这一上升趋势还可分为两个阶段：

A 段，0～4h。这个阶段中，反应器内中心温度从 25℃升高到 30℃左右，这个过程中升温速率明显略大于之后的阶段。分析原因，此过程刚好是反应器放入恒温箱的最初阶段，由于温度差的存在，整个反应系统会从最初的室温迅速升高（"迅速"相对于之后的各个阶段而言），达到恒温箱内设置的温度值。这个过程中的温度变化，虽然也有光生化产氢菌的生长增殖热和反应热，但相较于系统内外的温差而言，这点微乎其微，几乎不体现。

B 段，4～8h，即达到 30℃之后的阶段。这个时候反应器内温度已经升

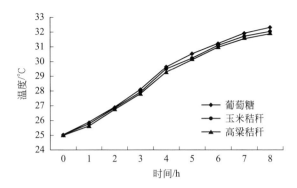

图 6-6 不同原料对初始升温阶段系统温度变化的影响

高到恒温箱所设定的温度，即反应器内外温度大致相当，之后系统内温度的继续升高速率明显减小，但是温度仍然继续升高。分析原因，此过程中系统内部与恒温箱之间热量交换结束，而光生化产氢菌的增殖和产氢反应却迅速发生，光生化产氢菌的增殖和产氢反应所释放出的热量可明显显示在温度计上。经过系统与外界环境热传递与空白对照两种标定方法的标定后可以得到大致的升温值。

下面对 A、B 两段分别进行分析。

（2）不同原料作为产氢基质的光生化产氢反应初始 A 阶段升温过程分析

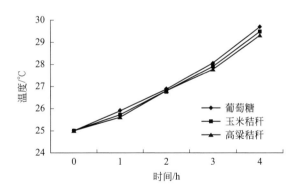

图 6-7 不同原料对初始升温 A 阶段系统温度变化的影响

A 段中料液的温度与产氢基质的相关关系（图 6-7）如式(6-15)至式(6-20)所示。

葡萄糖：

$$y = 0.1143x^2 + 0.4743x + 24.44 \tag{6-15}$$

$$R^2 = 0.9993$$

$$y = 1.16x + 23.64 \tag{6-16}$$

$$R^2 = 0.9859$$

玉米秸秆：　　　　$y = 0.1286x^2 + 0.3486x + 24.52$　　　　(6-17)

$$R^2 = 0.999$$

$$y = 1.12x + 23.62 \qquad\qquad (6\text{-}18)$$

$$R^2 = 0.9809$$

高粱秸秆：　　　　$y = 0.1143x^2 + 0.3943x + 24.46$　　　　(6-19)

$$R^2 = 0.9972$$

$$y = 1.08x + 23.66 \qquad\qquad (6\text{-}20)$$

$$R^2 = 0.9818$$

比较系统 A 段的初、末温度值，并用式(6-13)计算系统温度变化率 $k$ 值大小，结果如表 6-2 所示。

表 6-2　不同原料作为产氢基质对系统初始阶段 A 段温度变化率的影响

| 产氢基质 | 初始温度/℃ | 最高温度/℃ | $\Delta T$/℃ | $k$ 值/(℃/h) |
|---|---|---|---|---|
| 葡萄糖 | 25 | 29.7 | 4.7 | 1.175 |
| 玉米秸秆 | 25 | 29.5 | 4.5 | 1.125 |
| 高粱秸秆 | 25 | 29.3 | 4.3 | 1.075 |

（3）不同原料作为产氢基质的光生化产氢反应初始 B 阶段升温过程分析

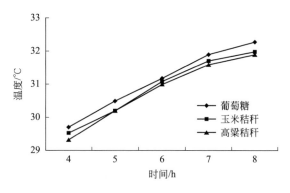

图 6-8　不同原料对初始升温 B 阶段系统温度变化的影响

B 段中料液的温度与产氢基质的相关关系（图 6-8）如式(6-21)至式(6-26)所示。

葡萄糖：　　　　$y = -0.0571x^2 + 1.0029x + 28.74$　　　　(6-21)

$$R^2 = 0.9986$$

$$y = 0.66x + 29.14 \qquad\qquad (6\text{-}22)$$

$$R^2 = 0.9882$$

玉米秸秆：
$$y = -0.0786x^2 + 1.1214x + 28.4 \qquad (6\text{-}23)$$
$$R^2 = 0.9934$$
$$y = 0.65x + 28.95 \qquad (6\text{-}24)$$
$$R^2 = 0.9735$$

高粱秸秆：
$$y = -0.1x^2 + 1.26x + 28.12 \qquad (6\text{-}25)$$
$$R^2 = 0.9991$$
$$y = 0.65x + 28.82 \qquad (6\text{-}26)$$
$$R^2 = 0.968$$

比较系统 B 段的初、末温度值，并用式(6-13)计算系统温度变化率 $k$ 值大小，结果如表 6-3 所示。

表 6-3　不同原料作为产氢基质对系统初始阶段 B 段温度变化率的影响

| 产氢基质 | 初始温度/℃ | 最高温度/℃ | $\Delta T/℃$ | $k$ 值/(℃/h) |
|---|---|---|---|---|
| 葡萄糖 | 29.7 | 32.3 | 2.6 | 0.65 |
| 玉米秸秆 | 29.5 | 32 | 2.5 | 0.625 |
| 高粱秸秆 | 29.3 | 31.9 | 2.6 | 0.65 |

由上面的图表分析可知，使用不同的原料作为产氢基质对光生化产氢菌群产氢过程中的温度变化率有一定的影响。而整个过程中，又出现了两个比较不同的阶段。其中对于 A 段，对比不同种类的产氢基质，$k$(葡萄糖)＞$k$(玉米秸秆)＞$k$(高粱秸秆)，$\Delta T_1$(葡萄糖)＞$\Delta T_1$(玉米秸秆)＞$\Delta T_1$(高粱秸秆)，可见升温速度以及温度变化范围按照从快到慢、从大到小的顺序依次是葡萄糖、玉米秸秆、高粱秸秆。对于 B 段，对比不同种类的产氢基质，$k$(葡萄糖)＝$k$(高粱秸秆)＞$k$(玉米秸秆)，$\Delta T_2$(葡萄糖)＝$\Delta T_2$(高粱秸秆)＞$\Delta T_2$(玉米秸秆)。结合整个过程中的升温速度 $v$(葡萄糖)＞$v$(玉米秸秆)＞$v$(高粱秸秆) 可知，以葡萄糖作为产氢基质所进行的光生化产氢过程反应最迅速，升温最快，菌群生长最迅速，生化反应最剧烈，释放的热量最多。玉米秸秆和高粱秸秆相比略微显现出一点优势，这与光生化产氢菌的最适生长条件是一致的。

## 6.2.1.2　不同粒度原料光生化产氢初始阶段的升温过程分析

（1）不同粒度原料作为产氢基质的光生化产氢反应初始阶段升温过程分析　分别以 80 目、160 目、240 目（"目"通常指筛子在每平方英寸上的开口数）的玉米秸秆作为产氢基质，其他影响因素分别为光照强度 2000lx、温度 30℃、接种量 20％、pH 7.0，使用接种物为培养 60h 的菌悬液进行实验。为了能够比较同一实验结果，并且深入研究反应器核心部位的温度变化，统一以双层真空三口反应瓶的中心位置为研究对象。由于实验开始时初始室温有区别，所以实验统一以 25℃时为 0h 开始算起。记录不同底物粒度的产氢系统温度随时间的变化规律，实验结果如图 6-9 所示。

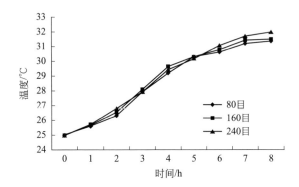

图 6-9　不同粒度玉米秸秆对初始升温阶段系统温度变化的影响

图 6-9 是双层真空反应瓶的中部（C 点）分别在不同粒度，即 80 目、160 目、240 目的玉米秸秆进行光生化产氢反应过程中的温度变化曲线。对比产氢基质为葡萄糖溶液、玉米秸秆、高粱秸秆的初始升温阶段的升温曲线，可以看到，从最初反应器放入恒温箱后，反应器内温度开始呈现逐渐上升趋势。从图上来看，这一上升趋势仍然可分为 A、B 两个阶段。

（2）不同粒度的玉米秸秆在光生化产氢反应初始 A 阶段升温过程分析

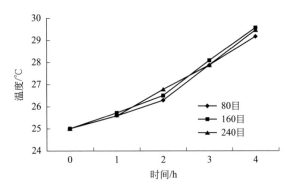

图 6-10　不同粒度玉米秸秆对初始升温 A 阶段系统温度变化的影响

A 段中料液的温度与产氢基质的相关关系（图 6-10）如式（6-27）至式（6-32）所示。

80 目：
$$y = 0.1643x^2 + 0.0843x + 24.74 \tag{6-27}$$
$$R^2 = 0.9939$$

$$y=1.07x+23.59 \tag{6-28}$$
$$R^2=0.9621$$

160 目：
$$y=0.1714x^2+0.1314x+24.7 \tag{6-29}$$
$$R^2=0.9971$$
$$y=1.16x+23.5 \tag{6-30}$$
$$R^2=0.9675$$

240 目：
$$y=0.1286x^2+0.3486x+24.52 \tag{6-31}$$
$$R^2=0.999$$
$$y=1.12x+23.62 \tag{6-32}$$
$$R^2=0.9809$$

比较系统 A 段的初、末温度值，并用式(6-13)计算系统温度变化率 $k$ 值大小，结果如表 6-4 所示。

表 6-4　粒度大小对系统初始 A 阶段温度变化率的影响

| 粒度 | 初始温度/℃ | 最高温度/℃ | $\Delta T$/℃ | $k$ 值/(℃/h) |
|---|---|---|---|---|
| 80 目 | 25 | 29.2 | 4.2 | 1.05 |
| 160 目 | 25 | 29.6 | 4.6 | 1.15 |
| 240 目 | 25 | 29.5 | 4.5 | 1.125 |

（3）不同粒度的玉米秸秆在光生化产氢反应初始 B 阶段升温过程分析

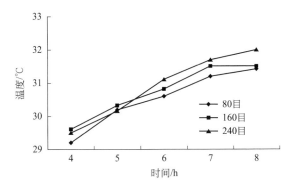

图 6-11　不同粒度玉米秸秆对初始升温 B 阶段系统温度变化的影响

B 段中料液的温度与产氢基质的相关关系（图 6-11）如式(6-33)至式(6-38)所示。

80 目：
$$y=-0.1x^2+1.14x+28.2 \tag{6-33}$$
$$R^2=0.9896$$
$$y=0.54x+28.9 \tag{6-34}$$

$$R^2 = 0.9443$$

160 目：
$$y = -0.0857x^2 + 1.0143x + 28.64 \tag{6-35}$$
$$R^2 = 0.9815$$
$$y = 0.5x + 29.24 \tag{6-36}$$
$$R^2 = 0.9427$$

240 目：
$$y = -0.0786x^2 + 1.1214x + 28.4 \tag{6-37}$$
$$R^2 = 0.9934$$
$$y = 0.65x + 28.95 \tag{6-38}$$
$$R^2 = 0.9735$$

比较系统 B 段的初、末温度值，并用式（6-13）计算系统温度变化率 $k$ 值大小，结果如表 6-5 所示。

**表 6-5　粒度大小对系统初始 B 阶段温度变化率的影响**

| 粒度 | 初始温度/℃ | 最高温度/℃ | $\Delta T$/℃ | $k$ 值/(℃/h) |
|---|---|---|---|---|
| 80 目 | 29.2 | 31.4 | 2.2 | 0.55 |
| 160 目 | 29.6 | 31.5 | 1.9 | 0.475 |
| 240 目 | 29.5 | 32 | 2.5 | 0.625 |

由上面的图表分析可知，同样使用玉米秸秆作为产氢基质，不同粒度的玉米秸秆对光生化产氢菌群产氢过程中的温度变化仍然存在一定的影响。整个过程依然可以分为两个不同的阶段：反应器内中心温度由 25℃ 较快升高到 30℃ 左右的快速升温阶段，以及之后的缓慢升温阶段。具体分析不再赘述。对于粒度大小对系统初始阶段温度变化的影响，通过图表可以看出，虽然局部分析得出 $k_1$（160 目）$>k_1$（240 目）$>k_1$（80 目）、$\Delta T_1$（160 目）$>\Delta T_1$（240 目）$>\Delta T_1$（80 目）和 $k_2$（240 目）$>k_2$（80 目）$>k_2$（160 目）、$\Delta T_2$（240 目）$>\Delta T_2$（80 目）$>\Delta T_2$（160 目）两个不同的结果，但是整体来看，终态温度 $T$（240 目）$>T$（160 目）$>T$（80 目），且升温过程中基本上体现出了颗粒越小，升温越迅速这样一种现象。分析原因，首先，由于粒度较小的玉米秸秆反应液的透光率高于粒度较大的玉米秸秆的反应液，整个料液中光生化细菌更容易接收到能量，所以初始升温阶段中，反应液中的升温速率的情况为 $v$（240 目）$>v$（160 目）$>v$（80 目）。其次，玉米秸秆被粉碎得越精细，纤维颗粒越容易被酶分解为可被光生化细菌利用的糖类，在颗粒越细小的反应液中，菌群生长越迅速，生化反应越剧烈，释放的热量越多；光生化细菌进行的光生化产氢反应的剧烈程度越大，释放的反应热越多，系统温度也会越高，这体现在得到的数据上。但是鉴于细菌反应热对于整个实验系统而言微乎其

微，所以从温度变化曲线上体现得并不是十分明显。系统内部与恒温箱之间热量交换结束，而光生化产氢菌的增殖和产氢反应却迅速发生，光生化产氢菌的增殖和产氢反应所释放出的热量明显在温度计上体现。可见经过系统与外界环境热传递与空白对照两种标定方法的标定后，可以得到大致的升温值。

### 6.2.1.3 反应器内不同位置在光生化产氢反应初始阶段的升温过程分析

（1）在光生化产氢反应初始阶段反应器内不同位置的升温过程分析 以240目玉米秸秆作为产氢基质，其他影响因素分别为pH 7、温度30℃、光照强度2000lx、接种量20%，使用接种物为培养60h的菌悬液进行实验。取反应器中轴线上的上、中、下，以及反应器中部侧壁上即以图6-5所示的A、B、C、D四点为研究对象，深入研究反应器不同部位的温度变化如图6-12所示。

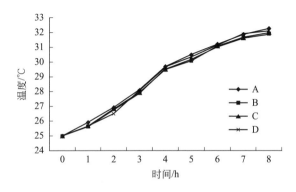

图6-12　反应器内不同位置在初始升温阶段系统温度的变化

由于实验开始时初始室温有区别，实验统一以25℃时为0h开始算起。记录反应器不同位置处的温度随时间的变化规律，实验结果如图6-12所示。而从图上来看，这一上升趋势仍然可分为A、B两个阶段，对A、B两段分别进行分析。

（2）反应器内不同位置在光生化产氢反应初始A阶段的升温过程分析

A段中料液的温度与产氢基质的相关关系（图6-13）如式(6-39)至式(6-46)所示。

A点：
$$y = 0.1143x^2 + 0.4743x + 24.44 \tag{6-39}$$
$$R^2 = 0.9993$$
$$y = 1.16x + 23.64 \tag{6-40}$$
$$R^2 = 0.9859$$

B点：
$$y = 0.1429x^2 + 0.2829x + 24.54 \tag{6-41}$$

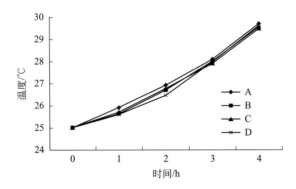

图 6-13　反应器内不同位置在初始升温 A 阶段系统温度变化

$$R^2=0.9992$$

$$y=1.14x+23.54 \tag{6-42}$$

$$R^2=0.9777$$

C 点：
$$y=0.1286x^2+0.3486x+24.52 \tag{6-43}$$

$$R^2=0.999$$

$$y=1.12x+23.62 \tag{6-44}$$

$$R^2=0.9809$$

D 点：
$$y=0.1857x^2+0.0457x+24.76 \tag{6-45}$$

$$R^2=0.9991$$

$$y=1.16x+23.46 \tag{6-46}$$

$$R^2=0.9644$$

比较系统 A 段的初、末温度值，并用式（6-13）计算系统温度变化率 $k$ 值大小，结果如表 6-6 所示。

表 6-6　反应器不同位置对系统初始 A 阶段温度变化率的影响

| 位置 | 初始温度/℃ | 最高温度/℃ | $\Delta T$/℃ | $k$ 值/(℃/h) |
|---|---|---|---|---|
| A 点 | 25 | 29.7 | 4.7 | 1.175 |
| B 点 | 25 | 29.5 | 4.5 | 1.125 |
| C 点 | 25 | 29.5 | 4.5 | 1.125 |
| D 点 | 25 | 29.6 | 4.6 | 1.15 |

（3）反应器内不同位置在光生化产氢反应初始 B 阶段的升温过程分析

B 段中料液的温度与产氢基质的相关关系（图 6-14）如式（6-47）至式（6-54）所示。

A 点：
$$y=-0.0571x^2+1.0029x+28.74 \tag{6-47}$$

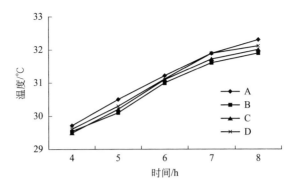

图 6-14　反应器内不同位置在初始升温 B 阶段系统温度变化

$$R^2 = 0.9986$$
$$y = 0.66x + 29.14 \tag{6-48}$$
$$R^2 = 0.9882$$

B 点：
$$y = -0.0643x^2 + 1.0157x + 28.48 \tag{6-49}$$
$$R^2 = 0.9899$$
$$y = 0.63x + 28.93 \tag{6-50}$$
$$R^2 = 0.9757$$

C 点：
$$y = -0.0786x^2 + 1.1214x + 28.4 \tag{6-51}$$
$$R^2 = 0.9934$$
$$y = 0.65x + 28.95 \tag{6-52}$$
$$R^2 = 0.9735$$

D 点：
$$y = -0.0714x^2 + 1.0886x + 28.52 \tag{6-53}$$
$$R^2 = 0.9883$$
$$y = 0.66x + 29.02 \tag{6-54}$$
$$R^2 = 0.9723$$

比较系统 B 段的初、末温度值，并用式(6-13)计算系统温度变化率 $k$ 值大小，结果如表 6-7 所示。

表 6-7　反应器内不同位置对系统初始 B 阶段温度变化率的影响

| 位置 | 初始温度/℃ | 最高温度/℃ | $\Delta T$/℃ | $k$ 值/(℃/h) |
|---|---|---|---|---|
| A 点 | 29.7 | 32.3 | 2.6 | 0.65 |
| B 点 | 29.5 | 31.9 | 2.4 | 0.6 |
| C 点 | 29.5 | 32 | 2.5 | 0.625 |
| D 点 | 29.6 | 32.1 | 2.5 | 0.625 |

由上面的图表分析可知，以240目玉米秸秆作为产氢基质，在光照强度2000lx、温度30℃、接种量20%、pH为7.0、接种物为培养60h的菌悬液条件下进行实验，在光生化产氢菌群产氢过程中，反应器的不同位置上也存在一定的温度差别。实验曲线表明：不管在反应器中的位置如何，在光生化菌群的光生化产氢过程中，系统温度均有不同幅度的升高。这个浮动范围大致相当，均从初始室温逐渐升高达到系统产氢均衡时的反应温度，且升温迅速。对比双层真空反应器的侧壁以及反应器中心的上部、中部、下部的温度可见，在刚开始的升温过程A段中，反应器的侧壁温度略高于反应器中心的上部、中部、下部的温度。在升温速度稍稍放缓的B段，侧壁温度高于反应器中心的上部、中部、下部的温度差值逐渐缩小，而反应器底部的温度逐渐升高。且 $\Delta T_1(A) > \Delta T_1(D) > \Delta T_1(B) = \Delta T_1(C)$，$k_1(A) > k_1(D) > k_1(B) = k_1(C)$，$\Delta T_2(A) > \Delta T_2(C) = \Delta T_2(D) > \Delta T_2(B)$，$k_1(A) > k_1(C) = k_1(D) > k_1(B)$，系统升温幅度总是A点较大一些。分析原因，主要是由于A段时反应器内温度的升高，除了反应器内外温差造成的升温外，还有外界光源带来的辐射热。而反应器侧壁相比于反应器中心的上部、中部、下部，与光源的距离最近，吸收热量更多一些，所以升温速度较快。B段时，玉米秸秆和部分细菌经数小时的沉淀后，逐渐沉于反应器底部，光生化细菌以酶解的玉米秸秆为基质进行的高效产氢反应在反应器底部进行得最剧烈，所以底部温度略高于其他三点。虽然细菌反应热对于整个实验系统而言微乎其微，但是鉴于光照会产生一定的辐射热，所以从温度变化曲线上可以体现得较为明显。系统内部与恒温箱之间热量交换结束，而光生化产氢菌的增殖和产氢反应迅速发生，光生化产氢菌的增殖和产氢反应所释放出的热量明显在温度计上体现。可见经过系统与外界环境热传递与空白对照两种标定方法的标定后可以得到大致的升温值。因此，该阶段加强料液搅拌，使料液浓度均匀一致，是提高产氢效率和增大反应热的重要措施。

### 6.2.1.4 不同光照强度下光生化产氢反应在初始阶段的升温过程分析

（1）光照强度对光生化产氢反应初始阶段升温过程的影响分析　光照强度影响光生化菌群所捕获的光能量与形成ATP及质子梯度。以240目玉米秸秆作为产氢基质，分别在光照强度为1500lx、2000lx、2500lx的环境下，其他条件分别为pH 7、温度30℃、接种量20%，使用接种物为培养60h的菌悬液进行实验。为了能够比较同一实验结果，并且深入研究反应器核心部位的温度变化，统一以双层真空三口反应瓶的中心位置即以图6-5所示的C点的温度变化为研究对象。由于实验开始时初始室温有区别，所以实验统一以25℃时为0h开始算起。记录不同光照强度下的产氢系统温度随时间的变化规律，实验结果如图 6-15 所示。

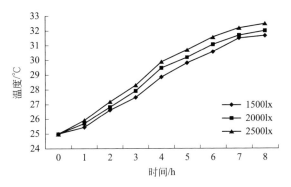

图 6-15　不同光照强度下反应初始升温阶段系统的温度变化

图 6-15 是双层真空反应瓶的中部（C 点）分别在不同光照强度下，即在光照强度为 1500lx、2000lx、2500lx 的环境下进行光生化产氢反应过程中初始升温阶段的温度变化曲线。对比光照强度条件下的升温曲线，可以看到，从最初反应器放入恒温箱后，反应器内温度开始呈现逐渐上升趋势。不同光照强度下的温度变化曲线出现了较为明显的差距。而从图上来看，这一上升趋势仍然可分为 A、B 两个阶段。

（2）不同光照强度下光生化产氢反应在初始 A 阶段的升温过程分析

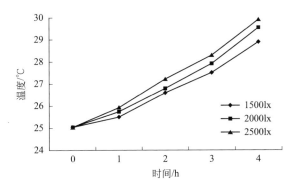

图 6-16　不同光照强度下反应初始升温 A 阶段系统的温度变化

A 段中料液的温度与产氢基质的相关关系（图 6-16）如式（6-55）至式（6-60）所示。

1500lx：

$$y = 0.1143x^2 + 0.2943x + 24.56 \tag{6-55}$$

$$R^2 = 0.9969$$

$$y = 0.98x + 23.76 \tag{6-56}$$

$$R^2 = 0.978$$

2000lx：

$$y = 0.1714x^2 + 0.1314x + 24.7 \tag{6-57}$$

$$R^2 = 0.9971$$

$$y = 1.12x + 23.62 \tag{6-58}$$

$$R^2 = 0.9809$$

2500lx：

$$y = 0.0857x^2 + 0.7057x + 24.2 \tag{6-59}$$

$$R^2 = 0.9983$$

$$y = 1.22x + 23.6 \tag{6-60}$$

$$R^2 = 0.9915$$

比较系统 A 段的初、末温度值，并用式(6-13)计算系统温度变化率 $k$ 值大小，结果如表 6-8 所示。

表 6-8　光照强度对系统初始 A 阶段温度变化率的影响

| 光照强度/lx | 初始温度/℃ | 最高温度/℃ | $\Delta T$/℃ | $k$ 值/(℃/h) |
|---|---|---|---|---|
| 1500 | 25 | 28.9 | 3.9 | 0.975 |
| 2000 | 25 | 29.5 | 4.5 | 1.125 |
| 2500 | 25 | 29.9 | 4.9 | 1.225 |

（3）不同光照强度下光生化产氢反应在初始 B 阶段的升温过程分析

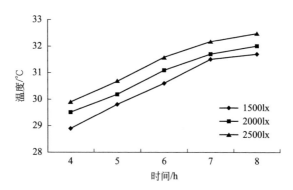

图 6-17　不同光照强度下反应初始升温 B 阶段系统温度的变化

B 段中料液的温度与产氢基质的相关关系（图 6-17）如式(6-61)至式(6-66)所示。

1500lx：

$$y = -0.0929x^2 + 1.2871x + 27.66 \tag{6-61}$$

$$R^2 = 0.9909$$

$$y = 0.73x + 28.31 \tag{6-62}$$

$$R^2 = 0.9689$$

2000lx：

$$y = -0.0786x^2 + 1.1214x + 28.4 \tag{6-63}$$

$$R^2 = 0.9934$$

$$y = 0.65x + 28.95 \tag{6-64}$$

$$R^2 = 0.9735$$

2500lx:
$$y = -0.0929x^2 + 1.2271x + 28.72 \tag{6-65}$$

$$R^2 = 0.996$$

$$y = 0.67x + 29.37 \tag{6-66}$$

$$R^2 = 0.97$$

比较系统 B 段的初、末温度值，并用式(6-13)计算系统温度变化率 $k$ 值大小，结果如表 6-9 所示。

**表 6-9　光照强度对系统初始 B 阶段温度变化率的影响**

| 光照强度/lx | 初始温度/℃ | 最高温度/℃ | $\Delta T$/℃ | $k$ 值/(℃/h) |
|---|---|---|---|---|
| 1500 | 28.9 | 31.7 | 2.8 | 0.7 |
| 2000 | 29.5 | 32 | 2.5 | 0.625 |
| 2500 | 29.9 | 32.5 | 2.6 | 0.65 |

由上面的图表分析可知，用同样的玉米秸秆作为产氢基质，在其他条件相同时，不同光照强度对光生化产氢菌群产氢过程中的温度变化存在相对较大的影响。整个过程中依然可以分为两个不同的阶段，快速升温阶段和缓慢升温阶段，具体分析不再赘述。对于光照强度对系统初始升温阶段温度变化的影响，通过图表可以分析得出 $k(2500\text{lx}) > k(2000\text{lx}) > k(1500\text{lx})$。从整体上来看，升温过程中的升温速率基本上是 $v(2500\text{lx}) > v(2000\text{lx}) > v(1500\text{lx})$，光照强度值越大，系统升温越快。光照强度越大的条件下，料液透光性越强，产氢菌群生长越迅速，生化反应也越剧烈，释放的热量越多，产氢反应过程升温速率越大。虽然细菌反应热对于整个实验系统而言微乎其微，但是鉴于光照会产生一定的辐射热，所以从温度变化曲线上可以体现得较为明显。系统内部与恒温箱之间热量交换结束，而光生化产氢菌的增殖和产氢反应迅速发生，光生化产氢菌的增殖和产氢反应所释放出的热量明显在温度计上体现。可见经过系统与外界环境热传递与空白对照两种标定方法的标定后，可以得到大致的升温值。

### 6.2.1.5　不同 pH 下光生化产氢反应在初始阶段的升温过程分析

（1）不同 pH 对光生化产氢反应初始阶段升温过程的影响分析　以 240 目玉米秸秆作为产氢基质，分别在 pH 为 6、7、8 的溶液环境中，其他条件分别为光照强度 2000lx、温度 30℃、接种量 20%，使用接种物为培养 60h 的菌悬液进行实验。为了能够比较同一实验结果，并且深入研究反应器核心部位的温度变化，统一以双层真空三口反应瓶的中心位置即图 6-5 所示的 C 点的温度变化为研究对象。由于实验开始时初始室温有区别，实验统一以 25℃时为 0h 开始算起。记录不同 pH 下的产氢系统温度随时间的变化规律，实验结果如图 6-18 所示。

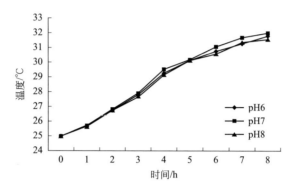

图 6-18　不同 pH 下反应初始升温阶段系统温度变化

图 6-18 是双层真空反应瓶的中部（C 点）分别在不同 pH 条件下，即 pH 为 6、7、8 的玉米秸秆溶液中进行光生化产氢反应过程中的温度变化曲线。对比不同 pH 条件下初始升温阶段的升温曲线，可以看到，从最初反应器放入恒温箱后，反应器内温度开始呈现逐渐上升的趋势。从图上来看，这一上升趋势仍然可分为 A、B 两个阶段，下面对 A、B 两段分别进行分析。

（2）不同 pH 下光生化产氢反应在初始 A 阶段的升温过程分析

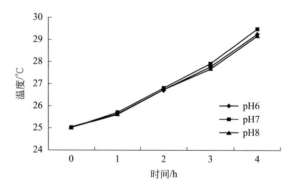

图 6-19　不同 pH 下反应初始升温 A 阶段系统温度变化

A 段中料液的温度与产氢基质的相关关系（图 6-19）如式(6-67) 至式(6-72) 所示。

pH 6：
$$y = 0.1214x^2 + 0.3414x + 24.54 \qquad (6-67)$$
$$R^2 = 0.9996$$

$$y = 1.07x + 23.69 \tag{6-68}$$
$$R^2 = 0.9819$$

pH 7: 
$$y = 0.1714x^2 + 0.1314x + 24.7 \tag{6-69}$$
$$R^2 = 0.9971$$
$$y = 1.12x + 23.62 \tag{6-70}$$
$$R^2 = 0.9809$$

pH 8: 
$$y = 0.1071x^2 + 0.4071x + 24.46 \tag{6-71}$$
$$R^2 = 0.9959$$
$$y = 1.05x + 23.71 \tag{6-72}$$
$$R^2 = 0.9816$$

比较系统 A 段的初、末温度值，并用式（6-13）计算系统温度变化率 $k$ 值大小，结果如表 6-10 所示。

表 6-10 pH 对系统初始 A 阶段温度变化率的影响

| pH | 初始温度/℃ | 最高温度/℃ | $\Delta T$/℃ | $k$ 值/(℃/h) |
|---|---|---|---|---|
| 6 | 25 | 29.3 | 4.3 | 1.075 |
| 7 | 25 | 29.5 | 4.5 | 1.125 |
| 8 | 25 | 29.2 | 4.2 | 1.05 |

（3）不同 pH 下光生化产氢反应在初始 B 阶段的升温过程分析

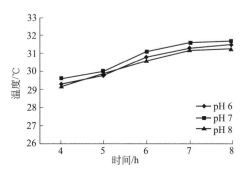

图 6-20 不同 pH 下反应初始升温 B 阶段系统温度变化

B 段中料液的温度与产氢基质的相关关系（图 6-20）如式（6-73）至式（6-78）所示。

pH 6: 
$$y = -0.0571x^2 + 0.9629x + 28.4 \tag{6-73}$$
$$R^2 = 0.9994$$
$$y = 0.62x + 28.8 \tag{6-74}$$

$$R^2 = 0.9877$$

pH 7：
$$y = -0.0786x^2 + 1.1214x + 28.4 \tag{6-75}$$

$$R^2 = 0.9934$$

$$y = 0.65x + 28.95 \tag{6-76}$$

$$R^2 = 0.9735$$

pH 8：
$$y = -0.0786x^2 + 1.0814x + 28.2 \tag{6-77}$$

$$R^2 = 0.9895$$

$$y = 0.61x + 28.75 \tag{6-78}$$

$$R^2 = 0.967$$

比较系统 B 段的初、末温度值，并用式（6-13）计算系统温度变化率 $k$ 值大小，结果如表 6-11 所示。

表 6-11　pH 对系统初始 B 阶段温度变化率的影响

| pH | 初始温度/℃ | 最高温度/℃ | $k$ 值/(℃/h) |
|---|---|---|---|
| 6 | 29.3 | 31.8 | 0.625 |
| 7 | 29.5 | 32 | 0.625 |
| 8 | 29.2 | 31.6 | 0.6 |

由上面的图表分析可知，用同样的玉米秸秆作为产氢基质，在其他条件相同时，不同 pH 对光生化产氢菌群产氢过程中的温度变化也存在一定的影响。整个过程中依然可以分为两个不同的阶段，快速升温阶段和缓慢升温阶段，具体分析不再赘述。对于 pH 对系统初始升温阶段温度变化的影响，通过图表可以分析得出 $k_1$(pH 7)＞$k_1$(pH 6)＞$k_1$(pH 8)，以及另外还得到关系式 $k_2$(pH 7)＝$k_2$(pH 6)＞$k_2$(pH 8)，两个相似的结果。从整体上来看，升温过程中的升温速率基本上是 $v$(pH 7)＞$v$(pH 6)＞$v$(pH 8)。当 pH 为 7 时，升温最快，而 pH 为 6 时升温速度又略快于 pH 为 8 时的升温速度。由此可知，在其他外界环境条件相同时，玉米秸秆作为产氢基质，不同 pH 对光生化产氢菌群产氢过程中的温度变化也存在一定的影响。其中光生化产氢菌群最适宜在 pH 为 7 的溶液环境下进行光生化产氢反应，在此条件下，产氢反应过程升温速率最快，菌群生长最迅速，生化反应最剧烈，释放的热量最多。但是鉴于细菌反应热对于整个实验系统而言微乎其微，所以从温度变化曲线上体现得并不是十分明显。系统内部与恒温箱之间热量交换结束，而光生化产氢菌的增殖和产氢反应却迅速发生，光生化产氢菌的增殖和产氢反应所释放出的热量明显在温度计上体现。可见经过系统与外界环境热传递与空白对照两种标定方法的标定后，可以得到大致的升温值。

## 6.2.2 连续式光生化反应器产氢过程温度变化规律

光生化产氢菌稳定地进行产氢反应后，系统进入产氢稳定阶段。在这个阶段里，光生化产氢菌的产氢效果达到最佳状态，产氢量稳定，产氢明显。系统内温度达到基本平稳状态，经过系统与外界环境热传递与空白对照两种标定方法的标定后可以看到，系统内温度变化微小，极不明显，系统温度相较于整个产氢过程始终保持在一个稳定的较高值阶段。

### 6.2.2.1 不同原料的光生化产氢反应在产氢稳定阶段的温度变化过程分析

分别以 0.1g/L 葡萄糖溶液、240 目玉米秸秆、240 目高粱秸秆为产氢基质，其他条件分别为光照强度 2000lx、温度 30℃、接种量 20%、pH 7.0，使用接种物为培养 60h 的菌悬液进行实验。为了能够比较实验结果，并且深入研究反应器核心部位的温度变化，统一以双层真空三口反应瓶的中心位置为研究对象。记录不同产氢基质下在产氢稳定阶段系统温度随时间的变化规律，实验结果如图 6-21 所示。

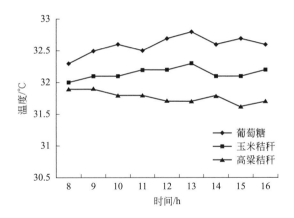

图 6-21  不同原料对反应稳定阶段系统温度变化的影响

不同产氢基质下系统温度随时间的变化规律的相关关系如式(6-79)至式(6-81) 所示。

葡萄糖：
$$y = -0.0003x^6 + 0.0092x^5 - 0.1148x^4 + 0.7131x^3 -$$
$$2.2791x^2 + 3.5436x + 30.422 \quad (6\text{-}79)$$
$$R^2 = 0.8207$$

玉米秸秆：
$$y = -0.0002x^6 + 0.0053x^5 - 0.0675x^4 + 0.4181x^3 -$$
$$1.2982x^2 + 1.9308x + 31.011 \quad (6\text{-}80)$$
$$R^2 = 0.8526$$

高粱秸秆：
$$y = 0.0003x^6 - 0.0095x^5 + 0.104x^4 - 0.5514x^3 +$$

$$1.4608x^2 - 1.834x + 32.733 \qquad (6-81)$$
$$R^2 = 0.8698$$

结合三种原料作为产氢基质所进行的光生化产氢过程所测得的产氢量，记录不同产氢基质下光生化产氢总的产氢量，实验结果如图 6-22 所示。

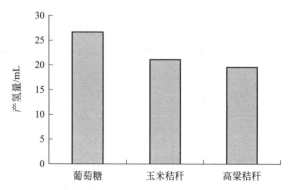

图 6-22  不同原料为产氢基质在产氢反应中的产氢量对比图

分别以 0.1g/L 葡萄糖溶液、240 目玉米秸秆、240 目高粱秸秆为产氢基质，其他条件分别为光照强度 2000lx、温度 30℃、接种量 20%、pH 7.0，使用接种物为培养 60h 的菌悬液进行实验。不同种类的原料作为产氢基质进行光生化产氢，所测得的产氢量分别为葡萄糖 26.75mL、玉米秸秆 21.25mL、高粱秸秆 19.65mL。由图 6-22 分析可知，产氢基质是影响光生化产氢菌群产氢的一个重要因素。相比之下，葡萄糖是最好的产氢基质，产氢量明显高于秸秆类作物。从温度变化表 6-12 上也可以看出，$\Delta T$（葡萄糖）＞ $\Delta T$（玉米秸秆）＝$\Delta T$（高粱秸秆），以葡萄糖为产氢基质的稳定产氢反应过程中，由于基质更直接地被光生化产氢菌吸收分解，光生化产氢反应活动剧烈，整体系统温度较高。玉米秸秆和高粱秸秆作为产氢基质，经过酶解之后为产氢反应提供了所需的糖类，对反应有重要的贡献。相较之下，玉米秸秆的产氢效果略微优于高粱秸秆，这一点从产氢量和稳定产氢过程中的温度变化曲线中可以看出。总体说来，秸秆类作物作为光生化产氢反应的产氢基质，产氢效果良好且比较稳定。

表 6-12  不同产氢基质下产氢稳定阶段温度变化幅度对比表

| 产氢基质 | 葡萄糖 | 玉米秸秆 | 高粱秸秆 |
|---|---|---|---|
| $\Delta T/℃$ | 0.5 | 0.3 | 0.3 |

### 6.2.2.2  不同粒度的玉米秸秆在光生化产氢反应产氢稳定阶段的温度变化过程分析

分别以 80 目、160 目、240 目玉米秸秆为产氢基质，其他条件分别为光照强度2000lx、温度30℃、接种量20％、pH 7.0，使用接种物为培养60h的菌悬液进行实验，为了能够比较实验结果，并且深入研究反应器核心部位的温度变化，统一以双层真空三口反应瓶的中心位置为研究对象。记录不同产氢基质下系统温度随时间的变化规律，结果如图6-23所示。以不同粒度的玉米秸秆为产氢基质的产氢稳定阶段温度变化幅度对比如表6-13所示。

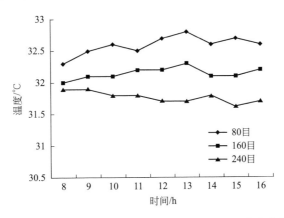

图6-23　不同粒度的玉米秸秆对反应稳定阶段系统温度变化的影响

不同粒度的玉米秸秆作为产氢基质在产氢稳定阶段，系统温度随时间的变化规律的相关关系如式(6-82)至式(6-84)所示。

80目：　　$y=-0.0002x^6+0.0053x^5-0.0675x^4+0.4181x^3-$

$1.2982x^2+1.9308x+31.011$　　　　　　(6-82)

$R^2=0.8526$

160目：　　$y=0.00003x^6-0.0002x^5-0.0079x^4+0.1167x^3-$

$0.616x^2+1.4129x+30.6$　　　　　　(6-83)

$R^2=0.8685$

240目：　　$y=-0.0003x^6+0.0079x^5-0.0982x^4+0.5996x^3-$

$1.8647x^2+2.7827x+29.967$　　　　　　(6-84)

$R^2=0.7363$

表6-13　不同粒度的玉米秸秆作为产氢基质的产氢稳定阶段温度变化幅度对比表

| 秸秆粒度/目 | 160 | 80 | 240 |
|---|---|---|---|
| $\Delta T$/℃ | 0.5 | 0.4 | 0.3 |

结合三种粒度的玉米秸秆作为产氢基质进行光生化产氢所测得的产氢量，记录不同产氢基质下光生化产氢总的产氢量，实验结果如图6-24所示。在相同的其他条件分别为光照强度2000lx、温度30℃、接种量20％、

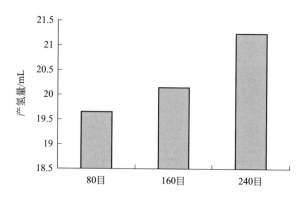

图 6-24　不同粒度大小的玉米秸秆为产氢基质在产氢反应中的产氢量对比图

pH 为 7.0、接种物为培养 60h 的菌悬液下进行实验，分别以 80 目、160 目、240 目玉米秸秆作为产氢基质进行光生化产氢，所测得的产氢量分别为 19.65mL、20.15mL、21.25mL。由图 6-24 可知，玉米秸秆的颗粒大小会影响光生化产氢菌群的产氢状况。相比之下，出现了颗粒越小，光生化产氢过程中整体温度值越高这样一种现象，且 $\Delta t$（160 目）$>\Delta t$（80 目）$>\Delta t$（240 目）。分析原因，首先，由于粒度较小的玉米秸秆反应液的透光率高于粒度较大的玉米秸秆的反应液，整个料液中光生化细菌更容易接收到能量。其次，玉米秸秆被粉碎得越精细，纤维颗粒越容易被酶分解为可被光生化细菌利用的糖类，在颗粒越细小的反应液中，菌群生长越迅速，生化反应越剧烈，释放的热量越多；光生化细菌进行的光生化产氢反应的剧烈程度越高，释放的反应热越多，系统温度也会越高，这一点从产氢量和稳定产氢过程中的温度变化曲线中可以看出。但是鉴于细菌反应热对于整个实验系统而言微乎其微，所以从温度变化曲线上体现得并不是十分明显。系统内部与恒温箱之间热量交换结束，而光生化产氢菌的增殖和产氢反应却迅速发生，光生化产氢菌的增殖和产氢反应所释放出的热量明显在温度计上体现。可见经过系统与外界环境热传递与空白对照两种标定方法的标定后，可以得到大致的温度变化。总体说来，秸秆类作物作为光生化产氢反应的产氢基质，产氢效果良好且比较稳定。

### 6.2.2.3 反应器内不同位置在光生化产氢反应产氢稳定阶段的温度变化过程分析

以 240 目玉米秸秆作为产氢基质，其他影响因素分别为 pH 7、温度 30℃、光照强度 2000lx、接种量 20%，使用接种物为培养 60h 的菌悬液进行实验，深入研究反应器不同部位的温度变化。取反应器中轴线上的上、中、下，以及反应器中部侧壁上共四个点为研究对象，记录反应器不同部位系统温度随时间的变化规律，实验结果如图 6-25 所示。反应器内不同位置在产氢稳定阶段温度变化幅度对比如表 6-14 所示。

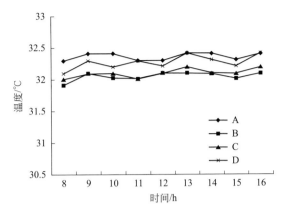

图 6-25　反应器内不同位置对反应稳定阶段系统温度变化的影响

反应器内不同位置在产氢稳定阶段系统温度随时间的变化规律的相关关系如式(6-85) 至式(6-88) 所示。

A：
$$y = 0.0003x^6 - 0.0081x^5 + 0.0842x^4 - 0.4088x^3 +$$
$$0.937x^2 - 0.8546x + 32.556 \tag{6-85}$$
$$R^2 = 0.9707$$

B：
$$y = -0.0001x^6 + 0.0049x^5 - 0.0713x^4 + 0.501x^3 -$$
$$1.7705x^2 + 2.9256x + 30.311 \tag{6-86}$$
$$R^2 = 0.9594$$

C：
$$y = -6\mathrm{E}-13x^6 + 0.0008x^5 - 0.0208x^4 + 0.192x^3 -$$
$$0.7973x^2 + 1.4556x + 31.167 \tag{6-87}$$
$$R^2 = 0.8031$$

D：
$$y = 0.0001x^6 - 0.0022x^5 + 0.0104x^4 + 0.0375x^3 -$$
$$0.4328x^2 + 1.1224x + 31.367 \tag{6-88}$$
$$R^2 = 0.7785$$

表 6-14　反应器内不同位置在产氢稳定阶段温度变化幅度对比表

| 位置 | A | B | C | D |
|---|---|---|---|---|
| $\Delta T/℃$ | 0.1 | 0.2 | 0.2 | 0.3 |

由上面的图表分析可知，以 240 目玉米秸秆作为产氢基质，在光照强度 2000lx、温度 30℃、接种量 20％、pH 为 7.0、接种物为培养 60h 的菌悬液的条件下进行实验，光生化产氢菌群产氢过程中，反应器的不同位置在产氢

反应的稳定阶段仍然存在一定的温度差别。实验曲线图表明：在产氢稳定阶段，各个位置上的温度浮动范围都不大，均控制在 0.3℃ 之内，且 $\Delta T(D) > \Delta T(B) > \Delta T(C) > \Delta T(A)$。对比双层真空反应器的侧壁以及反应器中心的上部、中部、下部的温度可见，A 点处温度依然在一个相对较高的温度值附近波动，且波动值较小；B 点、C 点处的温度值大致相当，均低于 A 点 0.3~0.5℃，波动值处于中间位置；而 D 点处的波动温度处于中间位置，但温度的波动值较大。分析原因，主要是由于 A 点处于反应器侧壁，最直接接收到外界光源照射所带来的辐射热，相比于反应器中心的上部、中部、下部，与光源的距离最近，吸收热量更多一些，所以温度波动在一个较高值附近；而且此处光照均匀，靠近器壁产氢反应发生较少，受到反应热影响较小，所以温度波动不大。而 D 点处由于重力沉降集中了大量的玉米秸秆和光生化产氢细菌，高效光生化产氢反应在反应器底部进行得最剧烈，所以底部温度略高于轴心其他两点，且受反应热影响较大，所以温度波动较大。但细菌反应热对于外界辐射热而言影响较小，所以 D 点温度值在温度变化曲线上仍然不及 A 点处温度值。系统内部与恒温箱之间热量交换结束，而光生化产氢菌的增殖和产氢反应迅速发生，光生化产氢菌的增殖和产氢反应所释放出的热量明显在温度计上体现。可见经过系统与外界环境热传递与空白对照两种标定方法的标定后，可以得到大致的升温值。

#### 6.2.2.4 不同光照强度下光生化产氢反应在产氢稳定阶段的温度变化过程分析

分别在光照强度 1500lx、2000lx、2500lx，其他因素分别为产氢基质 240 目玉米秸秆、温度 30℃、接种量 20%、pH 为 7.0、接种物为培养 60h 的菌悬液下进行实验。为了能够比较实验结果，并且深入研究反应器核心部

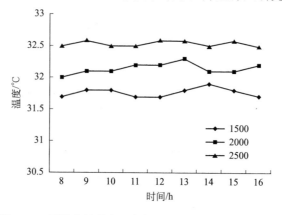

图 6-26　不同光照强度下产氢反应稳定阶段的温度变化

位的温度变化，以双层真空三口反应瓶的中心位置为研究对象。记录不同光照强度下系统温度随时间的变化规律，实验结果如图 6-26 所示。不同光照强度下产氢反应温度变化幅度对比如表 6-15 所示。

不同的光照强度下产氢稳定阶段系统温度随时间的变化规律的相关关系如式（6-89）至式（6-91）所示。

1500lx：
$$y = -0.0005x^6 + 0.015x^5 - 0.1799x^4 + 1.0646x^3 - 3.216x^2 + 4.5707x + 30.244 \qquad (6-89)$$
$$R^2 = 0.902$$

2000lx：
$$y = -0.0002x^6 + 0.0053x^5 - 0.0675x^4 + 0.4181x^3 - 1.2982x^2 + 1.9308x + 31.011 \qquad (6-90)$$
$$R^2 = 0.8526$$

2500lx：
$$y = 0.0003x^6 - 0.0088x^5 + 0.0949x^4 - 0.4845x^3 + 1.1781x^2 - 1.2135x + 32.133 \qquad (6-91)$$
$$R^2 = 1.0007$$

表 6-15　不同光照强度下产氢反应温度变化幅度对比表

| 光照强度/lx | 1500 | 2000 | 2500 |
| --- | --- | --- | --- |
| $\Delta T/^\circ C$ | 0.3 | 0.2 | 0.1 |

结合不同光照强度下进行的光生化产氢所测得的产氢量，记录光生化产氢总的产氢量，实验结果如图 6-27 所示。

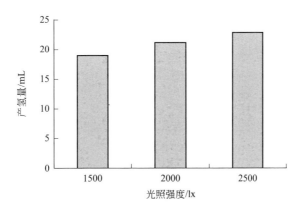

图 6-27　不同光照强度在产氢反应中的产氢量对比图

由上面的图表分析可知，使用同样的玉米秸秆作为产氢基质，在其他条件相同时，不同光照强度下光生化产氢菌群产氢稳定过程中，温度波动幅度大致相同，均在 0.3℃ 之内。其中，就波动范围来说，$\Delta T$（2000lx）$>\Delta T$

$(1500lx)>\Delta T(2500lx)$。光照强度越大的条件下，料液透光性越强，产菌群生长越迅速，生化反应也越剧烈，释放的热量越多，产氢稳定过程中的温度越高。结合产氢量分析可知，光照强度在 1500～2000lx 之间时，产氢量随着光照强度的增大而增大，且增大幅度相对较大。光照度超过 2000lx 时，随着光照度的增大产氢量增大的幅度很小。虽然细菌反应热对于整个实验系统而言微乎其微，但是鉴于光照会产生一定的辐射热，所以从温度变化曲线上可以体现得较为明显。系统内部与恒温箱之间热量交换结束，而光生化产氢菌的增殖和产氢反应迅速发生，光生化产氢菌的增殖和产氢反应所释放出的热量明显在温度计上体现。可见经过系统与外界环境热传递与空白对照两种标定方法的标定后，可以得到大致的升温值。考虑到大规模生产时的遮光效应（反应器体积越大，培养基相互遮光的效应越大，光转化效率就越小），所以通常取 2000lx 为研究的最佳光照度。

### 6.2.2.5 不同 pH 下光生化产氢反应在产氢稳定阶段的温度变化过程分析

分别在 pH 为 6、7、8 时，其他因素分别为产氢基质 240 目玉米秸秆、温度 30℃、接种量 20%、光照强度 2000lx、接种物为培养 60h 的菌悬液进行实验。为了能够比较实验结果，并且深入研究反应器核心部位的温度变化，统一以双层真空三口反应瓶的中心位置为研究对象。记录不同 pH 下系统温度随时间的变化规律，结果如图 6-28 所示。

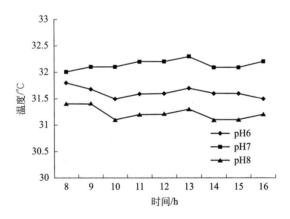

图 6-28　不同 pH 下产氢反应稳定阶段的温度变化

不同 pH 下产氢稳定阶段系统温度随时间的变化规律的相关关系如式(6-92) 至式(6-94) 所示。

pH 6：　　$y=-0.0003x^6+0.0098x^5-0.1197x^4+0.7112x^3-$
　　　　　　$2.0939x^2+2.705x+30.589$ 　　　　　　(6-92)
　　$R^2=0.9145$

pH 7： $y = -0.0002x^6 + 0.0053x^5 - 0.0675x^4 + 0.4181x^3 -$

$\qquad 1.2982x^2 + 1.9308x + 31.011$ （6-93）

$\qquad R^2 = 0.8526$

pH 8： $y = -0.0005x^6 + 0.0155x^5 - 0.1951x^4 + 1.1983x^3 -$

$\qquad 3.6916x^2 + 5.1523x + 28.922$ （6-94）

$\qquad R^2 = 0.9063$

结合不同 pH 情况下进行的光生化产氢所测得的产氢量，记录光生化产氢总的产氢量，结果如图 6-29 所示。不同 pH 下产氢反应温度变化幅度对比如表 6-16 所示。

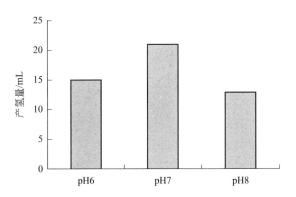

图 6-29　不同 pH 下产氢反应中的产氢量对比图

**表 6-16　不同 pH 下产氢反应温度变化幅度对比表**

| pH | 6 | 7 | 8 |
|---|---|---|---|
| $\Delta T / ℃$ | 0.3 | 0.3 | 0.3 |

由上面的图表分析可知，用 240 目玉米秸秆作为产氢基质，在其他条件相同时，不同 pH 对光生化产氢菌群的稳定产氢过程存在一定的影响。温度波动幅度 $\Delta T$ 相同，均为 0.3℃，可见 pH 的变化并没有使光生化产氢反应中稳定产氢阶段的温度波动发生太大变化。结合产氢量分析可知，光生化产氢菌在以玉米秸秆作为产氢基质进行产氢反应时最适宜在 pH 7 的环境下生产。偏酸性或偏碱性的环境都会导致产氢量降低，相对而言，偏酸性的环境产氢效果略好于偏碱性的产氢环境。系统内部与恒温箱之间热量交换结束，而光生化产氢菌的增殖和产氢反应迅速发生，光生化产氢菌的增殖和产氢反应所释放出的热量明显在温度计上体现。可见经过系统与外界环境热传递与空白对照两种标定方法的标定后，可以得到大致的升温值。

# 6.3 基于热效应理论的折流板式光生化制氢反应器设计

## 6.3.1 折流板式光生化反应器内的温度场模拟

### 6.3.1.1 Fluent 数值模拟基本步骤

Fluent 可用于模拟外形结构复杂的流体流动及热传导的计算机程序，可提供完全的网格灵活性，并能根据解的具体情况对网格进行细化、粗化等修改。Fluent 软件用 C 语言编写而成，并使用 client/server 结构，使其在高效执行及灵活适应各类机器和操作系统的同时，能够在用户桌面工作站或服务器上运行程序。Fluent 中解的计算与显示是通过交互界面和菜单界面实现的。

利用 Fluent 进行数值模拟的过程中，首先可利用 Gambit 将求解域进行网格划分，或在已知边界网格情况下利用 Tgrid 生成三角网格、四面体网格或混合网格。网格划定后，由 Fluent 进行网格读入后，就可利用求解器对该问题进行计算，求解过程主要包括边界条件设定、流体物性设定、解的执行、网格的优化、结果的查看及后处理。

### 6.3.1.2 网格划分

利用 Fluent 软件计算传热学问题的过程中，可利用非结构网格生成程序对求解域进行网格划分，可以生成二维的三角形和四边形网格，三维的四面体、六面体和混合网格，并通过计算结果进行网格的自适应调整，大大节约了计算时间[13]。

已知折流板式光生化反应器的几何尺寸，利用 Gambit 软件对其进行离散化，把求解区域划分成一系列的二维四边形网格，如图 6-30 所示。

通过点、线、面等步骤的操作，将求解区域划分为如下网格：该网格包括 1058 个节点、928 个四边形网格单元和 1985 个面（face），其中面里包括 252 个固壁面、3 个压力出流面、3 个速度入流面以及 1727 个内壁面。

对所创建的流动区域定义边界类型，区域左边为入口边界（inflow），类型为速度入口（velocity-inlet）；最右边为出口边界（outflow），类型为压力出口（pressure-outlet）；其他边界均设定为壁面（wall），具有相同的属性。

在对求解区域进行离散化网格划分及属性定义后，点击 File-Export-Mesh，打开输出文件对话框，选择 Export 2-D Mesh，点击 Accept 按钮，

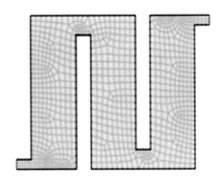

图 6-30　折流板式光生化反应器的网格划分

即将二维网格数据文件保存至系统，该文件可被 Fluent 求解器读取。

### 6.3.1.3　Fluent 传热模型确认及求解问题设置

针对生物质多相流光生化制氢系统传热物理问题的建模分析，Fluent 求解器模型选用 2d 求解器，2d 求解器为单精度求解器，可用于二维问题的计算。

确定了求解器及精度后，点击 File-Read-Case 读入网格，观察其节点数、划分区域等是否正确后，点击 Grid-Check，检查网格，要注意负体积或者负面积的警告。查看网格信息，确保信息无误后，点击 Display-Grid，显示网格。

对求解器参数进行设定，点击 Define-Models-Solver，打开求解器设置对话框，在不同的选项上进行参数的选择。求解器（Solver）项选择独立（Segregated）项，公式（Formulation）项选择隐式（Implicit），时间（Time）选择定常（Steady），速度公式（Velocity Formulation）项选择绝对速度（Absolute），保留其他设置。求解器为压力（Pressure-based）求解器，不用考虑物质扩散及黏性耗散等问题对传热过程的影响。

由于对折流板式光生化反应器传热问题的分析涉及到温度的分布等问题，必须要求解能量方程。点击 Define-Models-Energy，打开能量方程对话框，选择打开能量方程。

要对求解器进行下一步设定，必须要考虑流体的流动状态，雷诺数（$Re$）可用来判断流体的流态，其可用公式进行计算。

$$Re = \rho v D / \eta \tag{6-95}$$

式中，$\rho$ 为密度；$v$ 是速度；$D$ 是特征尺寸，此处为入口直径；$\eta$ 是黏度。已知生物质多相流的各物性及反应器特征尺寸，求得 $Re \ll 2000$，因此湍流模型（Viscous Model）中选择层流流动（laminar），则流体侧的传热情况可近似表达为：

$$q'' = k \frac{\partial T}{\partial n} \approx k \left. \frac{\Delta T}{\Delta n} \right|_n \qquad (6\text{-}96)$$

式中，$n$ 为壁面法线方向上的坐标值。

由于生物质多相流流体内部存在稳定的内热源，因此湍流模型中的黏性加热（Viscous Heating）选项要打开，内热源的体积发热量固定，为 $180W/m^3$。由于生物质多相流主体为液相，需要考虑重力问题，在操作条件定义过程中，激活重力项，在操作条件窗口中定义重力加速度$-9.8$ $m/s^2$，设置操作温度 303K 和密度值 $1125kg/m^3$，其他参数设置保持不变。

相关模型激活后，则需要提供热边界条件（Define-Boundary Conditions），给定材料物性（Define-Materials），以进行后期的收敛求解。

速度入口处的进口流速和多相流初始温度已知，分别为 0.0036m/s 和 303K，出口设置为压力出口，压力值为静态压力（即大气压），为 101.325kPa，出口温度为 308.9K。壁面的热边界条件有如下五种表现形式：热流量、温度、对流换热、外部辐射、对流辐射加外部辐射。本节中由于外部光辐射量稳定，且流体侧呈现定常流动，因此，选用温度作为壁面热边界条件。由测量结果可知，3000lx 光照条件下，反应器壁面的温度稳定在40℃。壁面处无滑移现象存在。

在材料物性定义过程中，创建生物质多相流（fermentation solution）这一材料，定义其物性值，发酵产氢料液的密度值 $\rho$ 为 $1125kg/m^3$，运动黏度 $v$ 为$1.3\times10^{-3}kg/(m \cdot s)$，比热容 $c_p$ 为 5.167kJ/(kg · K)，导热系数 $\lambda$ 为 0.63W/(m · K)。

### 6.3.1.4 Fluent 传热模型的求解

网格划分、边界条件及材料物性设定、求解器选择等前处理工作结束后，可以进行传热模型的求解。点击 Solve-Controls-Solution，打开求解控制参数的设置对话框，将离散化（Discretization）项中的密度、动量、湍流动能、湍流耗散系数、能量等选项的离散方法都选为一阶迎风格式。首先进行流场的初始化，然后利用 2d 求解器对该问题进行求解，设置收敛过程的临界值。对每一个需要求解的方程，Fluent 软件都会通过残差的显示描述其收敛情况，残差是用来衡量当前解与控制方程离散形式之间吻合程度的[16]，其相对误差残值数量级定为 $10^{-5}$。

残差监测对话框设置好后，将以上设置进行保存，开始进入模型迭代计算环节，迭代次数定为 300。

软件运行过程中，当迭代计算满 24 次后，计算收敛。点击 File-Write-Data，保存计算结果。在该模型下对传热过程进行计算，迅速达到收敛，说明该模型可有效用于生物质多相流光生化制氢传热问题的计算。

对 $X$ 和 $Y$ 方向上各位置的温度情况进行分析，其温度分布图如图6-31所示。由图可知，无论在 $X$ 方向还是 $Y$ 方向，反应器内各点的温度均不相同，靠近壁面处的温度在壁面传热的情况下逐渐升高，远离壁面后由于与低温流入流体之间的混合，温度又出现回落。随着生物质产氢多相流在反应器内流程的增加，反应液温度逐渐上升，出口处流体温度明显高于入口处温度。最低温度出现在入口边界处，之后随着流体在反应器内的流动，温度呈波动上升。反应器上部的温度高于底部的温度。

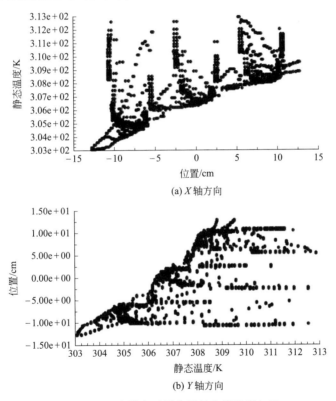

(a) $X$ 轴方向

(b) $Y$ 轴方向

图 6-31　反应器内不同位置的热流密度矢量

对反应器内温度场的分析还可通过等温线进行分析，如图 6-32（见文前彩插）所示。折流板式光生化反应器内部壁面处温度最高，这是由于光生化制氢过程始终需要光照，而只有很少部分的光能会被光生化细菌吸收利用，大部分都以热量的形式散失[14]。光辐射热在壁面积累，以自然对流换热的形式在高温壁面和低温生物质产氢多相流之间传递，是影响反应器内温度分布的最重要的因素。反应器内部温度随着与壁面距离的增加逐渐降低。不同腔室之间可以看出,由于前期多相流流动过程中与壁面的换热及内部生化反应热积累,多相流在反应器内停留时间越长,温度越高。

为了更直观地观察反应器内温度场的分布,可用反应器内温度分布云图描述反应器内的温度场,如图 6-33 所示。

图 6-33　折流板式反应器内部温度分布云图

通过对折流板式反应器内部各位置处的温度矢量图、等温线分布图和温度分布云图的列举和描述可以看出,利用 Fluent 软件中的传热模型,对生物质多相流光生化产氢系统内部的传热过程进行描述是可行的,且能清晰地描述温度变化情况。

利用实验手段对折流板式反应器内部不同位置处的温度变化情况进行监测,其结果如图 6-34 所示。

入口温度和左腔中心位置温度最低,这是由于生物质多相流光生化产氢料液由外界进入折流板式反应器内部,通过与壁面的热量交换以及不同温度之间的热传导而升温,随着反应液在反应器内停留时间延长,反应液温度逐渐增加,右腔中心温度较左腔中心温度约高 5℃,这与 X 轴不同位置温度矢量图中的结果一致。中间腔的反应器底部温度略高于顶部温度,这可能是由于反应器中产生温度梯度的主要原因就是光辐射热在壁面积累后传入产氢料液中,顶部与底部均与壁面接触,受壁面温度影响大,在相同壁面温度下,二者接近。而反应器顶部存在气体的逸出及反应液的蒸发等反应,热量耗散作用增强,因此,实际情况中,反应器顶部温度略低于底部温度。将实验测得数据与数值模拟结果进行比较,结果如表 6-17 所示。可以看出,实验测得的温度略高于数值模拟值,这可能是由于在数值模拟过程中,问题假设及边界条件的设定,使得结果并不能完全真实地表达实际情况,同时,在

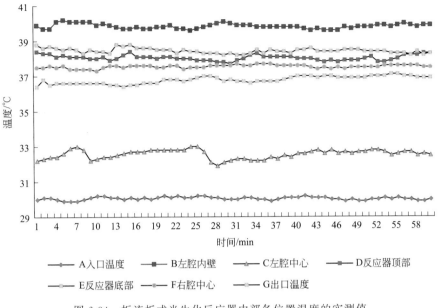

图 6-34  折流板式光生化反应器内部各位置温度的实测值

实验操作过程中的误差也不可避免。

表 6-17  反应器内不同位置温度实测值与模拟值结果的比较

| 位置 | A | B | C | D | E | F | G |
|------|---|---|---|---|---|---|---|
| 实测值/℃ | 30±0.2 | 39.9±0.3 | 32.5±0.5 | 38±0.4 | 38.5±0.3 | 37.5±0.2 | 36.8±0.4 |
| 模拟值/℃ | 31.3±0.2 | 39.33±0.2 | 31.67±0.2 | 37.67±0.2 | 38.17±0.2 | 35.15±0.2 | 36.15±0.2 |

## 6.3.2  折流板式光生化反应器内的光热传递特性

### 6.3.2.1  光生化制氢过程的传光特性

光转化效率是衡量生物制氢过程中光转化利用效果的重要参数，国内外生物制氢研究中对光转化效率的研究不多，从为数不多的研究结果可知，目前生物制氢中光转化效率仍比较低，平均在 1%～5%之间，最高也只达到了 7.9%[15]，这也是生物制氢向工业化推进的重要障碍。要使光生化制氢用于工业化大规模生产，必须提高光生化生物的光转化效率，光生物反应器的研制及对其中光的传输方式和提供方式的研究也是目前提高光转化效率的重要研究内容。

目前探明的影响光转化效率的因素主要在于：①太阳能的分散性和由此形成的地球表面太阳能的低密度性造成光生化制氢中光的转化效率低，这也是所有光能利用领域中光转化效率低的主要原因。②光生化生物的光生化反应分为两种类型，光反应（与光直接有关的反应）和暗反应（在暗中进行的反应），对于有两个光生化作用系统的高等植物、蓝细菌和绿藻，暗反应速率是指电子在两个光生化系统中传递的速率。由于完整的光生化反应是光反应和暗反应串联在一起共同完成的，暗反应完不成，光生化作用就无法进行；而强光下暗反应速率通常是色素捕获光子速度的大约 1/10，因而导致强光下光生化作用器官所捕获光子的 90% 不能用于光生化作用，而以热或荧光的形式损失掉，因此限制光转化效率的因素是暗反应速率。光生化细菌同样存在这一现象，由于暗反应速率过慢，光生化细菌色素在强光下所捕获的光子远远超过了光生化作用实际所需的光子数，这种效应被称为"光饱和效应"。目前研究中理论上 10% 的光转化效率是以实验室弱光照射下所获得的值为基准计算出来的，光饱和效应是实际强光下光转化效率远远低于理论值的主要原因。③培养液自身的遮蔽效应限制了光生化细菌对光的吸收和利用。光生化细菌生长和代谢所利用的光源直接照射到培养液的表面，由于培养液自身的遮挡作用使入射光在穿透培养液的过程中出现不断衰减的现象，距培养液表面越远的细菌所能接受到的光强越弱，培养液越浑浊，光衰减现象越严重。光能的不足不但会减少光生化细菌放氢，甚至会使光生化细菌由产氢模式向其他生长代谢模式转变。

提高光转化效率一直是光生化制氢领域致力解决的主要问题之一，针对光转化效率低的主要原因，目前提出的解决问题的方案主要有：①采用高表面积体积比的光生物反应器，如管道式光生物反应器，主体是由透明材料制成的管子，将管子弯曲、环绕成各种排列形式，以便充分地接受光照，但这种方法也相应地增加了反应器的占地面积和操作控制难度，因而具有一定的局限性。②采用迅速搅拌方式。迅速搅拌的方法是 Kok 等[16] 首先提出来的，原理为通过快速搅拌，在所产生的旋涡内产生"闪烁效应"，他的研究发现，强光以毫秒级的速度闪烁，在旋涡内可以产生出一段大约 5～10 倍于感光时间的黑暗阶段，从而提高了光子的总体利用效率。其原理是，毫秒级闪烁的一个闪光周期内，每个光生化作用单位只捕获一个光子，接下来相对较长的黑暗阶段使得光生化系统间缓慢的电子传递在一次闪烁中得以完成，从而使暗反应和光反应可以同步进行，因而避免了光饱和效应。通过迅速搅拌提高光转化效率的方法受到争议，Patrick 等[17] 研究发现，搅拌耗能正比于搅拌速度的三次方，产生闪烁效应需要很大的搅拌能量，毫秒级闪烁显然动力费过高，不能用于实际生产，但他认为，为防止生物质沉淀而进行适当速度的搅拌是必要的，合适的搅拌速度为 25～35cm/s。也有研究认为搅拌使批量培养物中的单个细胞产生的间歇感光效应对产氢量有巨大的影响[18]。③分散光生化生物反应器表面的光。因为当光生化细菌密度较大时，如果光照不足，其生长和产氢都会受到限制；而入射光太强也会使培养液表面的细菌出现光抑制，致使氢气的产率和光转化效率很难提高[19]。解决方法为可通过光分散设备将光线导入深层培养液。Patrick 等[17]认为最简单的方法是垂直分布光生化生物反应器，从而减少直射光。另一种有效的办法是采用光纤光生物反应器，Ogbonna 等[20]用聚光镜收集太阳光，将收集到的太阳光通过光纤导入光生化生物反应器内部。④采用光照和黑暗交替进行的光照方式。模拟日夜交替的自然现象，在利用太阳光为光源产氢时，夜间光源的提供是产氢过程需要解决的问题之一。但 Miyake 和 Koku 等[21-22]的研究表明，光照和黑暗交替进行的光照方式下，产氢速率并不会受到太大的影响，甚至还有少量的提高。⑤培育叶绿素含量少的菌种从而减少光子的过多吸收和浪费。这种方法是筛选或培育叶绿素含量较少的变异菌种，这种变异菌种中含有较少的"天线色素"或"光接收色素"，含较少光接收叶绿素的光生化作用器官在强光下吸收光子的数量较少，因此，减少了光饱和效应造成的浪费现象，采用这种方法的研究主要是针对微藻进行的[23-27]。Greenbaum 等[28]报道了一个缺少光生化系统Ⅰ（PSⅠ）的绿藻的变异种仍具有产氢活性，由于只有一个光生化系统，将电子由水传给 $CO_2$ 或 $H_2$ 只需要一个光子，从而使太阳能转化效率提高了一倍。基于这一现象，Redding 等[29]提出筛选或培育只有光生化系统Ⅱ（PSⅡ）的绿藻或蓝细菌来降低光饱和效应的方案。随着人们对光生化菌种结构和机理的深入了解，加之基因技术的发展，目前有研究期望通过基因操作对光生化系统进行改进，从而提高光捕获效率[30]。对光生化细菌的相关研究报道相对较少，光生化细菌本身只有一个光生化作用中心，对它的研究主要在筛选和培育色素含量少的菌株上，Kondo 等[19,31]分离到了 R. sphaeroides RV 的一株变异株 MTP4，它的色素含量比野生菌株要少一半，在 $350\sim1000nm$ 的波长范围内吸收的光也比野生型的少，该变异株的产氢量比野生型的提高了 50%；由于变异株与野生菌株具有不同的光谱吸收特性，还可将它们置于不同的光照位置以提高对光源的利用率。研究表明采用这种方法，产氢过程中光的转化率比仅用 R. sphaeroides RV 产氢提高了 33%。

　　从上述的解决方案中可以看出，除改良菌种外，都与光生化细菌产氢过程光源的提供和反应器的光传输方式有关，因此，光反应器的研制及光传输和提供方式设计对提高光转化效率有着极其重要的作用。

### 6.3.2.2　光生化制氢过程中的传热特性

微生物利用基质中的碳源进行生长代谢的过程中，会释放出大量能量，其中部分用来合成高能物质，供自身的生长繁殖和代谢活动的需要，部分用来合成产物，其余的能量则以热的形式散发出来，有氧气参与的氧化代谢产生比无氧参与的代谢更多的热能。光生化细菌产氢的代谢过程虽然为无氧参与的氧化代谢，应比有氧气参与的氧化代谢产生的热量少得多，但光生化细菌的放氢过程涉及固氮作用、光生化作用、氢代谢、碳和氮代谢等多个功能和步骤，Gibbs 等[33]的研究发现，在光生化过程中，特别是在强光下，由于参与光生化作用的暗反应速率通常是色素捕获光子的速度的 1/10 左右，光生化作用器官所捕获光子的很大一部分不能用于光生化作用，而是以热或荧光的形式散发到环境中，因此光生化细菌产氢过程中细胞活动释放的热量不容忽视。由于目前研究只知道光生化细菌的放氢过程中光生化、固氮和有机物代谢各功能上的大体衔接，而对其每一步的反应步骤、结构和功能的关系还知之甚少，目前还没见到光生化细菌产氢过程中细胞活动热释放的研究报道。

微生物的代谢活动过程普遍具有放热特点，加之生化反应过程对温度的敏感性，因此反应器中热量的输出，或对反应液加热保温时热量的补充输入是反应器必须提供的功能，于是热交换器设置和温度控制成为反应器设计中必要的环节。反应器热量传输性能的好坏直接关系到微生物细胞的生长代谢活动，传输性能可由反应器中反应液温度波动情况来体现，具有好的热量传输性能的反应器能对反应液温度的变化及时进行调整，保持反应在适宜温度范围内。用于生物反应器的热交换方式很多，性能特点各异，主要有夹套换热器、竖式蛇管换热器、竖式列管换热器、外置换热器等。夹套换热器结构简单，加工方便，易于控制，但传热系数较低，适用于体积小的反应器。竖式蛇管换热器传热系数高，但要求冷却水温较低，否则降温效果不佳。竖式列管换热器加工方便，换热效果好，但用水量大。外置换热器则不仅可提供较好的热量交换，提高反应器传热效能，且加工方便，易于控制，还便于检修和清洗。

### 6.3.3　折流板式光生化制氢过程中的㶲分析

随着低碳经济成为世界环境日的主题和哥本哈根气候大会的召开，合理用能和加强各方面节能的管理，成为降低能源消耗、提高能源效率以及应对能源短缺和环境污染的有效措施。未来中国可持续发展的基础和必由之路也将是转变传统经济增长方式、大力推进节能减排和发展低碳经济。

在热力学第二定律㶲分析的基础上，以农业农村部可再生能源重点开放实验室研制的太阳能光生化连续制氢系统为研究对象，通过分析系统中各部分输入和输出的能量流动过程，建立㶲分析模型和㶲平衡方程，分析计算了系统的㶲效率，探索性地提出了太阳能光生化连续制氢系统内部用能的薄弱环节及其低能耗高效率生产性运行的途径，为提高太阳能光生化连续制氢系统的有效能，降低系统对常规能源的消耗，加快太阳能光生化连续制氢技术研发进程具有重要的实际意义。

### 6.3.3.1 㶲分析的技术路线和㶲分析模型

对能量系统进行㶲分析的目的就是计算、分析系统内部与外部的不可逆㶲损失，从而提示用能过程的薄弱环节，以进行改进；或以㶲效率等为目标函数进行最优化分析计算，达到全面的节能。整个能量系统进行能量分析是在对各个子系统分析的基础上进行的，而子系统进行㶲分析的目的在于：

① 通过对子系统的㶲分析，对单元设备的用能水平做出合理评价；

② 通过对子系统的㶲损分析，判别用能过程的薄弱环节；

③ 根据㶲分析结果，提出改进意见；

④ 在子系统分析的基础上，对整个系统进行㶲分析和改进，或建立整个系统的优化目标函数，以进行总能系统的优化。

从改进用能的观点来看，单元子系统的㶲分析虽然是必要的，但又是不完善的。从总体来看，对整个系统的㶲分析才能解决整体问题。对系统㶲分析的必要性在于：

① 对系统的整体用能技术状况作出评价，其中主要是对系统中㶲的有效利用及系统的节能潜力进行评价；

② 找出系统中用能的薄弱环节，为系统改进提供依据；

③ 全面分析系统的耗能结构和㶲流去向，为系统的整体技术改造提供技术资料。

系统㶲分析模型是进行系统㶲分析的基本工具，㶲分析模型使子系统内部、子系统与外界间的各种能量传递和转换过程一目了然，为建立㶲平衡方程和进行㶲分析带来很大方便。

### 6.3.3.2 㶲值的计算

（1）热量㶲计算　热量㶲（$E_{x,Q}$）[34-37] 是指温度为 $T_0$ 的环境条件下，系统（系统温度 $T > T_0$）所提供的热量中能转变为有用功的最大份额。若系统以恒温 $T$ 供热，则相应的热量㶲为：

$$E_{x,Q} = \left(1 - \frac{T_0}{T}\right)Q \tag{6-97}$$

式中，$E_{x,Q}$ 为系统所具有的热量㶲，kJ；$T_0$ 为系统所处的环境温度，K；$T$ 为热源温度，K；$Q$ 为热源与外界交换的热量，kJ。

（2）稳流工质的物流焓㶲　在稳流体系和环境组成的孤立系统中，系统从给定状态以可逆方式变化到环境状态时所能做出的最大有用功，称为稳流工质的物流㶲，若不考虑系统中动能和位能的变化，则稳流工质的㶲通常是指能量焓中的㶲，即焓㶲，用 $E_{x,H}$ 表示，则有

$$E_{x,H} = (H - H_0) - T_0(S - S_0) \tag{6-98}$$

式中，$E_{x,H}$ 为稳流工质的焓㶲，kJ；$H$ 为稳流工质的焓值，kJ；$H_0$ 为环境状态下的焓值，kJ；$S$ 为稳流工质的熵值，kJ/(kg·K)；$S_0$ 为环境状态下的熵值，kJ/(kg·K)。

（3）机械㶲计算　从理论和实践可知，机械功不仅能全部转变为热量，而且能够全部转变为其他任意形式的能量。因此，以获得动力对外做功为目的，电能和机械能的做功能力大，可以完全转变为机械功。对于任何循环，以净功 $W_0$ 的输入或输出为有用功的机械能全部为㶲值，即

$$E_{x,w} = W_0 \tag{6-99}$$

式中，$E_{x,w}$ 为系统的机械㶲值，kJ；$W_0$ 为系统输入或输出的净功，kJ。

（4）化学㶲计算　化学㶲是系统与环境的组分与成分不平衡而具有的做功能力。

在计算物质的化学㶲时，首先要确定化学反应系统的最大有用功。稳流系统在化学反应过程的能量方程为：

$$Q = \Delta H + W_A \tag{6-100}$$

式中，$Q$ 为化学反应系统与外界的热交换所产生的反应热，kJ；$\Delta H$ 为反应前物流的焓和生成物焓之间的焓差，kJ；$W_A$ 为化学反应系统所做的有用功，kJ。

当系统在定温可逆条件下进行时，系统做的最大有用功

$$W_{A,max} = -(\Delta H - T\Delta S) = -(G_2 - G_1) = -\Delta G \tag{6-101}$$

式中，$\Delta S$ 为化学反应系统中反应物绝对熵和生成物绝对熵之间的熵差，kJ；$G_1$ 为化学反应系统中反应物的吉布斯函数，kJ/mol；$G_2$ 为化学反应系统中生成物的吉布斯函数，kJ/mol；$\Delta G$ 为化学反应系统中反应物和生成物之间的吉布斯函数的变化，kJ/mol。

混合气体是由几种气体组成的混合物。当系统处于平衡状态时，在任意压力和温度的条件下，混合气体的㶲是物理㶲和化学㶲之和，即

$$E_{x_m} = E_{x_{m,ph}} + E_{x_{m,ch}} = E_{x_{m,ph}} + \sum x_i E_{x_{m,ch,i}} + RT_0 \sum x_i \ln x_i$$

$$(6\text{-}102)$$

式中，$E_{x_m}$ 为混合气体的㶲值，kJ；$E_{x_{m,ph}}$ 为混合气体的物理㶲值，kJ；$E_{x_{m,ch}}$ 为混合气体的化学㶲值，kJ；$E_{x_{m,ch,i}}$ 为混合气体中第 $i$ 组分气体的㶲值，kJ。

（5）太阳能辐射能㶲　太阳能光生化制氢系统中，光是产氢过程中不可缺少的条件。而资源丰富的太阳能，是世界上洁净的自然可再生能源，取之不尽，用之不竭。太阳所释放的能量为 $3.8 \times 10^{26}$ J/s；地球只接受太阳总辐射量的 22 亿分之一，即有 $1.73 \times 10^{17}$ J/s 到达地球大气层上界。而由于能量穿越大气层的衰减，到达地球表面的能量约有一半，即有 $8.5 \times 10^{16}$ J/s。而即使是这个数量，也相当于目前全世界总发电量的几十万倍，远大于人类目前消耗能量的总和[38]。在我国地面接收的太阳能资源相当丰富，辐射总量为 $3340 \sim 8400(MJ/m^2)/a$，平均值为 $5852(MJ/m^2)/a$。

① 太阳辐射能的㶲。太阳光在未被接收器接收之前，不能全部计算为热能，因而太阳辐射能的㶲值计算不能利用计算热量㶲的方法，必须利用计算黑体辐射㶲的方法来计算。

在温度为 $T_0$ 的环境中，温度为 $T$ 的黑体向外辐射的能量所具有的辐射㶲流可用如下公式计算：

$$E_x = \frac{ac}{12}(3T^4 + T_0^4 - 4T_0 T^3)$$

$$(6\text{-}103)$$

式中，$E_x$ 为太阳能辐射能的㶲值，kJ；$a$ 为普适常量，为 $7.561 \times 10^{-19}$ kJ/$(m^3 \cdot K^4)$；$c$ 为真空中的光速，为 $2.998 \times 10^8$ m/s。

② 光生化细菌对太阳光的光谱耦合性。在光生化细菌的生长和进化过程中，太阳光为光生化细菌提供能量，使其参与地球的物质和能量循环，成为在生长进化过程中唯一可依赖的光源。在可见光的范围内，光生化细菌光谱的吸收峰和太阳光的光谱有较好的耦合性，光生化细菌的吸收光谱主要集中在太阳能辐射的主要能量区，说明太阳光可以满足光生化细菌生物的需要。

③ 太阳能产氢中的光转换率。光作为光生化制氢的必要条件，是影响光生化微生物生长和产氢过程的必需条件。光照强度、光照时间和光质的改变都会对光生化微生物的生长和代谢产生明显的影响，而且各种不同的光生化微生物含有不同的光生化色素，因此，它们对太阳光的所有波段会进行选择性吸收。当光照强度超过一定限度时，光生化器官就会因超过光生化作用所需的光量而产生光饱和效应，从而导致氢气的产率和光转化效率的降低。

光转化效率是衡量光生化制氢过程中光利用效果的重要参数，也是光生化制氢系统产氢能力高低的决定因素。在光生化制氢系统中，光转化率是指一定时间内光生化细菌产生氢气的燃烧热占入射至反应器培养液中光辐射能的比例。而在制氢系统中标准状态下，通过太阳光子的驱动将太阳能转化为可储存的氢气化学能的效率为

$$\eta_{H_2} = \frac{\Delta G_{H_2}^0 R_{H_2}}{E_S A_S} \tag{6-104}$$

式中，$\eta_{H_2}$ 为太阳能光转化率，%；$\Delta G_{H_2}^0$ 为生成 $H_2$ 时的能量存储反应的标准吉布斯能，为 $\Delta G_{H_2}^0 = (\Delta f G_{H_2}^0 + \Delta f G_{O_2}^0) - \Delta f G_{H_2O}^0 = 237.2(kJ/mol)$；$R_{H_2}$ 为光生化制氢系统中微生物的产氢速率，mol/s；$E_S$ 为系统中的太阳光辐射量，$W/m^2$；$A_S$ 为系统中光反应器的横截面积，$m^2$。

### 6.3.3.3 㶲损失及㶲平衡方程

（1）㶲损失　在周围环境条件下，我们把任一形式的能量中理论上能转变为有用功的那部分称为该能量的有效能或㶲；而能量中不能转变为有用功的那部分能量称为能的无效能或㶲。因此，任何能量 $E$ 都是由㶲 $E_x$ 和㶲 $A_n$ 组成的，不可能使㶲转变为㶲而不引起其他变化，即

$$E = E_x + A_n \tag{6-105}$$

在可逆过程中，㶲为零。在实际工程中，由于各种不可逆因素的存在，系统所提供的能量实际转变为有用功的部分比理论上的最大值少，产生㶲向㶲的转变，并使㶲的总量减少。这减少的部分便是可用能的不可逆损失，称为系统的㶲损失 $E_{x,L}$。在常压稳定流动的绝热系统中，㶲损失为

$$E_{x,L} = T_0(S_2 - S_1)$$
$$= mT_0 c_{p_0} \ln \frac{T}{T_0} \tag{6-106}$$

式中，$m$ 为系统中排出反应物的质量，kg；$c_{p_0}$ 为系统中水的定压比热容，为 $4.18kJ/(kg \cdot \text{℃})$。

（2）㶲平衡方程　㶲分析方法的基础是㶲平衡方程。根据热力学第一和第二定律，在不可逆反应过程中，系统的㶲损失是由㶲向㶲的转变造成的，这使得系统中能量在传递与转换过程的㶲也不守恒，而是㶲的减少，因而得出系统㶲平衡方程的一般关系式为

　　流入系统的㶲－（流出系统的㶲＋㶲损失）＝系统㶲的增量

在稳定流动系统中，流入系统的㶲所具有的焓㶲为 $E_{x,H_1}$，与热源交换热量所得到的热量㶲为 $E_{x,Q}$，系统工质所具有的机械能㶲为 $\frac{1}{2}mc_1^2$ 和

$mgz_1$；系统流出的㶲有工质的机械㶲$\frac{1}{2}mc_2^2$和$mgz_2$，焓㶲$E_{x,H_2}$，同时对外输出的机械功㶲$E_{x,w}$。则根据㶲平衡方程的一般关系式有

$$\left(E_{x,Q}+E_{x,H_1}+\frac{1}{2}mc_1^2+mgz_1\right)-\left(E_{x,H_2}+\frac{1}{2}mc_2^2+mgz_2+E_{x,w}\right)-E_{x,L}=0$$
(6-107)

若不考虑系统进出口的动能和位能，则上述系统的机械㶲为

$$\left(\frac{1}{2}mc_1^2+mgz_1\right)-\left(\frac{1}{2}mc_2^2+mgz_2\right)=0 \tag{6-108}$$

用$\Delta E_{x,H}$表示系统工质进出口的㶲差，有

$$\begin{aligned}\Delta E_{x,H}&=E_{x,H_1}-E_{x,H_2}\\&=(H_2-H_1)-T_0(S_2-S_1)\\&=\Delta H-T_0\Delta S\end{aligned} \tag{6-109}$$

将式(6-107)、式(6-108)代入式(6-109)并整理得

$$E_{x,w}=E_{x,Q}-\Delta H+T_0\Delta S-E_{x,L} \tag{6-110}$$

（3）能量系统的㶲效率 㶲作为能量的一种固有特性，是在环境条件下某一系统中的能量转变为有用功的能量，是理论上能转化为有用功供技术上利用的能量。在实际过程的不可逆过程中，研究㶲损失的目的在于合理利用能量，尽量减少㶲损失。

㶲损失的大小是表征某一热力过程热力学完善程度的。该过程的㶲损失愈大，说明其不可逆性愈强。但㶲损失是个绝对数量，只能比较相同条件下热工系统或装置和设备中㶲的利用程度。因此，引出了㶲效率的概念。

在某一系统的能量传递和转换过程中，把系统中有效利用的㶲与系统中供给㶲的比值定义为系统的㶲效率，则有

$$\eta_{ex}=\frac{E_{x,ef}}{E_{x,sup}}=1-\frac{E_{x,loss}}{E_{x,sup}} \tag{6-111}$$

式中，$E_{x,ef}$为系统中有效利用的㶲值，kJ；$E_{x,sup}$为系统中供给的㶲值，kJ；$E_{x,loss}$为系统中㶲损失值，kJ。

系统中㶲效率反映了系统中㶲的利用程度，是一种相对效率，是从能量的品质上来评价某一热力过程的完善程度，因此相对于能效率来说，它更能深刻地提示能量在转换、利用和损耗的实质。

### 6.3.3.4 㶲分析模型

（1）黑箱分析模型 黑箱分析方法是一种子系统的宏观㶲分析法，是根据输入和输出子系统的能流信息来研究子系统内部用能过程的一种方法。它把子系统看成是由不"透明"的边界所包围的体系，如图6-35所示。

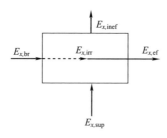

图 6-35　子系统的黑箱分析模型

图中以实线表示系统的边界，带箭头的流线表示输入或输出的㶲流，虚线箭头表示子系统内部总的不可逆㶲损。

式中，$E_{x,\text{sup}}$ 为由㶲源供给系统的㶲值，kJ；$E_{x,\text{br}}$ 为除㶲源外物质带入体系的㶲值，kJ；$E_{x,\text{ef}}$ 为被子系统有效利用或由子系统输出可有效利用的㶲值，kJ；$E_{x,\text{inef}}$ 为子系统的外部㶲损，kJ；$E_{x,\text{irr}}$ 为系统中不可逆所引起的内部㶲损，kJ。

根据图 6-38 的模型，则有通用㶲平衡方程为

$$E_{x,\text{sup}}+E_{x,\text{br}}=E_{x,\text{ef}}+E_{x,\text{inef}}+E_{x,\text{irr}} \tag{6-112}$$

子系统的㶲效率为

$$\eta_{\text{ex}}=\frac{E_{x,\text{ef}}}{E_{x,\text{sup}}}=1-\frac{E_{x,\text{irr}}+E_{x,\text{inef}}}{E_{x,\text{sup}}} \tag{6-113}$$

（2）白箱分析模型　由于黑箱模型是对子系统用能状态作出的粗略分析，不能分析体系内部各用能过程的状况，针对这一缺陷提出了白箱分析模型。

白箱分析模型是把分析对象看作是由"透明"边界所包围的体系，通过对系统内各个用能过程进行逐一分析，来计算各个过程的耗散，比黑箱分析更能清楚提示系统中用能不合理的薄弱环节，是一种精细的分析方法，其分析模型如图 6-36 所示。

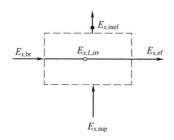

图 6-36　子系统的白箱分析模型

图中以虚线表示系统的边界；带箭头的㶲流线表示输入或输出的㶲流，

其中用㶲流线上加黑点来表示外部㶲损，而对于系统内部的不可逆损失则在㶲流线上标圆圈来表示。

其中，$E_{x,L,\mathrm{in}}$ 表示系统的内部㶲耗，$E_{x,L,\mathrm{in}} = \sum\limits_i E_{x,\mathrm{irr},i}$，kJ。

根据图 6-39 的模型，则有其通用㶲平衡方程为

$$\sum_i E_{x,\mathrm{sup},i} + \sum_i E_{x,\mathrm{br},i} = E_{x,\mathrm{ef}} + \sum_i E_{x,\mathrm{inef},i} + \sum_i E_{x,\mathrm{irr},i} \qquad (6\text{-}114)$$

子系统的㶲效率为

$$\eta_{\mathrm{ex}} = 1 - \frac{\sum E_{x,\mathrm{irr},i} + \sum E_{x,\mathrm{inef},i}}{\sum E_{x,\mathrm{sup},i}} \qquad (6\text{-}115)$$

（3）系统灰箱分析模型 黑箱分析模型和白箱分析模型是针对总能系统中单元设备进行㶲分析的一种方法，而通过对整个系统进行总能系统㶲分析，能够对系统中㶲的有效利用程度进行分析和评价，对㶲损失较大的设备，再利用精细的白箱分析，从而为整个系统的整体改造提供技术支持。系统㶲分析根据不同的分析目的，其分析模型可分为系统灰箱分析模型和系统能量关联模型等。

系统灰箱分析模型是将系统中的单元设备都看作是黑箱，各黑箱之间用㶲流线来加以连接而形成黑箱网络模型。在任何系统中，单个子系统或设备都存在三个量，即：供给㶲，用符号 $E_x^+$ 表示；有效收益㶲，用符号 $E_x^-$ 表示；系统内外总㶲损，用符号 $E_{x,L}$ 表示。则系统中黑箱网络单元如图 6-37 所示。

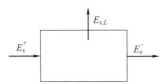

图 6-37　黑箱网络单元模型

黑箱串联网络模型中所有设备是由一条主㶲流线串联起来的。在简单的串联系统中，㶲平衡方程为

$$E_{x_1}^+ = E_{x_n}^- + \sum_{i=1}^n E_{x,L,i} \qquad (6\text{-}116)$$

串联系统的㶲效率为

$$\eta_{\mathrm{ex}} = \frac{E_{x_n}^-}{E_{x_1}^+} \qquad (6\text{-}117)$$

并联网络模型中多台设备的主㶲流线相并联，各设备的输出有效㶲最终汇集在一起后再向外输出，是由一条主㶲流线串联起来的。

在黑箱并联网络系统中，㶲平衡方程是由各设备㶲平衡方程相加所得，即

$$\sum_{i=1}^{n} E_{x,i}^{g} = \sum_{i=1}^{n} (E_{x,i}^{-} - E_{x,i}^{+}) + \sum_{i=1}^{n} E_{x,L,i} \tag{6-118}$$

并联系统的㶲效率为

$$\eta_{ex} = \frac{\sum\limits_{i=1}^{n} E_{x,i}^{-} - E_{x,i}^{+}}{\sum\limits_{i=1}^{n} E_{x,i}^{g}} \tag{6-119}$$

式中，$E_{x,i}^{g}$ 为系统中第 $i$ 台设备供给的㶲，kJ；$E_{x,i}^{+}$ 为系统中第 $i$ 台设备带入的㶲，kJ；$E_{x,i}^{-}$ 为系统中第 $i$ 台设备的有效㶲，kJ；$E_{x,L,i}$ 为系统中第 $i$ 台设备的㶲损，kJ。

（4）能量关联系统模型　能量关联系统模型是以系统中的环节为中心建立起来的，它以能量转换和利用的各个子系统为基本组元，从能源到能量的转换和利用再到环境的流向组成的子系统串联模型，是为了解决能量转换和利用过程中，供能、主用能和余能利用三个子系统相互关联与制约的关系提出的。

### 6.3.3.5　折流板式光生化制氢系统的㶲分析计算

（1）光生化制氢系统简介　光生化制氢系统基于河南农业大学农业农村部可再生能源重点开放实验室研制的太阳能光生化连续制氢试验系统。主要由原料预处理单元、菌体培养箱、上料箱、反应器本体、太阳能聚光、热交换系统及传输单元、太阳能光热转换单元、太阳能光伏转换、辅助照明单元、氢气计量单元、氢气储存单元及自动控制单元等组成，系统实物如图6-38（见文前彩插）所示。

① 培养箱。本系统所采用的培养箱体积为 $0.7m^3$，内设直径为 10cm、长度为 65cm 的 9 个供光管，供光管用透光度好的有机玻璃做成，其内设置光源以满足光生化细菌在繁殖期对供光强度的需要。如图 6-39 和图 6-40 所示。

② 上料箱。本系统所采用的上料箱体积为 $1m^3$，内设水泵，水泵功率为 120W。光生化细菌在培养箱内完成繁殖后进入上料箱，由水泵提供动力，将光生化细菌和反应底物一同打入反应器内。其中在上料箱上设置回流管，将一部分反应液返回上料箱，以防压力过大对反应器内的玻璃管造成损坏。

③ 反应器本体。反应器本体是光生化制氢系统的主体部分，也是进行反应产气的核心单元。它的运行性能除了与反应过程中微生物类群特性有密

图 6-39　系统培养箱

图 6-40　培养箱供光管

切关系外，还与反应器内反应物的流动和混合状态有很大关系，这些状态将影响反应过程中产物的生成、底物的转化、所需反应的时间、系统的稳定性、微生物的生长等。

系统所采用的反应器是折流板式反应器。它所具有的特点主要有：通过物料的多次折流，能延长反应物料在反应器内与微生物的接触时间；由于挡板对各隔室内的菌体的阻挡，减少反应物的流失；通过改变反应物的流动状态，达到自动搅拌和混合的效果，提高处理效率；减少反应死区，提高反应器的利用率。

反应器由 8 个隔室组成，每 4 个隔室为一结构单元，反应器本体设计容积为 $5.76m^3$，有效工作容积为 $5.18m^3$。其结构示意图如图 6-41 所示。

反应器内根据光生化细菌生长和反应时对光照强度的需要，用 75 芯多芯塑料聚合物光纤作为太阳光的传输通道，每 10cm 以 10 芯光纤作为点光源进行剪切固定，其中在光照区死角安装 LED 灯，实现反应器内多点均匀布光的需要。反应器内共设 228 个布光管道，其中光纤布光管 118 个，LED灯 110 个。

④ 太阳能聚光单元。聚光器是利用对太阳光的反射，将较大面积的太阳能辐射到较小面积的吸热层上，以提高对太阳能的接收。本系统采用的聚

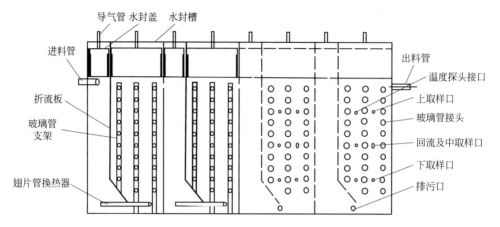

导气管 水封盖 水封槽

进料管

折流板

玻璃管
支架

翅片管换热器

出料管

温度探头接口

上取样口

玻璃管接头

回流及中取样口

下取样口

排污口

图 6-41　太阳能光生化制氢反应器主体单元结构示意图

光传输器由太阳能聚光器、自动跟踪装置和照明光纤组成。其中太阳能自动跟踪装置能实现三维定向跟踪，可以根据太阳的方位角和高度角进行自动调整，保证聚光器处于最佳受光状态。每个聚光器由 4 条光缆进行光的传输，单条光缆的直径为 1.5cm，聚光器的采光面积为 2.7m$^2$。如图 6-42 所示。

图 6-42　太阳能聚光器

⑤ 辅助照明单元。系统的 LED 灯是为了满足太阳能周期变化及外部气象条件无法满足光生化细菌连续产氢的需要时所安装，即当夜晚或阴雨天太阳光无法提供光照时，由太阳能电池板所积蓄的蓄电池为 LED 供电。根据系统对光照的要求，安装太阳能电池容量为 120Wp 的单晶硅太阳能电池组件，蓄电池容量为 180A·h，安装 LED 通道 110 个，每个通道 15 个 LED 灯均匀分布，每个功率为 0.02W。

⑥ 辅助供热单元。光生化细菌的良好产氢的温度条件是 28～34℃（光生化细菌群产氢量影响因素的研究结果），因此在光照度、pH、接种量等工艺条件一定时，光生化细菌的产氢量会随着系统温度的升高而增加。为了保证光生化细菌的最佳生长和反应温度，本系统采用翅片管式换热器为反应器辅助加热，而换热器的热源来自太阳能集热器，同时配备电辅助加热装置。

其中水箱容积为 $1.3m^3$，电辅助加热器功率为 4.5kW，有效换热总面积为 $6.8m^2$。

⑦ 氢气计量和储存单元。由于每个反应区的产氢量会有所不同，故对系统所产氢气按照分隔室进行计量，计量方式采用燃气表计量，通过燃气表的流量来计量所产氢气。燃气表计量后的氢气经管道统一收集，最后储存在氢气储气柜内，再经净化，为燃料电池等进一步的氢能利用做准备。

⑧ 自动控制单元。本系统的自动控制柜以计算机为中心，实现在线对系统的温度、流量、压力、液位、pH 等参数进行实时监控、记录、控制、报警、查询和打印等功能，确保系统内各参数正常运行。如图 6-43 所示。

图 6-43　自动控制柜

⑨ 系统流程图。光生化产氢是通过光生化作用将太阳光能转化为电能（产生电子），并通过电子传递作用产生腺苷三磷酸（ATP），为细胞生理代谢提供最基本的保障。而光生化细菌的固氮酶，利用光生化磷酸化产生的 ATP 和还原性物质提供的电子，将质子还原成氢气。本系统将太阳能聚集、传输与光生化制氢等技术有机结合，使光生化细菌在密闭光照条件下利用生物质作供氢体兼碳源完成高效率的代谢放氢过程，实现可再生氢能源的生产和工农业有机废弃物的清洁化利用。系统的流程图如图 6-44（见文前彩插）所示。

（2）系统㶲分析计算过程

① 系统㶲分析模型。根据系统各用能情况，整个系统的用能主要有进入系统的物料㶲，太阳能辐射带来的光能㶲，LED 灯在夜间或阴雨天市电提供的电㶲，启动水泵所产生的电㶲，换热器带给系统的热量㶲，系统产出气体的化学㶲，排出系统的排料㶲，系统内外的总㶲损等。系统的灰箱㶲分析模型如图 6-45 所示。

② 系统㶲平衡方程及㶲效率。根据所建立的分析模型，由式（6-120）

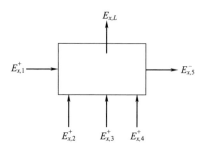

图 6-45  太阳能光生化生物制氢系统的灰箱烟分析模型

及式(6-121) 得出该系统的㶲平衡方程为:

$$E_{x,1}^{+} + E_{x,2}^{+} + E_{x,3}^{+} + E_{x,4}^{+} = E_{x,5}^{-} + E_{x,L} \tag{6-120}$$

$$E_{x,1}^{+} + E_{x,2}^{+} + E_{x,3}^{+} + E_{x,4}^{+} = E_{x,5}^{-} + E_{x,6} + E_{x,7} \tag{6-121}$$

系统的㶲效率为:
$$\eta_{ex} = \frac{E_{x,5}^{-}}{E_{x,1}^{+} + E_{x,2}^{+} + E_{x,3}^{+} + E_{x,4}^{+}} \tag{6-122}$$

式中，$E_{x,1}^{+}$ 为进入系统的物料㶲，kJ；$E_{x,2}^{+}$ 为系统所接收到的太阳能辐射的光能㶲，kJ；$E_{x,3}^{+}$ 为系统 LED 灯或市电和水泵所提供的电㶲，kJ；$E_{x,4}^{+}$ 为系统换热器所提供的热量㶲，kJ；$E_{x,5}^{-}$ 为产出气体中氢气所具有的化学㶲，kJ；$E_{x,L}$ 为系统中不可逆所引起的外部 $E_{x,6}$ 和内部 $E_{x,7}$ 㶲损之和，kJ。

③ 系统各部分㶲值计算。㶲值的计算取决于物系和环境的状态。在该计算过程中，计算的基准状态为:

温度 $T_0 = 298.15K$；压力 $P_0 = 101325Pa$。

计算过程中忽略动能和位能的变化。

④ 物料㶲 $E_{x,1}^{+}$ 的计算。进入系统的物料主要有处于对数生长期的光生化细菌10%、产氢培养基、含 0.1% 葡萄糖的猪粪处理液和自来水。

计算原始数据:

系统温度：30℃；光生化细菌溶液：0.52m³；葡萄糖：52kg；猪粪处理液：1.04m³；自来水：3.62m³；调 pH 为 7.0。光生化细菌的产氢培养基为：$CH_3COONa$ 10.86kg，$KH_2PO_4$ 5.43kg，$(NH_4)_2SO_4$ 1.45kg，$K_2HPO_4$ 2.17kg，$MgSO_4$ 0.724kg，$NaCl$ 0.724kg，$CaCl_2$ 0.18kg，酵母膏 7.24kg，微量元素溶液 3.62mL，生长因子溶液 3.62mL。

在进料进程中，光生化细菌、产氢基质和预处理后的猪粪液得到均匀混合后，再由上料箱进入到反应器本体中。由于在进料过程中各物料并不发生化学反应，且水占大多数，故进入系统的物料㶲按式(6-98)求得。其中，

进入物料的总重量为 4220kg，水的定压比热容为 4.18kJ/(kg·℃)，则由式 (6-98) 得

$$E_{x,1}^+ = (H - H_0) - T_0(S - S_0)$$

$$= mc_p(T - T_0) - mT_0 c_p \ln\frac{T}{T_0}$$

$$= 4220 \times 4.18 \times (30-25) - 4220 \times 25 \times 4.18 \times \ln\frac{30+273.15}{25+273.15}$$

$$= 80860(\text{kJ})$$

⑤ 经光纤传输的太阳光能 $E_{x,2}^+$ 的计算。郑州位于东经 $112°42' \sim 114°14'$，北纬 $34°16' \sim 34°58'$ 之间，暖温带大陆性气候，全年日照时间约 2400 小时。年平均气温 14.3℃，一年中 7 月最热，平均气温为 27.3℃，1 月最冷，平均气温为 0.2℃。

反应器接收的光能白天来自太阳光辐射后经光纤导入的光能和夜间的辅助光源。太阳光经辐射后由聚光器进行收集，再经光纤供反应器中细菌利用。本实验所采用的聚光器由聚光镜、太阳能自动跟踪装置和光纤三部分组成。其中聚光镜采用菲聂尔透镜，透镜尺寸是 30cm×30cm，焦距 20cm。连续产氢实验过程中采用照度计测得实验地点白天太阳光的辐射强度以及经光纤传输的光照强度，如图 6-46 和图 6-47 所示。

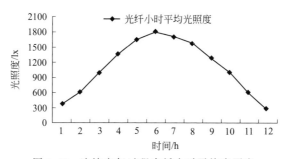

图 6-46　连续产氢过程光纤小时平均光照度

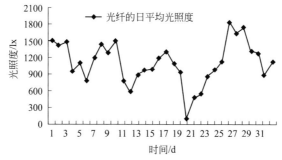

图 6-47　连续产氢过程光纤的日平均光照度

第 6 章　热效应理论在光生化反应器设计中的应用　**311**

可以看出，实验过程中，经光纤传输的光照强度平均为1104lx，适宜光生化细菌的产氢。

测得的光照度和光生化有效量子辐射密度有如下关系式[39]：

$$1lx = 13J/(m^2 \cdot h)$$

则118个布光管中太阳光辐射经光纤传输所得到的太阳光能 $E_{x,2}^+$ 为：

$$
\begin{aligned}
E_{x,2}^+ &= 1104lx \times 13J \times 4.18m^2 \times 10h \times 118 \\
&= 70789kJ
\end{aligned}
$$

⑥ 辅助光源及水泵所提供的电能 $E_{x,3}^+$ 的计算。当阴雨天或夜晚无法为系统提供光照时，采用LED灯作为系统的辅助光源。系统安装LED通道110个，每个通道15个LED灯均匀分布，每个功率为0.02W。按每天14个小时对系统进行供光，则辅助光源传输的电能㶲为：

$$110 \times 15 \times 0.02 = 33(W \cdot h)$$

$$33W \cdot h \times 3600J = 119kJ$$

系统上料箱中的水泵是在光生化细菌完成增殖培养后进入反应器提供动力，水泵功率为120W。通过记录水泵启停时间，实验周期中开启时间为70min。系统提供的电能㶲为：

$$120W \times 1.1h = 132W \cdot h$$

$$132W \cdot h \times 3600J = 475kJ$$

则系统中输入的电能㶲为：

$$
\begin{aligned}
E_{x,3}^+ &= 119kJ + 475kJ \\
&= 594kJ
\end{aligned}
$$

⑦ 换热器为系统提供的热量㶲 $E_{x,4}^+$ 的计算。光生化细菌的产氢量会随着系统温度的升高而增加，而较好的温度条件是28～34℃，因此实验中用换热器和电辅助加热器对反应器进行加热，将反应器内温度保持在30℃。其中水箱容积为1.3m³，电辅助加热器功率为4.5kW，有效换热总面积为6.8m²。

系统中水的总传热系数 $k$ 为756W/(m² · K)，

平均对数温差 $\Delta T_m = \dfrac{\Delta T_{max} - \Delta T_{min}}{\ln(\Delta T_{max}/\Delta T_{min})} = \dfrac{35-25}{\ln(35/25)} = 29.7(℃)$

则换热器与反应器交换的热流量 $\Phi$ 按公式

$$\Phi = kA\Delta T_m \tag{6-123}$$

算得换热器为系统提供的热量㶲为

$$
\begin{aligned}
E_{x,4}^+ &= kA\Delta T_m h \\
&= 756W/(m^2 \cdot K) \times 6.8m^2 \times 29.7℃ \times 10h \\
&= 1527kJ
\end{aligned}
$$

⑧ 氢气所具有的化学㶲 $E_{x,5}^-$ 的计算。采用岛津 GC-14B 型气象色谱仪对系统中产生的气体中氢气含量进行测定，色谱柱填料为 5A 分子筛，载气为氮气，流量 45mL/min，标准气为 99.999% 的高纯氢气。取样后进行两组平衡测定。用气相色谱仪测得样品 1 和样品 2 所产气体的气体成分，得到两次结果较为相近，该系统中产生的气体绝大部分为氢气，其余为少量的 $CH_4$、$CO_2$ 等，混合气体各组分的物质的量分数如表 6-18 所示：

表 6-18  混合气体各组分的物质的量分数

| 气体组分 | 物质的量分数 | 气体组分 | 物质的量分数 |
|---|---|---|---|
| $x_{H_2}$ | 0.9 | $x_{N_2}$ | 0.01 |
| $x_{CO}$ | 0.03 | $x_{O_2}$ | 0.01 |
| $x_{CH_4}$ | 0.03 | $x_{CO_2}$ | 0.02 |

系统的日产氢气量为 $2.5m^3$，则该混合气体具有的标准化学㶲为

$$E_{x,5}^- = E_{x_m,ch} = \sum (x_i E_{x_m,ch,i}) + RT_0 \sum (x_i \ln x_i)$$

$$= (0.9 \times 235.4 + 0.03 \times 275.5 + 0.03 \times 830.7 + 0.01 \times 0.69 + 0.01 \times$$

$$3.95 + 0.02 \times 20.1) + 8.314 \times (273 + 25) \times 10^{-3} \times (0.9 \times \ln 0.9 +$$

$$0.03 \times \ln 0.03 + 0.03 \times \ln 0.03 \times \ln 0.01 + 0.01 \times \ln 0.01 + 0.02 \times \ln 0.02)$$

$$= 244.32(kJ/mol)$$

$$= 244.32 kJ/mol \times 138.392 mol$$

$$= 33812 kJ$$

⑨ 排料㶲损 $E_{x,L}$。反应结束后，测得排料质量为 4080kg，温度为 30℃，则排料的㶲损为

$$E_{x,L} = T_0(S_2 - S_1)$$

$$= mT_0 c_{p_0} \ln \frac{T}{T_0}$$

$$= 4080 \times (273 + 25) \times 4.18 \times \ln \frac{273 + 30}{273 + 25}$$

$$= 84564 kJ$$

⑩ 㶲平衡计算结果及系统㶲效率。根据以上计算，各部分的㶲值如表 6-19 所示：

表 6-19  太阳能光生化制氢系统㶲平衡计算结果

| 输入㶲 | 㶲值/kJ | 输出㶲 | 㶲值/kJ |
|---|---|---|---|
| 物料㶲 $E_{x,1}$ | 80860 | 氢气㶲 $E_{x,5}$ | 33812 |
| 光能㶲 $E_{x,2}$ | 70789 | 排料㶲损 $E_{x,6}$ | 84564 |
| 电㶲 $E_{x,3}$ | 594 | 耗散㶲损 $E_{x,7}$ | 35394 |

| 输入㶲 | 㶲值/kJ |
|---|---|
| 热量㶲 $E_{x,4}$ | 1527 |
| 合计 | 153770 |

系统的㶲效率为：

$$\eta_{ex} = \frac{E_{x,ef}}{E_{x,sup}} = 1 - \frac{E_{x,loss}}{E_{x,sup}}$$

$$= \frac{E_{x,5}}{E_{x,1} + E_{x,2} + E_{x,3} + E_{x,4}} = \frac{33812}{153770} = 21.99\%$$

其中，在系统的耗散㶲损中大部分为光能㶲损，而整个耗散占整个系统的总输入㶲为：

$$\frac{E_{x,7}}{E_{x,1} + E_{x,2} + E_{x,3} + E_{x,4}} = \frac{35394}{153770} = 23\%$$

而系统光能的转化率是影响系统㶲效率的重要因素，从目前国内外光生化制氢中光能转化效率的研究看来，理论上光能转化率也只有10%[40]。如果光转化率在产氢过程中可以达到10%，那么生物产氢就可以进行工业化生产。通过对该光生化制氢系统的㶲平衡方程的计算结果分析可知，该系统产氢量较少，故其㶲效率还较低，而光能的㶲损较大。

# 参 考 文 献

[1] 戚以政，夏杰. 生物反应工程 [M]. 北京：化学工业出版社，2004.

[2] Nielsen J，Villadsen J，Lidér G. Bioreaction Engineering Principles [M]. Springer，2011.

[3] 朱章玉，俞吉安，林志新，等. 光合细菌的研究及其应用 [M]. 上海：上海交通大学出版社，1991.

[4] 陈大华. 现代光源基础 [M]. 上海：学林出版社，1987.

[5] Segers L，Verstrate W. Conversion of organic acids to H₂ by photospirillaceae grown with glutamate or dinitrogen as nitrogen source [J]. Biotechnol Bioeng，1983，25：2843-2853.

[6] 王素兰，张全国，周雪花. 光合生物制氢过程中系统温度变化实验研究 [J]. 太阳能学报，2007，28 (11)：1253-1255.

[7] 荆艳艳. 光合细菌产氢系统热效应实验研究 [D]. 郑州：河南农业大学，2008.

[8] Nandi R，Sengupta S. Microbiol production of hydrogen：an overview [J]. Critical Reviews Microbiology，1998，24 (1)：61-84.

[9] 王素兰. 光合产氢菌群生长动力学与系统温度场特性研究研究 [D]. 郑州：河南农业大学，2007.

[10] 高振霆，刘义，黄玉屏. 营养缺陷型酿酒酵母 AY 生长代谢热动力学研究 [J]. 物理化学报，2002，18 (7)：590-594.

[11] 王素兰，张全国，周雪花. 光合生物制氢过程中系统温度变化实验研究 [J]. 太阳能学报，

2007，28（11）：1253-1255.

［12］ 周汝雁．环流罐式光合细菌生物制氢反应器及其能量传输过程研究［D］．郑州：河南农业大学，2007.

［13］ Ribeiro R L，Souza J A，Pulliam R，et al. The transient temperature behavior in compact tubular microalgae photobioreactors［C］. In 13 rd Brazilian Congress of Thermal Sciences and Engineering，Uberlandia，MG，Brazil，2013.

［14］ 韩占忠．Fluent：流体工程仿真计算实例与分析［M］．北京：北京理工大学出版社，2009.

［15］ Yigit D O，Gunduz U，Turker L，et al. Identification of hydrogen producing bacteria：rhodobacter sphaeroides O. U. 001 grown in the wastewater of a sugar refinery［J］. J Biotechnol，1999，70：125-131.

［16］ Burlew J D. Algal culture：from labortary to pilot plant［M］. Washington DC：Carnegie Inrtitute of Waashington，1953：235-272.

［17］ Hallenbeck P C，Benemann J R. Biological hydrogen production：fundamentals and limiting processes［J］. International Journal of Hydrogen Energy，2002，27（11/12）：1185-1193.

［18］ Richmond A. Efficient utilization of high irradiance for production of photoautotrophic cell mass：a survey［J］. Journal of Applied Phycology，1996，8：381-387.

［19］ Kondo T，Arakawa M，Wakayama T，et al. Hydrogen production by combining two types of photosynthetic bacteria with different characteristics［J］. International Journal Hydrogen Energy，2002，27（11/12）：1303-1308.

［20］ Ogbonna J C，Soejima T，Tanaka H. An integrated solar and artificial light system for intemal illumination of photobioreactors［J］. Journal Biotechnology，1999，70（1/3）：289-297.

［21］ Koku H，Eroglu I，et al. Kinetics of biological hydrogen production by the photosynthetic bacterium *Rhodobacter sphaeroides* O. U. 001［J］. International Journal Hydrogen Energy，2003，28：381-388.

［22］ Miyake J，Wakayama T，Schnackenberg J，et al. Simulation of the daily sunlight illumination pattern for bacterial photohydrogen production［J］. Journal of Bioscience Bioengineering，1999，88（6）：659-663.

［23］ Miyake J，Miyake M，Asada Y. Biotechnological hydrogen production：research for efficient light energy conversion［J］. Journal of Biotechnology，1999，70：89-101.

［24］ Benemann J R，Cresswell R C，Ress T A V，et al. The future of microalgae biotechnology［J］. Algal Biotechnology. 1990，65：195-201.

［25］ Nakajima Y，Ueda R. Improvement of microalgal photosynthetic productivity by reducing the content of light harvesting pigment［J］. Journal of Applied Phycology，1999，11：195-201.

［26］ Nakajima Y，Ueda R. The effect of reducing light-harvesting pigment on marine microalgal productivity［J］. Journal of Applied Phycology，2000，12：285-290.

［27］ Nakajima Y，Tsuzuki M，Ueda R. Improved productivity by reduction of content of light harvesting pigment in Chlamydomonas perigranulata［J］. Journal of Applied Phycology，2001，13：95-101.

［28］ Greenbaum E. Energytic efficiency of hydrogenphoto evolution by algal water spliting［J］. Biophysical Journal，1988，54（2）：365-368.

［29］ Redding K，Cournac L，Vassiliev I，et al. Photosystem I is indispensable for photoautotrophic growth，$CO_2$ fixation，and $H_2$ photoproduction in *Chlamydomonas reinhardtii* ［J］. Journal of Biological Chemistry，1999，274：10466-10473.

［30］ Melis A，Neidhardt J，Benemann J，et al. Maximizing photosynthetic productivity and light utilization by microalgae by minimizing the light harvesting chlorophyll antenna size of the photosystems ［M］. New York：Plenum Press，1998.

［31］ Kondo T，Arakawa M，Hirai T，et al. Enhancement of hydrogen production by a photosynthetic bacterium mutant with reduced pigment ［J］. Journal of Bioscience Bioengineering，2002，93：145-150.

［32］ 周汝雁. 环流罐式光合生物制氢反应器及其能量传输过程研究 ［D］. 郑州：河南农业大学，2007.

［33］ Gibbs M，Hollaender M A，Kok B，et al. Proceedings of the workshop on Bio Solar Hydrogen Conversion ［C］. 1973.

［34］ 傅秦生. 能量系统的热力学分析方法 ［M］. 西安：西安交通大学出版社，2005.

［35］ 项新耀，郑广汉. 能·㶲·炽传递链式发展的相贯性及必然性 ［J］. 工程热物理学报，2004，25（1）：25-27.

［36］ 潘勇，杨波涛. 热力学炽概念的完善及其统一求算 ［J］. 昆明理工大学学报（理工版），2006，31（4）：86-89.

［37］ 朱元海，王宝辉，项新耀. 热力学炽的基本表达式与应用 ［J］. 工程热物理学报，2003，24（6）：906-909.

［38］ 翟秀静，刘奎仁，韩庆. 新能源技术 ［M］. 北京：化学工业出版社，2005.

［39］ 加滕荣. 光合作用研究方法 ［M］. 北京：科学出版社，1998.

［40］ Hhllenbeck P C，Benemann J. Biological hydrogen production：fundamentals and limiting processes ［J］. International Journal of Hydrogen Energy，2002，27：1185-1193.